职业教育公共基础课"十二五"规划教材

计算机应用基础

第 2 版

主　编　谢　琼
副主编　沈仁良　覃　勇
参　编　梅　焰　杜　禹
主　审　周宪芝

机械工业出版社

本书是根据教育部最新颁布的《中等职业学校计算机应用基础教学大纲》，在第 1 版的基础上修订而成。全书共 6 章，主要内容包括计算机基础知识、汉字输入法、中文 Windows XP 操作系统、中文字处理软件 Word 2003、电子表格软件 Excel 2003 及 Internet 应用基础。每章后配有习题，各章内容基本独立，可根据实际情况进行选择。

　　本书可以作为中等职业学校计算机基础课程的教材，也可作为计算机信息高新技术考试办公自动化的中级培训教材。

图书在版编目（CIP）数据

计算机应用基础/谢琼主编 . —2 版 . —北京：

机械工业出版社，2011. 10

职业教育公共基础课"十二五"规划教材

ISBN 978 - 7 - 111 - 36008 - 7

Ⅰ.①计… Ⅱ.①谢… Ⅲ.①电子计算机—中等专业

学校—教材　Ⅳ.①TP3

中国版本图书馆 CIP 数据核字（2011）第 199285 号

机械工业出版社（北京市百万庄大街 22 号　邮政编码 100037）
策划编辑：宋　华　责任编辑：宋　华　陈崇昱
版式设计：张世琴　责任校对：姜　婷
封面设计：马精明　责任印制：乔　宇
三河市国英印务有限公司印刷
2012 年 1 月第 2 版第 1 次印刷
184mm×260mm · 15. 75 印张 · 388 千字
0001—3000 册
标准书号：ISBN 978 - 7 - 111 - 36008 - 7
定价：29. 00 元

第 2 版前言

人类进入了信息时代，信息技术已成为人类文化的重要组成部分，也成为中职教育不可缺少的课程。同时，由于信息技术的飞快发展，对学生计算机基础知识水平的提升和计算机应用技能的提高都有了新的要求，因此需要相应的配套教材。

本书第 1 版于 2007 年出版，出版后受到了许多中职学校和学生的欢迎，多次重印，同时编者也收到了不少教师和学生提出的改进意见和建议。本书是根据教育部最新颁布的《中等职业学校计算机应用基础教学大纲》及第 1 版的使用反馈意见修订而成。

本书在编写过程中，保留了第 1 版的优点，用图文并茂的方式阐述问题，让问题简单化，既可作为中等职业学校计算机基础课的教材，又可以作为自学 Office 的参考书。同时针对 Office 版本的更新及高新技术办公软件考证的需要，教材中的 Office 版本也进行了相应的提升，与常用技术相一致，让读者更好地掌握 Office 的新技术。本书涵盖高新技术计算机办公软件中级考证的全部知识要点，也可作为相关考证人员的参考书。

全书共分为 6 章，第 1 章由梅焰编写，第 2 章、第 3 章由沈仁良编写，第 4 章由谢琼编写，第 5 章由覃勇编写，第 6 章由杜禹编写。本书由谢琼任主编，沈仁良、覃勇任副主编，周宪芝任主审。

我们意在奉献给读者一本具有特色的实用教材，但由于水平有限，书中难免有不当之处，敬请读者批评指正。

编　者

第1版前言

计算机技术是当今世界发展最快和应用最广泛的一门技术，随着计算机应用深入到社会的各个领域，计算机在人们工作、学习和生活的各个方面正发挥着越来越重要的作用。操作使用计算机已经成为社会各行各业劳动者必备的工作技能。计算机应用的普及加快了社会信息化的进程，计算机应用的基础知识应当成为现代社会人们必修的基本文化课程，并已经得到社会各界的普遍认同。加强学校的计算机基础教育，在全社会普及计算机应用技术，是一项十分紧迫的任务。结合当今中等职业学校普遍重理论，轻实践，而在校生源多为初中毕业生的实际情况，本着"理论够用，技能过硬，实践为主"的原则，配合教育部颁布的《中等职业学校计算机应用基础教学大纲》，结合多年来计算机文化基础的教学经验，对教学内容进行了规划和组织，我们编写了这本教材。

当今计算机技术日新月异，计算机应用基础知识也不断更新。我们在教材的编写过程中力求选择成熟的主流技术。操作系统选择了 Windows XP，其他内容选择了 Microsoft Office 2002。在内容处理及编写上，注重分清主次，突出重点，以"实用"和"够用"为原则，力求简捷；常用功能详述，次要功能简写；一项功能有多种操作时，选择主讲一两种，便于组织教学。

同时，为了适应中等职业教育课程改革的需要，特别是双证制的需要，我们在编写教材时根据计算机信息高新技术考试办公自动化中级考证的技能要求，把一些知识要点融合进来。全书以计算机的基本知识和基本能力的培养为主要内容，突出应用能力的培养。本书图文并茂，讲解细致，侧重于使读者掌握使用计算机进行信息处理的基本技能。每章后配有习题，便于巩固理解所学知识。各章内容基本上独立，可根据实际情况进行选择教学。

全书共分为6章，第1章由梅焰老师、马西彪老师合编，第2章、第3章由马西彪老师、丁汀老师、张亚丽老师合编，第4章由谢琼老师、沈仁良老师合编，第5章由官彬彬老师、覃勇老师合编，第6章由莫晓强老师编写。

编者意在奉献给读者一本具有特色的实用教材，由于作者水平有限，书中难免有不当之处，敬请读者批评指正。

编　者

目 录

第1章 计算机基础知识

1.1 计算机的发展

在人类历史上，计算工具的发明和创造走过了漫长的道路。在原始社会，人们曾使用绳结、垒石或枝条作为计数和计算的工具。在我国春秋战国时期就有了筹算法的记载，到了唐朝已经有了至今仍在使用的计算工具——算盘。在欧洲16世纪出现了对数计算尺和手摇式机械计算器，可以进行加、减、乘、除的运算。到了近代，欧洲还发明了使用继电器的顺序式计算器。到了20世纪40年代，一方面由于近代科学技术的发展，对计算量、计算精度、计算速度的要求不断提高，原有的计算工具已经满足不了应用的需要，另一方面，计算理论、电子学以及自动控制技术的发展，也为现代电子计算机的出现提供了可能。1946年美国研制成功了世界上第一台电子计算机，人类开始了真正可以使用机器来进行数值计算的时代。

1. 第一台计算机的诞生

电子计算机的发展，像任何新生事物一样，也经历了一个不断完善的过程。20世纪30年代中期，德国科学家冯·诺依曼（Von Neumann）大胆地提出，抛弃十进制，采用二进制作为数字计算机的数制基础，预先编制计算程序，然后由计算机来按照人们事先规定的计算顺序来执行数值计算工作。冯·诺依曼理论的要点是：数字计算机的数制采用二进制；计算机应该按照程序顺序执行。人们把冯·诺依曼的这个理论称为冯·诺依曼体系结构。从ENIAC到当前最先进的计算机都采用的是冯·诺依曼体系结构。所以说冯·诺依曼是当之无愧的数字计算机之父。

1938年J.阿诺索夫首先制成了电子计算机的运算部件。1943年，英国外交部通信处制成了"巨人"计算机专门用于密码分析。1946年2月，正式交付使用的、由美国宾夕法尼亚大学研制的ENIAC（Electronic Numerical Integrator And Computer，即电子积分计算机）标志着第一代电子计算机的诞生。它采用电子管作为计算机的基本元件，由18 000多个电子管，1 500多个继电器，10 000多只电容器和7 000多只电阻构成，占地170m²，重量30t，每小时耗电 3×10^5 kW，是一个庞然大物，每秒能进行5 000次加法运算。由于它使用电子器件来代替机械齿轮或电动机械进行运算，并且能在运算过程中不断进行判断，做出选择，过去需要100多名工程师花费1年才能解决的计算问题，它只需要2h就能给出答案。

2. 电子计算机的发展经历

60年来，随着电子技术特别是微电子技术的发展，计算机获得突飞猛进的发展。在人类科技史上还没有一种学科可以与电子计算机的发展相提并论。人们根据计算机的性能和当时的硬件技术状况，将计算机的发展分成几个阶段，每一阶段在技术上都是一次新的突破，在性能上都是一次质的飞跃。电子计算机的发展经历了以下几个阶段：

（1）第一阶段 电子管计算机（1946—1957年）。采用电子管作为基本逻辑部件，体积大，耗电量大，寿命短，可靠性大，成本高。用阴极射线管或汞延迟线作为主存储器，输入/输出装置落后，主要使用纸带、穿孔卡片等，容量很小，速度慢，使用十分不便。没有系统软件，只能用机器语言和汇编语言编程。应用领域主要是科学计算（见图1－1）。

（2）第二阶段 晶体管计算机（1958—1964年）。用晶体管代替了电子管，体积减小，重量减轻，能耗降低，成本下降，计算机的可靠性和运算速度均得到提高。主存储器均采用磁心存储器，磁

图1－1 电子管计算机

鼓和磁盘开始作为主要的外存储器，程序设计使用了更接近于人类自然语言的高级程序设计语言，计算机的应用领域也从科学计算扩展到了事务处理、工程设计等多个方面（见图1－2）。

图1－2 晶体管计算机

（3）第三阶段 集成电路计算机（1965—1969年）。采用中小规模的集成电路块代替了晶体管等分立元件，从而使计算机体积更小，重量更轻，耗电更省，寿命更长，成本更低，运算速度有了更大的提高。半导体存储器逐步取代了磁心存储器的主存储器地位，使存储器容量及存取速度有了大幅度提高，增加了系统的处理能力，磁盘成了不可缺少的辅助存储器。系统软件有了很大发展，出现了分时操作系统，多用户可以共享计算机软硬件资源。在程序设计方面，采用了结构化程序设计，为研制更加复杂的软件提供了技术上的保证。计算机也进入了产品标准化、模块化、系列化的发展时期，计算机的管理和使用方式也由手工操作完全改变为自动管理，使计算机的使用效率显著提高（见图1－3）。

（4）第四阶段 大规模（LSI）、超大规模（VL-SI）集成电路计算机（1970年至今）。LSI：Large Scale Integration，大规模集成电路；VLSI：Very Large Scale Integration，超大规模集成电路。基本逻辑部件

图1－3 集成电路计算机

采用大规模、超大规模集成电路，使计算机体积、重量、成本均大幅度降低，作为主存储器的半导体存储器，其集成度越来越高，容量越来越大；外存储器除广泛使用软、硬磁盘外，

还引进了光盘。各种使用方便的输入、输出设备相继出现。软件产业高度发达，各种实用软件层出不穷，极大地方便了用户。计算机技术与通信技术相结合，计算机网络把世界紧密地联系在一起。随着多媒体技术的崛起，计算机集图像、图形、声音、文字处理为一体，在信息处理领域掀起了一场革命。

计算机发展阶段概况见表 1−1。

表1−1 计算机发展阶段概况

年 代	第一代 1946—1957 年	第二代 1958—1964 年	第三代 1965—1969 年	第四代 1970 年至今
电子器件	电子管	晶体管	中、小规模集成电路	大规模和超大规模集成电路
主存储器	磁心、磁鼓	磁心、磁鼓	磁心、磁鼓、半导体存储器	半导体存储器
外部辅助存储器	磁带、磁鼓	磁带、磁鼓	磁带、磁鼓、磁盘	磁带、磁盘、光盘
处理方式	机器语言、汇编语言	监控程序连续处理作业高级语言编译	多道程序实时处理	实时、分时处理，网络操作系统
运算速度/(次·s^{-1})	5 千~3 万	几十万~百万	百万~几百万	几百万~千亿

20 世纪 70 年代以后，计算机使用的集成电路迅速从中、小规模发展到大规模、超大规模的水平，大规模、超大规模集成电路应用的一个直接结果是微处理器和微型计算机的诞生。微处理器自 1971 年诞生以来几乎每隔两至三年就要更新换代，以高档微处理器为核心构成的高档微型计算机系统已达到和超过了传统超级小型计算机水平，其运算速度可以达到每秒数亿次。由于微型计算机体积小、功耗低、成本低，其性能价格比占有很大优势，因而得到了广泛的应用。微处理器和微型计算机的出现不仅深刻地影响着计算机技术本身的发展，同时也使计算机技术渗透到了社会生活的各个方面，极大地推动了计算机的普及。随着微电子、计算机和数字化声像技术的发展，多媒体技术也得到了迅速发展。随着数字化音频和视频技术的突破，逐步形成了集声、文、图、像一体化的多媒体计算机系统。它不仅使计算机应用更接近人类习惯的信息交流方式，而且开拓了许多新的应用领域。计算机与通信技术的结合使计算机应用从单机走向网络，由独立网络走向互联网络。

3. 微型计算机

20 世纪 70 年代微型计算机的出现，引发了电子计算机的第二次革命。以微处理器为核心再配上半导体存储器、输入/输出接口电路、系统总线及其他支持逻辑电路组成的计算机称为微型计算机。微型计算机的出现，为计算机技术的发展和普及开辟了崭新的途径，是计算机科学技术发展史上的一座新的里程碑。从 1971 年美国 Intel 公司首先研制成功世界上第一块微处理器芯片 4004 以来，差不多每隔两至三年就推出一代新的微处理器产品，如今已经推出了五代微处理器产品。微处理器是微型计算机的核心部件，它的性能在很大程度上决定了微型计算机的性能。因此，微型计算机的发展是以微处理器的发展而更新换代的。

（1）第一代微处理器和微型计算机（1971—1973 年）——4 位 CPU　第一代微处理器是 4 位和低档 8 位微处理器时代。特点是指令系统简单，运算功能单一，但价格低廉，使用

方便，主要应用于袖珍计算器、家电、交通灯控制等简单控制场合。

（2）第二代微处理器和微型计算机（1973—1978年）——8位CPU 第二代微处理器是成熟的8位微处理器。特点是在系统结构上已经具有典型计算机的体系结构，具有中断、DMA（Direct Memory Access，直接存储器存取）等控制功能，设计考虑了机器间的兼容性、接口的标准化和通用性，配套外围电路的功能和种类齐全。在软件方面，除可使用汇编语言外，还有高级语言和操作系统。8位微处理器和以其为CPU构成的微型计算机被广泛应用于信息处理、工业控制、汽车、智能仪器仪表和家用电器领域。

（3）第三代微处理器和微型计算机（1978—1983年）——16位CPU 第三代微处理器是16位微处理器，运算速度比8位机快2~5倍。特点是具有丰富的指令系统和多种寻址方式，多种数据处理形式，采用多级中断，有完善的操作系统。

（4）第四代微处理器（1983—1993年）——32位CPU 第四代微处理器是32位微处理器。

（5）第五代微处理器（从1993年至今）——（准）64位CPU 1993年3月，Intel公司正式推出第五代微处理器Pentium，俗称586。作为Intel微处理器系列的新成员，Pentium处理器不仅继承了其前辈的所有优点，而且在许多方面又有新的突破。Intel公司于1995年2月在IEEE国际固态电路会议上正式宣布了其新一代微处理器P6，其性能是经典Pentium的2倍。1996年经进一步改进，Intel公司将P6正式命名为Pentium Pro。继Pentium Pro之后，1997年Intel公司又推出了微处理器的新产品Pentium II（即奔腾二代），在Windows NT下，该芯片的性能非常优越，目前主频有233MHz，266MHz，300MHz，350MHz，400MHz。Intel公司在1999年推出了Pentium III，主频从450~1133MHz不等。2000年末，Intel公司又推出了Pentium 4，主频为1.3~3.6GHz不等，增加很多新指令，更加有利于多媒体操作和网络操作。

由于微型计算机具有体积小、重量轻、功耗低、功能强、可靠性高、结构灵活、使用环境要求低、价格低廉、运算速度快、计算精度高、记忆能力强、具有逻辑判断能力和自动执行程序的能力等一系列特点和优点，因此，在卫星、导弹的发射，石油勘探，天气预报，邮电通信，空中交通管制和航空订票，CAD/CAM，智能仪器，家用电器等领域得到广泛应用。微型计算机的问世和飞速发展，使计算机真正走出了科学的殿堂，进入到人类社会生产和生活的各个方面。使它从过去只限于各部门、各单位少数专业人员使用普及到广大民众乃至中小学生，成为人们工作和生活不可缺少的工具，从而将人类社会推进到了信息时代。

总之，计算机从第一代发展到第四代，已由仅仅包含硬件的系统发展到包括硬件和软件两大部分的计算机系统。计算机的种类也一再分化，发展成微型计算机、小型计算机、通用计算机（包括巨型、大型、中型计算机）以及各种专用机等。由于技术的更新和应用的推动，计算机一直处在飞速发展之中。集处理文字、图形、图像、声音为一体的多媒体计算机的发展正突飞猛进。各国都在计划建设自己的"信息高速公路"。通过各种通信渠道，包括有线网和无线网，把各种计算机互联起来，已经实现了信息在全球范围内的传递。用计算机来模仿人的智能，包括听觉、视觉和触觉以及自学和推理能力是当前计算机科学研究的一个重要方向。与此同时，计算机体系结构将会突破传统的冯·诺依曼提出的原理，实现高度的并行处理。为了解决软件发展方面出现的复杂程度高、研制周期长和正确性难于保证的"软件危机"而产生的软件工程也出现新的突破。新一代计算机的发展将与人工智能、知识

工程和专家系统等研究紧密相关，并为其发展提供新的基础。

1.2 微型计算机系统的组成

一个完整的微型计算机系统由硬件系统和软件系统两大部分组成。硬件系统主要包括微处理器、内存储器、外存储器及其接口电路、外围设备等。软件则是为了运行、管理和维护计算机所编制的各种程序的总称。以微型计算机为主体，再配上系统软件和各种输入/输出设备就构成完整的微型计算机系统，用户通过软件使用计算机。计算机硬件和软件二者缺一不可，否则不能工作。它的构成及关系见图1-4。

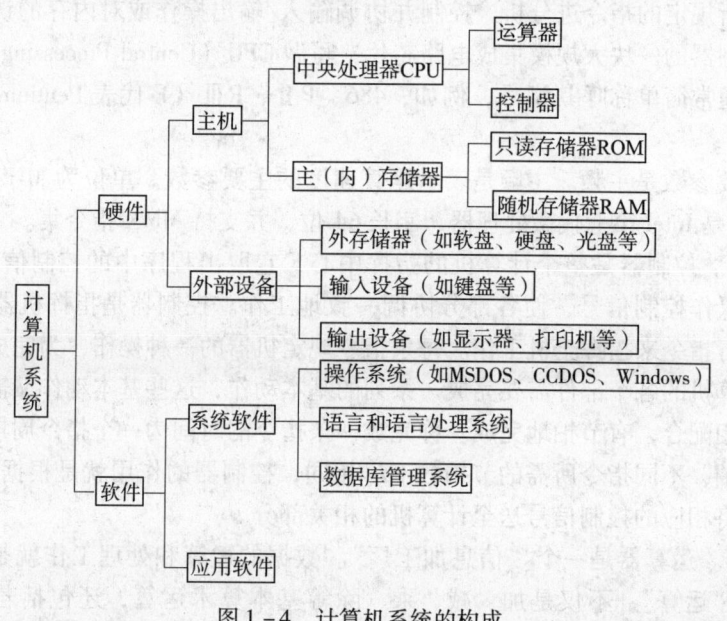

图1-4 计算机系统的构成

1.2.1 微型计算机硬件系统

微型计算机大多采用以总线为中心的计算机结构。一般由 CPU、主板、存储器（ROM、RAM）、显示卡、硬盘、软驱、电源、显示器、键盘、鼠标等组成。硬件系统指由电子部件和机电装置组成的计算机实体。基本功能是接受计算机程序，并在程序的控制下完成数据输入、数据处理和输出结果等任务。通常，将运算器（又叫做算术逻辑部件）和控制器合称为中央处理器——CPU（Central Processing Unit），将中央处理器和内存储器合称为计算机的主机，将各种输入/输出（I/O）设备称为外部设备。微型计算机的硬件系统各部件的功能如下（见图1-5）。

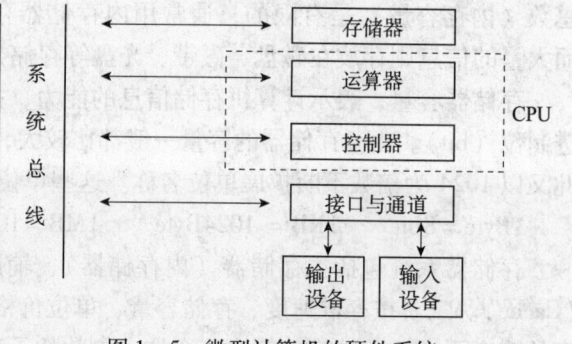

图1-5 微型计算机的硬件系统

1. 主机

微型计算机是由 CPU、RAM、ROM、I/O 接口电路及系统总线（BUS）组成的计算机装置，简称"主机"。

主机加上外部设备便构成微型计算机的"硬件系统"。

硬件系统安装软件系统后称为"微型计算机系统"。

作为主机的主体则是"主机板"（Main Board）。

主机板又称为系统主板（System Board）或简称主板。CPU 就安装在它的上面。主机板上有内存槽（Bank）、扩展槽（Slot）、各种跳线（Jumper）和一些辅助电路。

（1）中央处理器　中央处理器是微型计算机的核心部件，负责对数据进行算术和逻辑运算及对程序所规定的指令进分析，控制并协调输入/输出操作或对内存的访问。它是包含有运算器和控制器的一块大规模集成电路芯片，写做 CPU（Central Processing Unit），俗称微处理器。大家通常简单称呼其型号，例如，486、PⅡ、PⅢ（P 代表 Pentium 系列，中文译为奔腾）等。

CPU 的主要参数是主频。主频是表示运算速度的主要参数。单位为 MHz。例如，Pentium Ⅲ 微处理器是 Intel 第七代微处理器，字长 64 位，并支持 MMX 指令集。

1）控制器。控制器是整个计算机的指挥中心，它取出程序中的控制信息，经分析后，便按要求发出操作控制信号，使各部分协调一致地工作。控制器是指挥机器工作的控制中心，它通过执行指令来指挥全机工作。每条指令规定机器的一种操作，为完成一条指令所规定的操作，计算机的各个部件需要完成一系列的基本动作，这些基本动作又需要按照一定的时间顺序，互相配合，有节拍地完成。称完成一条指令的时间为一个指令周期，每个指令周期又分若干节拍，不同指令所需的节拍数不尽相同，控制器的作用就是根据指令码的规定，在不同的节拍将相应的控制信号送至计算机的相关部分。

2）运算器。运算器是一个"信息加工厂"。数据的运算和处理工作就是在运算器中进行的。这里的"运算"，不仅是加、减、乘、除等基本算术运算，还包括若干基本逻辑运算。运算器可实现算术运算、逻辑运算和其他操作，运算器所能实现的功能取决于其硬件结构。

（2）存储器　存储器是计算机中存放程序和数据的地方，并根据命令提供给有关部分使用。存储器的作用是保存数据和指令，这些数据和指令均以二进制代码的形式保存在存储器中。在机器内部，通常使用半导体存储器，每一个基本存储单元电路可以存放 1 位二进制代码，而由若干个基本存储单元电路构成一个存储单元。计算机的内存储器所含的存储单元总数（内存容量）是有限的，通常用内存储器存放常用的程序或正在运行的指令或数据，而大量的信息则存放在磁盘、磁带、光盘等存储介质中，这些被称为外存储器。

存储器容量，表示计算机存储信息的能力，并以字节（Byte）为单位。1 字节为 8 个二进制位（bit）。由于存储器的容量一般都比较大，尤其是外存储器的容量提高得非常快，因此又以 1024 为倍数不断扩展单位名称。这些单位的关系如下：

1Byte = 8bit　　　1KB = 1024Byte　　　1MB = 1024KB　　　1GB = 1024MB

存储器系统包括主存储器（内存储器）、辅助存储器（外存储器）和高速缓冲存储器（Cache）。三者按存取速度、存储容量、单位价格的优劣组成层次结构，以满足 CPU 越来越高的速度要求，并较好地解决三个技术参数的矛盾。存储器系统的层次结构如图 1−6 所示。

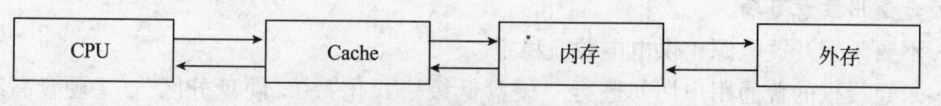

图1-6 存储器系统的层次结构

1）主存储器：微型计算机存储各种信息的部件，存放当前参与运行的程序、数据和中间信息，它与运算器、控制器进行信息交换。特点是存储容量小、存取速度快、（单位价格适当，存储信息不能长期保留（断电即丢失）。微型计算机多数采用半导体动态存储器（DRAM）。主存储器按其功能和性能，可分为随机存储器和只读存储器，二者共同构成主存储器。但通常说"内存容量"时，则指 RAM，不包括 ROM 在内。工作过程中 CPU 可根据需要随时对其内容进行读或写操作。

① 随机存储器 RAM（Random Access Memory），又称为读/写存储器。用于存放当前参与运行的程序和数据，允许随机地进行存取信息。RAM 是易失性存储器，即其内容在断电后会全部丢失，因而只能存放暂时性的程序和数据。特点是其中信息可读可写，存取方便；信息不能长期保留，断电便丢失。关机前应将 RAM 中的程序和数据转存到外存储器上。

② 只读存储器 ROM（Read Only Memory），只能读出不能写入，通常由生产厂家将开机检测、系统初始化等程序固化其中。ROM 的内容只能读出不能写入，断电后其所存信息仍保留不变，是非易失性存储器。所以 ROM 常用来存放永久性的程序和数据。如初始导引程序，监控程序，操作系统中的基本输入/输出管理程序 BIOS 等。特点是其中信息固定不变，只能读出不能重写；关机后原保存的信息不丢失。

2）辅助存储器：存放当前不参与运行的程序和数据。它与主存储器交换信息。当需要时，将参与运行的程序和数据调入主存储器，或将主存储器中的信息转来保存。常用的外存储器包括磁盘、磁带、光盘等。其特点是容量大、存取速度慢、单位价格低。存储的信息能够长期保留。

3）高速缓冲存储器（Cache）：存放正在运行的一小段程序和数据。它在 CPU 与主存储器之间不停地进行程序和数据交换，把需要的内容调入，用过的内容返还。采用半导体静态存储器。特点是存储容量很小、存取速度很快、单位价格高。存储信息不能长期保留。

2. 外部设备

外部设备主要由外部存储器和输入/输出设备组成。

（1）外部存储器（外存储器） 当前微型计算机使用的外存储器大多是磁盘存储器。分为软磁盘和硬磁盘。磁盘存储器由磁盘、磁盘驱动器和驱动器接口电路组成，统称为磁盘机。

1）软磁盘：随着科学技术的不断发展，软磁盘已逐渐在日常生活中被淘汰，硬磁盘已占领市场并得到广泛应用。

2）硬磁盘：硬磁盘采用金属为基底，表面涂覆磁性材料。由于刚性较强，所以称为硬磁盘。应用最广的小型温式（温彻斯特式）硬磁盘机，是在一个轴上平行安装若干个圆形磁盘片，它们同轴旋转。每片磁盘的表面都装有一个读/写磁头，在控制器的统一控制下沿着磁盘表面径向同步移动。

硬盘使用注意事项

·不要频繁开关电源；供电电源应稳定。

·未经授权的普通用户切勿进行"硬盘低级格式化"、"硬盘分区"、"硬盘高级格式化"等操作。

3）光盘：光盘存储器使用激光进行读/写。比磁盘存储器具有更大的存储容量，被誉为"海量存储器"；又由于激光头与介质无接触、没有退磁问题，所以信息保存时间长（几十年）。但是光盘读/写速度比硬磁盘慢，驱动器价格昂贵。光盘存储器是由光盘、光盘驱动器和接口电路组成的。它用激光进行读/写。按读/写功能分为只读型光盘 CD – ROM、一次写入型光盘 WORM、可擦写型光盘三种。

光盘驱动器指的是 CD – ROM 驱动器。它是接收光盘视频、音频、文本信息的必备部件，也是多媒体计算机的重要组成部分。

（2）输入/输出设备　输入/输出设备包括输入设备、输出设备和输入/输出接口电路。

1）输入设备：作用是将程序和数据等各种形式的信息转换为计算机所能识别的编码形式，并顺序送往内存。目前常用的输入设备有键盘、A/D 转换器、鼠标、扫描仪等，它们负责把用户命令包括程序和数据输入到计算机。

键盘（Key Board）是计算机最常用的输入设备。微型计算机最常用的键盘是 101 键盘。

鼠标（Mouse），分为有线鼠标和无线鼠标。常见的有线鼠标有两种，机械式和光电式；无线鼠标也有两种，红外线型和无线电波型。目前常用的鼠标是机械式鼠标。鼠标的用法有如下几种。

单击：选择目标后，按下鼠标左键，然后释放。

双击：选择目标后，连续两次单击鼠标左键。

右击：选择目标后，按下鼠标右键，然后释放。

拖动：选择目标后，按下鼠标左键，不释放；移动鼠标到达新位置后再释放。

右拖：选择目标后，按下鼠标右键，不释放；移动鼠标到达新位置后再释放。

指向：将鼠标移动到某一目标上，并不按键。

2）输出设备：作用是将计算机处理的信息（包括程序、数据和计算结果等）转换为人或其他设备所能识别的形式，供用户查看或保存。常见的输出设备有显示器、打印机、绘图仪，投影仪等。

显示器是操作计算机时传递各种信息的窗口。它能以数字、字符、图形、图像等形式，显示各种设备的状态和运行结果；编辑各种文件、程序和图形；从而建立起计算机和操作员之间的联系。像素（Pixel 或 Pel）是指屏幕上能被独立控制颜色和亮度的最小区域，即荧光点，是显示画面的最小组成单位。一个屏幕像素点数的多少与屏幕尺寸和点距有关。屏幕尺寸现在使用较多的是 $14^{in\ominus}$，17^{in}，图形处理专用机多为 20^{in} 以上。屏幕横向与纵向的比例，通常都是 4:3。显示器的点距越小越好。屏幕像素的点阵称为显示分辨率（Resolution），通常写成"水平点数×垂直点数"的形式。显示分辨率越高，显示的图像越清晰，但要求的扫描频率也越快。

$\ominus$　in（英寸）为非法定计量单位，1in = 0.0254m。——编辑注

打印机可以将计算机的运行结果、中间信息等打印在纸上，便于长期保存和修改。打印机分为击打式和非击打式。最普遍的击打式打印机是点阵式打印机，最普遍的非击打式打印机是喷墨式和激光式打印机。

3）输入/输出接口电路又称为 I/O 电路（Input/Output），也即通常所说的设备控制器、适配器、适配卡或接口卡。它是微型计算机与外部设备交换信息的桥梁。

常用的适配器有显示器适配卡、声卡、多功能卡、显卡、调制解调器（Modem）。

3. 计算机的工作过程

计算机的工作过程通常分为两个阶段：第一阶段将要执行的指令从内存中取出并送到 CPU；第二阶段对指令进行分析译码，然后在控制器的控制下，完成指令规定的操作。计算机的工作过程如下：

1）通过输入设备将程序和数据送入存储器。

2）用户通过输入设备发出运行程序命令。

3）接收到运行程序命令后，控制器从存储器中取出第一条指令，进行分析，然后向受控对象发出控制信号，执行该指令。

4）控制器再从存储器中取出下一条指令，进行分析，执行该指令……，周而复始地重复"取指令、分析指令、执行指令"这一过程，直到程序中的全部指令执行完毕，如图 1-7所示。

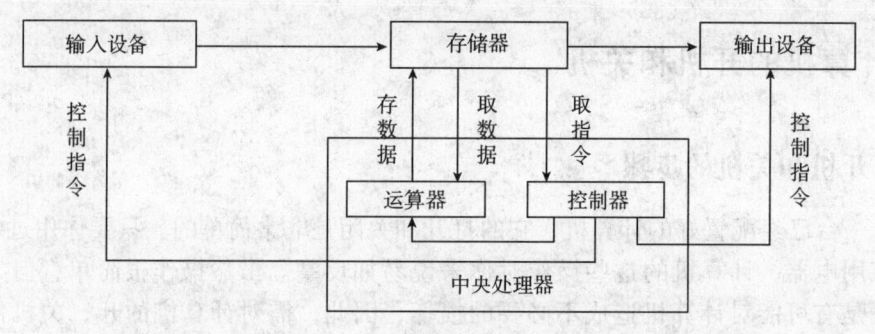

图 1-7 计算机的工作过程

1.2.2 计算机软件系统的组成

软件系统是指为计算机运行工作服务的全部技术资料和各种程序。软件系统保证计算机硬件的功能得以充分发挥，并为用户提供一个宽松的工作环境。计算机软件是计算机系统的重要组成部分，计算机软件系统由系统软件和应用软件组成。

1. 系统软件

系统软件是指管理、监控和维护计算机资源（包括硬件和软件）的软件。常见的系统软件包括操作系统、语言处理系统（即程序设计语言）、数据库管理系统等。

（1）操作系统 它是系统软件的核心、是系统程序的集合，它的主要作用是对系统的软件、硬件资源进行合理地管理，为用户创造方便、可靠、有效的计算机工作环境，它是其他系统软件和应用软件能够在计算机上运行的基础。操作系统具有五个方面的功能：内存储器管理、处理机管理、设备管理、文件管理和作业管理。微型机操作系统有 DOS、Windows、Windows NT、UNIX、Linux、Novell 等。

（2）程序设计语言　主要有 Basic、Pascal、C、Java 及相应的编译程序等。

程序设计语言是用户用来编写程序的语言，它是人与计算机之间交换信息的工具。程序设计语言一般分为机器语言、汇编语言和高级语言三类。

机器语言就是机器指令序列，它是直接用二进制代码形式表示的。机器语言是由 0 和 1 组成的代码。

汇编语言是指一些用于编程的有意义的符号，它实际上是一种符号语言。

高级语言程序可读性强，可靠性好，利于维护。常用的高级语言有 Pascal 语言、C 语言、Basic 语言以及可视化编程语言 Visual Basic、Visual C + +等。

数据库语言分为数据描述语言 DDL 和数据操纵语言 DML。

（3）数据库管理系统　主要有 FoxPro、Access、Oracle、Sybase 等。

2. 应用软件

应用软件有时又称服务软件，它是开发和研制各种软件的工具，是用户利用计算机及其提供的系统软件为解决各种实际问题而编制的计算机程序。常见的工具软件有诊断程序、调试程序、编辑程序等。服务性程序有对系统实施监控、调试、故障诊断的程序及各种工具软件。常用的应用软件有文字处理软件、辅助设计软件、辅助教学软件、图形图像处理软件、信息管理软件、办公自动化系统、网页制作软件、网络通信软件、各种应用软件包、套装软件等。

1.3　计算机的开机和关机

1.3.1　开机和关机的步骤

对于一台已经配置好的计算机，它的打开和关闭是非常简单的。只要你用过电视、影碟机等家用电器，计算机的这些操作对你来说易如反掌。虽然操作很简单，但如果方法不当，还是有可能对计算机造成不必要的损坏，因此，需对计算机的开、关机作一个详细的介绍。

首先要记住的是开机顺序，一般来讲开机时要先开外部设备（即主机箱以外的其他部分），后开主机，关机时要先关主机后关外部设备。

这里所说的开机有以下几种情况：

1. 第一次开机

这种情况的开机方法为先打开显示器的电源开关，然后再打开主机箱的电源开关（其上有"POWER"标志），如图 1 - 8 所示。

2. 重新启动计算机

这是指计算机在运行过程中由于某种原因发生"死机"或在运行完某些程序后需要重新启动。这时有三种方法：

1）同时按住键盘上的 < Ctrl >、< Alt > 和 < Delete > 三个按键，计算机即会自动重新启动，如图 1 -9 所示。

POWER

图 1 - 8　"POWER"标志

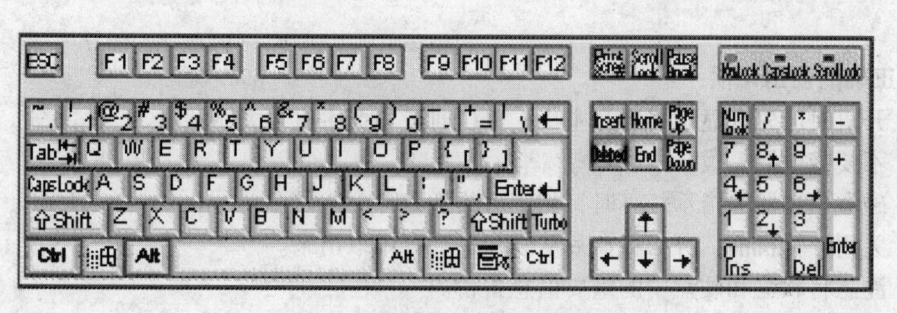

图1-9 重新启动的键盘操作

2）在前一个方法不行的情况下，直接在主机箱上按下"RESET"按钮让计算机重新启动，如图1-10所示。

3）如果前两种方法都不行时，就直接按下主机箱上的"POWER"按键让计算机重新开机。

请记住这三种开机顺序，若死机时直接按"POWER"键，这样对计算机的损害很大。

关机时须记住的是：要安全地关闭计算机，一定要先退出所有的运行程序后才能关机。如果是在Windows操作系统下，其关机一定要按以下顺序进行：先关闭所有运行的程序，然后用鼠标左键单击屏幕左下角的"开始"按钮，在弹出的菜单中选择"关闭系统"选项后单击鼠标左键，在随后弹出的对话框中选择"关闭计算机"选项，最后用鼠标单击其上标有"是"的按钮。稍后，主机电源会自动切断，屏幕变黑，此时再关闭显示器即可，如图1-11所示。

RESET

图1-10 重新启动按钮

现在可以安全地关闭计算机了

图1-11 关机显示

1.3.2 安全使用计算机

1. 环境要求

1）应安放在坚固的水平表面上，背面应保留有8cm的空间，以满足通风要求。

2）防止计算机过热、过冷（环境温度在10~30℃为宜）、过潮及阳光直接照射。

3）要保持环境的清洁，防止灰尘和污垢使计算机发生故障或受损。不能让任何液体靠近主机和键盘。

4）严禁任何东西挡住显示器的通风口。

5）供电系统必须保持"共地"特性，即所有的相关设备必须保持共同良好的地线连接。

2. 正确的使用习惯

1）开机时应先开显示器再开主机，关机时应先关主机再关显示器。

2）不要带电插、拔。

3）磁盘驱动器的指示灯亮时，切不可拔插盘片。

4）关闭计算机前，务必将盘片从软盘驱动器中取出来。

5）注意将软盘和硬盘中的重要信息备份。

6）为防止病毒侵入，尽量避免使用外来软盘和网络上的外来软件。

1.4　计算机数据安全

随着网络技术的发展，计算机的数据安全越来越受到人们的关注，目前威胁计算机数据安全的主要是计算机病毒和木马。

1. 计算机病毒的概念

"病毒"是生物学领域的术语，是指那些能够侵入生物体内并能给生物体带来疾病的微生物，其主要特点是具有传染性、流行性、潜伏性、繁殖性、表现性、危害性等。而计算机病毒，则是指能够侵入计算机内部，并对计算机及其信息系统产生破坏的程序。由于这些程序在计算机内部的活动特征与生物病毒极其相似，因此，在计算机科学领域人们借用了生物学中的这个术语。

2. 计算机病毒的类型

计算机病毒有几种不同的分类方法。

（1）根据计算机病毒的破坏性进行分类　分为良性病毒和恶性病毒。

1）良性病毒：指那些只是为了表现自己，仅仅占用系统资源或干扰系统工作，但不破坏系统数据的病毒程序。例如，小球病毒、救护车病毒等。

2）恶性病毒：指一旦发作，就能够破坏系统或数据（比如删除文件、搞乱文件分配表以及格式化磁盘等），造成计算机系统瘫痪的计算机病毒。例如，火炬病毒、黑色星期五病毒、CIH 病毒等。这类病毒危害极大，可以给计算机用户造成不可挽回的损失。

（2）根据入侵计算机系统的途径分类　分为操作系统型病毒、外壳型病毒、嵌入型病毒和源码型病毒。

1）操作系统型病毒：这类病毒程序附在操作系统的某个模块中，当系统引导时，就被装入内存，同时获得系统控制权，对外传播病毒，并在一定条件下发作，进行破坏活动，严重时可导致整个系统的瘫痪。

2）外壳型病毒：这类病毒程序将其自身隐藏在合法程序的周围，当合法程序运行时，病毒随之被激活。外壳型病毒通常感染可执行文件。

3）嵌入型病毒：这类病毒将自身嵌入到合法程序之中，并与其链接在一起成为合法程序的一部分，从而达到破坏源程序的目的。

4）源码型病毒：这类病毒程序被编译之前，就插入到源程序中，经编译后，成为目标程序的合法部分。这种病毒的破坏性和危害性极大。

（3）按寄生方式分类　分为引导型病毒、文件型病毒和复合型病毒。

1）引导型病毒：指寄生在磁盘引导区的计算机病毒。病毒利用计算机引导过程侵入系统，驻留内存，影响系统的正常启动。

2）文件型病毒：指寄生在文件中的计算机病毒，主要感染可执行文件和数据文件。

3）复合型病毒：指同时具有以上两种病毒特征的计算机病毒，这种病毒扩大了病毒的传播途径，既感染磁盘的引导区，又感染可执行文件。

3. 计算机病毒的特征

无论是何种类型的病毒，它们侵入计算机和发作时都具有以下特征：

（1）传播性　计算机病毒能主动地将自身的复制品传播给其他程序，并在运行被感染的程序时，再将病毒自身复制给其他程序，从而达到再生的目的。

（2）潜伏性　病毒在发作前，只是悄悄地进行传播、繁殖，从而使更多的程序成为病毒的"携带者"。

（3）触发性　潜伏的病毒一般都有一个或多个触发条件，如特定的某个时间、日期、特定文件的出现或使用，某一文件的执行次数，等等，一旦时机成熟，病毒就会发作，破坏计算机系统资源。

（4）破坏性　病毒程序的破坏性通常体现在以下几个方面：占用系统资源，比如占用内存空间，软、硬盘空间以及系统运行时间等；破坏系统中的数据文件，比如破坏磁盘的文件分配表等；干扰系统的正常运行，比如使打印机不工作，磁盘读取发生异常等。

4. 计算机病毒的传播途径

计算机病毒的传播主要通过以下几种途径：

（1）通过移动存储介质传播　如软盘、移动硬盘、U 盘等。

（2）通过硬盘传播　硬盘是计算机病毒的重要传播途径，若硬盘感染上病毒，则硬盘上的程序也可能染上病毒，在该机上使用的其他存储媒介也有可能染上病毒。

（3）通过网络传播　随着互联网的普及应用，网络传播成为计算机病毒的主要传播途径，其表现方式有软件下载方式、电子邮件方式等。

（4）通过光盘传播　目前许多软件是保存在光盘上的，因此光盘也成为病毒传播的载体之一。

5. 计算机病毒的防治

（1）计算机病毒的表现形式

1）计算机不能从硬盘启动；

2）机器运行速度变慢；

3）显示器上经常出现一些异常显示；

4）可执行程序的大小发生变化；

5）磁盘空间变小，程序或数据神秘丢失；

6）经常死机或自行启动；

7）磁盘文件的内容被修改；

8）打印机速度变慢、打印异常字符或干脆不打印；

9）文件的日期发生变化。

计算机病毒发作时还会出现其他一些不正常的情况。总之，假如你的计算机在工作时突然出现异常，就应该考虑是否已被病毒感染。最好使用杀毒软件进行病毒查杀检测。

（2）计算机病毒的防治　如果计算机感染了病毒，就要用杀毒软件及时进行查杀。目前市场上的杀毒软件很多，比较著名的有北京江民新技术有限公司的"KV 杀毒软件"系列、北京瑞星电脑科技开发公司的"瑞星"系列、金山公司的"金山毒霸"、"诺顿"杀毒软件、"卡巴斯基"等。

计算机一旦感染病毒，即使进行杀毒，计算机中的数据也有可能已经受到损害。所以，对计算机病毒应该以预防为主，防患于未然。为了防止病毒的感染，在使用计算机时应该注意以下几点：

1）使用正版软件，包括使用正版杀毒软件。

2）从网上下载的软件必须先查毒，再使用，限制网上可执行程序的交换。

3）加强硬盘的管理，重要的数据要备份，对于特别重要的计算机，要使用动态备份。

4）定期升级杀毒软件和病毒库，并对硬盘定期进行查杀，一定要开启杀毒软件的病毒防火墙。

5）外来的任何介质在放入计算机前，一定要先查毒再使用。

6）在计算机上安装正版杀毒软件或防病毒卡。

6. 木马

严格说，木马也是一种计算机病毒，只不过木马程序的危害性更大。木马程序不是以破坏计算机系统为目的的，它是一种间谍软件，它可以记录用户的键盘操作，并盗取用户的重要信息资料，以获取不正当利益为主要目的。比如，它可以盗取用户的网上银行账号和密码、股票账号和密码、邮箱账号和密码、QQ 账号和密码以及网络游戏的账号和密码，甚至还可以盗取用户的开机密码，以控制用户的计算机并给用户带来更大的经济损失。可以看出，木马比计算机病毒对用户的危害性更大。

一般的木马程序都包括客户端和服务器端两个程序，其中客户端程序用于攻击者远程控制植入木马的机器，服务器端程序即则作用于被植入木马程序的计算机中。

目前木马入侵的主要途径还是先通过一定的方法把木马执行文件弄到被攻击者的计算机系统里，利用的途径有邮件附件、下载软件等，然后通过一定的提示故意误导被攻击者打开执行文件，比如谎称这个木马执行文件是朋友送的贺卡，可能打开这个文件后，确实有贺卡的画面出现，但这时可能木马已经悄悄在后台运行了。一般的木马执行文件非常小，大部分都是几 KB 到几十 KB，如果把木马捆绑到其他正常文件上也很难发现，所以，有一些网站提供的软件下载往往是捆绑了木马文件的，一旦执行这些下载的文件，也就同时运行了木马。

对付木马程序有以下几种办法：

（1）必须提高防范意识　不要打开陌生人信中的附件，熟人的邮件也要确认一下来信的原地址是否合法。

（2）多读 readme. txt　许多人出于研究目的下载了一些木马程序的软件包，在没有弄清软件包中几个程序的具体功能前，就匆匆地执行其中的程序，这样往往就错误地执行了服务器端程序而使自己的计算机成为了木马的牺牲品。软件包中经常附带的 readme. txt 文件会有程序的详细功能介绍和使用说明，尽管它一般是英文的，但还是有必要先阅读一下，如果实在读不懂，那最好不要执行任何程序，放弃软件包当然是最保险的了。有必要养成在使用任何程序前先读 readme. txt 的好习惯。

值得一提的是，有许多程序说明伪装成可执行的 readme. exe 形式。readme. exe 往往捆绑有病毒或木马程序，或者干脆就是由病毒程序、木马的服务器端程序改名而得到的，目的就是让用户误以为是程序说明文件而去执行它，可谓用心险恶。所以从互联网上获取的 re-adme. exe 最好不要执行。

（3）使用杀毒软件　现在国内的杀毒软件都推出了清除某些木马的功能，如 KV300、KILL98、瑞星等，可以不定期地在脱机的情况下进行检查和清除。另外，有的杀毒软件还提供网络实时监控功能，这一功能可以在黑客从远端执行用户机器上的文件时，提供报警或让执行失败，使黑客向用户机器上传可执行文件后无法正确执行，从而避免了进一步的损失，但是要记住，它不是万能的。

（4）立即挂断　尽管造成上网速度突然变慢的原因有很多，但有理由怀疑这是由木马造成的，当入侵者使用木马的客户端程序访问用户的机器时，会与用户的正常访问抢占宽带，特别是当入侵者从远端下载用户硬盘上的文件时，正常访问会变得奇慢无比。这时，用户可以双击任务栏右下角的连接图标，仔细观察一下"已发送字节"项，如果数字变化成 1~3Kbit/s（每秒 1~3 千字节），几乎可以确认有人在下载硬盘文件，除非用户正在使用 ftp 功能。对 TCP/IP 端口熟悉的用户，可以在"MS – DOS 方式"下输入"netstat – a"来观察与机器相连的当前所有通信进程，当有具体的 IP 正使用不常见的端口（一般大于 1024）进行通信时，这一端口很可能就是木马的通信端口。当发现上述可疑迹象后，所能做的就是：立即断开网络，然后对硬盘有无木马进行认真的检查。

（5）观察目录　普通用户应当经常观察位于 C:\、C:\WINDOWS、C:\WINDOWS\system 这三个目录下的文件。用"记事本"逐一打开 C:\ 下的非执行类文件（除 exe、bat、com 以外的文件），查看是否发现木马、击键程序的记录文件，在 C:\Windows 或 C:\WINDOWS\system 下如果有只有文件名没有图标的可执行程序，应该把它们删除，然后再用杀毒软件进行认真的清理。

（6）备份　在删除木马之前，最最重要的一项工作是备份，需要备份注册表，防止系统"崩溃"，备份你认为是木马的文件，如果不是木马就可以恢复，如果是木马就可以对木马进行分析。不同的木马有不同的清除方法，由于涉及面太大，这里就不详述了。

习　　题

1. 选择题

（1）1946 年由美国宾夕法尼亚大学研制成功的世界上公认的第一台电子计算机是（　　）。

A. EDVAC　　　　B. APPLE　　　　C. ENIAC　　　　D. UNIVAC

（2）第三代计算机的逻辑器件采用（　　）。

A. 晶体管　　　　B. 集成电路　　　　C. 大规模集成电路　　　　D. 电子管

（3）一个计算机系统是由（　　）组成。

A. 主机和外部设备　　　　　　　　　B. CPU 和 I/O 设备

C. 系统软件和应用软件　　　　　　　D. 硬件和软件

（4）操作系统是一种（　　），它用来控制和管理系统资源。

A. 操作机构　　　　B. 操作命令　　　　C. 应用软件　　　　D. 系统软件

（5）（　　）就是一种操作系统。

A. BASIC　　　　B. MS – DOS　　　　C. MIS　　　　D. FoxBASE +

（6）用计算机进行情报检索，属于计算机应用中的（　　）。

A. 科学计算　　　　　　B. 实时控制　　　　　C. 信息处理　　　　　D. 人工智能

（7）CPU 是指（　　）。

A. 运算器和存储器　　　　　　　　　　　B. 运算器和控制器

C. 存储器和控制器　　　　　　　　　　　D. 计数器和运算器

（8）根据与中央处理器联系的密切程度，可以把存储器分为（　　）。

A. 主存储器和辅助存储器　　　　　　　　B. 只读存储器和随机存储器

C. 磁盘和磁带　　　　　　　　　　　　　D. 硬盘和软盘

（9）到目前为止，电子计算机的基本结构都基于同一个思想，这个思想最早是由（　　）提出的。

A. 布尔　　　　　　　B. 冯·诺依曼　　　　　C. 牛顿　　　　　　D. 图灵

（10）计算机在工作中突然电源中断，则计算机（　　）中的信息全部丢失，再次通电后也不会恢复。

A. 软盘　　　　　　　B. 硬盘　　　　　　　C. ROM　　　　　　D. RAM

（11）软盘加上写保护后，对它可以进行的操作是（　　）。

A. 只能读盘，不能写盘　　　　　　　　　B. 既可读盘，又可写盘

C. 只能写盘，不能读盘　　　　　　　　　D. 不能读盘，也不能写盘

（12）完整的计算机硬件系统一般包括外部设备和（　　）。

A. 运算器和控制器　　　B. 存储器　　　　　　C. 主机　　　　　　D. 中央处理器

（13）下面有关计算机的叙述中，正确的是（　　）。

A. 计算机的主机只包括 CPU　　　　　　　B. 计算机程序必须装载到内存之中才能进行

C. 计算机必须具有硬盘才能工作　　　　　D. 计算机键盘上字母键的排列方式是随机的

（14）微型计算机硬件系统中最核心的部件是（　　）。

A. 主板　　　　　　　B. CPU　　　　　　　C. 内存储器　　　　　D. I/O 设备

（15）微型计算机中的 CPU 是由（　　）。

A. 内存储器和外内存组成　　　　　　　　B. 微处理器和内存储器组成

C. 运算器和控制器组成　　　　　　　　　D. 运算器和寄存器组成

（16）存储容量 1GB 等于（　　）。

A. 1024B

B. 1024KB

C. 1024MB

D. 128MB

（17）软盘不能写入只能读出的原因是（　　）。

A. 新盘未格式化

B. 已使用过的软盘片

C. 写保护

D. 以上均不正确

（18）下列各组设备中，全部属于输入设备的一组是（　　）。

A. 键盘、磁盘和打印机　　　　　　　　　B. 键盘、扫描仪和鼠标

C. 键盘、鼠标和显示器　　　　　　　　　D. 硬盘、打印机和键盘

（19）操作系统是管理和控制计算机（　　）资源的系统软件。

A. CPU 和存储设备　　　　　　　　　　　B. 主机和外部设备

C. 硬件和软件　　　　　　　　　　　　　D. 系统软件和应用软件

（20）ROM 的中文名称是（　　）。

A. 只读存储器

B. 随机存储器

C. 内存储器

D. 外存储器

（21）1KB 表示（　　）。

A. 1000bit

B. 1024bit

C. 1000Byte

D. 1024Byte

2. 思考题

（1）画出微型计算机的组成框图，简述各组成部分的功能。

（2）简述微型计算机的主要特点。

（3）简述计算机存储设备的分类、功能及特点。

（4）计算机是如何进行工作的？

（5）为什么说操作系统是系统软件的核心？

第 2 章　汉字输入法

2.1　键盘知识与指法训练

键盘是一种很重要的输入设备，是用户与计算机进行沟通的主要手段之一。它除了具有输入功能外，还可以实现对计算机其他方面的操作控制。因此，了解和熟悉键盘不仅是初学者掌握输入法的关键，也是使用计算机的基础。

2.1.1　键盘的结构

目前常用的键盘是 104 键盘和 107 键盘，107 键盘比 104 键盘多了电源开关键 < Power >（可将计算机置于关闭状态）、休眠键 < Sleep >（可将计算机置于休眠状态）、唤醒键 < Wake up >（可将计算机从休眠状态切换到工作状态）三个电源控制键。下面以常用的标准 104 键盘为例对键盘进行介绍，如图 2 - 1 所示。

图 2 - 1 不仅给出了常用的 104 计算机标准键盘图，同时，也给出了各个键的分布和分区情况。在键盘操作中，不同的键区、不同的键有着不同的使用特点，标准的 104 键盘由许多具有不同功能的按键组成，根据按键的位置通常分为 4 个区，分别是打字键区、功能键区、编辑控制键区、辅助键区。

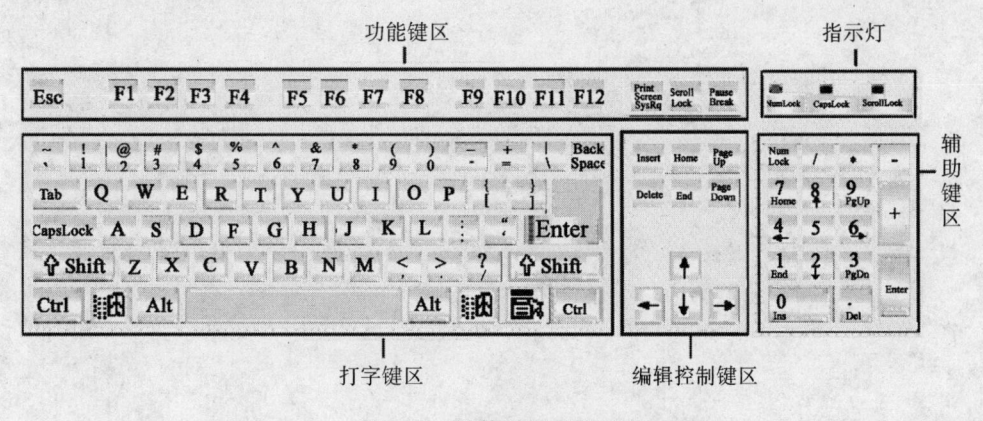

图 2 - 1　计算机键盘分区图

1. 打字键区

打字键区是键盘的主要部分，主要由字母键、数字符号键、控制键和空格键组成，共 61 个键，主要用于输入文字及符号。主要按键功能如下。

（1）字母键 < A > ~ < Z >　当按下某个字母键时，输入相应的字母。

（2）上档选择键 < Shift >　用于大小写字母的临时切换和输入数字字符键中的上面的符号。

（3）数字符号键 用于数字的输入也可用于汉字输入时重码的选择；直接按键是输入数字，若需输入上面的符号，需同时按＜Shift＞键。

（4）"开始菜单"键（▦） 在 Windows 操作系统中，按下该键将弹出"开始"菜单。

（5）"快捷菜单"键（▤） 按下该键后会弹出相应的快捷菜单，其功能相当于单击鼠标右键。

（6）空格键＜Space＞ 位于主键盘区的下方的最长的键，每按一次该键，将在当前光标的位置产生一个空字符，同时光标向右移动一个位置。

（7）回车键＜Enter＞ 输入完命令后，按下该键表示确认命令并执行；输入文字时，每按一次该键，将光标移到下一行的行首输入（换行）。

（8）大写字母锁定键＜Caps Lock＞ 用于大小写字母状态的切换；每按一次该键，键盘右上角标有 Caps Lock 的指示灯会由不亮变成亮，或由亮变成不亮。如果 Caps Lock 指示灯亮，则键盘处于大写字母锁定状态，输入的全是大写字母；如果 Caps Lock 指示灯不亮，则大写字母锁定状态被取消，此时按字母键，输入的则为小写字母。

（9）退格键＜BackSpace＞ 每按一次该键，将删除当前光标位置的前一个字符。

（10）控制键＜Ctrl＞、转换键＜Alt＞ 这两个键都必须和其他键配合才能实现一些特定的控制功能，在不同的系统和软件中，完成的功能各不相同。

（11）制表定位键＜Tab＞ 每按一次，光标向右移动一个制表位（跳动 8 个字符间隔），用于文字处理中格式对齐操作。

2. 功能键区

功能键区位于键盘顶部，共 16 个键，这些功能键可以和一些控制键联合使用来实现一些特定的功能。例如，在 Windows 中，＜Alt＞＋＜F4＞可以关闭当前的活动窗口。该区主要按键功能如下。

（1）取消键＜Esc＞ 取消已输入的命令或字符串。

（2）功能键＜F1＞~＜F12＞ 一般是作为"快捷键"用，其各个键的功能依不同的软件而不同，如＜F1＞常用来打开"帮助文档"。

（3）屏幕打印键＜Print Screen＞ 按下该键，屏幕上显示的内容被复制到剪贴板。

（4）滚屏锁定键＜Scroll Lock＞ 按下该键可以让屏幕内容不再滚动，再次按下则取消锁定。

（5）暂停键＜Pause Break＞ 按下此键，可以暂停屏幕的滚动显示。

3. 编辑控制键区

编辑控制键区共有 10 个键，主要用于控制光标的移动。该区主要按键功能如下。

（1）插入键＜Insert＞ 用于插入和改写状态的切换；插入状态只增加文字，不改变原有文字；改写状态是指用新输入的文字代替原有文字。

（2）删除键＜Delete＞ 按下此键，删除光标后的一个字符。

（3）翻页键＜Page Up＞/＜Page Down＞ 用于向前向后翻页。

（4）行首/行尾键＜Home＞/＜End＞ 光标移至当前行的行首/行尾。

（5）光标移动键（←→↑↓） 光标向左、向右移动一个字符位，光标向上、向下移动一行。

4. 辅助键区

辅助键区位于键盘的右下角，又叫小键盘区，共有 17 个键，主要功能是快速输入数字。该区主要按键功能如下。

（1）数字锁定键 < Num Lock > 用于控制数字键区上下档的切换；当按下此键时，键盘右上角第 1 个指示灯亮，表明此时输入的都是数字。再按此键，指示灯灭，此时小键盘上各键为移动光标键或控制键。

（2）四则运算符号键 输入相应的符号或执行相应的数学运算。

（3）双字符键（0~9） 当 Num Lock 灯处于开启状态（亮）时，按下双字符键，可分别输入 0~9 和数字；当 Num Lock 灯处于关闭状态时，按下双字符键，光标移动。

（4）< Del >键 当 Num Lock 指示灯置于开启状态（不亮）时，按下该键可输入小数点，若 Num Lock 指示灯置于关闭状态时，该键相当于 < Delete >键。

2.1.2 键盘的操作基础

1. 正确的打字姿势

保持正确的操作姿势可以提高打字速度，减少疲劳。要熟练掌握打字技术，以下几点必须注意：

1）计算机操作员要平坐在椅子上，腰背挺直，肩部放松，两脚自然平放于地面，身体稍倾向前。

2）手腕平直，两肘微垂，轻轻贴于腋下，手指弯曲自然适度，轻放在基本键位上，左右手的拇指轻放在空格键上，身体与计算机桌保持一定的距离。

3）输入文字时，文稿应放在键盘左侧，显示器放在键盘的正后方，视线要投注在显示器上，不可常看键盘。

4）坐椅的高低应调至适当的位置，眼睛距显示器的距离为 30cm，以便手指击键。

2. 标准指法

为了规范操作，在计算机的打字键区划分出一个区域，称为基准键区，基准键位是指 <A>、<S>、<D>、<F>、<J>、<K>、<L> 和 <；>8 个键，如图 2 - 2 所示。击键之前，双手总是放在基准键上。

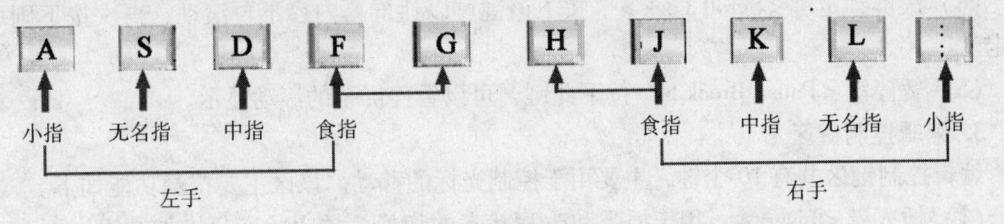

图 2 - 2 基准键位图

需要敲击其他键时，手指从基准键位出发，敲完后必须回到基准键位上。每个手指都有自己所"管辖的范围"，如图 2 - 3 所示，不能越界。两个灵活食指各管 6 个键，而中指、无名指各自管辖上下 4 个键，小指除了管辖上下 4 个键外，还有其外侧的所有键位。在使用过程中，基本上只需手指上下移动去敲击，这样既便于操作又便于记忆。

（1）左手分配的键位

食指：<4>、<5>、<R>、<T>、<F>、<G>、<V>、<B>共8个键。

中指：<3>、<E>、<D>、<C>共4个键。

无名指：<2>、<W>、<S>、<X>共4个键。

小指：<1>、<Q>、<A>、<Z>及其左侧的所有键位。

（2）右手分配的键位

食指：<6>、<7>、<Y>、<U>、<H>、<J>、<N>、<M>共8个键。

中指：<8>、<I>、<K>、<，>共4个键。

无名指：<9>、<O>、<L>、<·>共4个键。

小指：<0>、<P>、<；>、</>及其右侧的所有键位。

另外，左右手的大拇指负责按空格键。

3. 击键手法

初学盲打要严格遵守指法规定，10个手指各司其职。在击键过程中，读者应掌握以下几点击键方法：

1）平时各手指要放在基准键位上。打字时，每个手指只负责相应的几个键，不可混淆。

2）打字时，一手击键，另一手必须在基准键上处于预备状态。

3）手腕平直，手指自然弯曲，击键只限于手指关节，身体其他部分不得接触工作台或键盘。

4）击键时，手抬起，只有要击键的手指才可伸出击键，不可压键或按键。击键之后手指要立刻回到基准键位上，不可停留在已击的键上。

5）击键速度要均匀，用力要轻，有节奏感。

6）初学打字时，要讲求击键准确，其次再要求速度。

图2-3 指法分区图

2.2 拼音输入法

虽然现在已经有了一些语音识别和手写识别方法来输入中文，但其功能还不是太理想，大多数用户还是喜欢通过各种不同的中文输入法将中文输入到文档中。因此，根据不同用户的需要，本节分别介绍了两款对用户要求不高、易于上手的拼音输入法：智能ABC输入法和全拼输入法。

2.2.1 智能 ABC 输入法

智能 ABC 输入法（又称标准输入法）是 Windows 系统中默认自带的一种汉字输入方法，它属于音码输入法，即以拼音为主来输入汉字，并有一定智能化功能。它简单易学、快速灵活，受到广大用户的喜爱。

要切换到智能 ABC 输入法状态，可用鼠标单击任务栏上的输入法指示器按钮来选择，也可以连续按 <Ctrl> + <Shift> 快捷键直到该输入法的语言栏出现。智能 ABC 输入法提供了两种输入模式，即标准模式和双打模式，在默认情况下为标准模式。

1. 标准模式

选择智能 ABC 输入法，在标准模式下，用户可以同时使用几种输入方式，包括全拼输入方式、简拼输入方式、混拼输入方式等，下面分别介绍这几种输入方式的特点及其使用方法。

（1）全拼输入方式　全拼输入就是将汉字的拼音全部输入，从而得到所需的汉字。

1）输入单字：输入该字的全部拼音。

范例 1：用全拼方式输入"好"字。

步骤：先输入"好"字的全部拼音"hao"，按下空格键，将显示一系列拼音相同的汉字，如图 2-4 所示，输入"好"字的代码"1"，完成输入。

图 2-4　全拼方式下输入"好"字

2）输入词组：智能 ABC 输入法具有一套词库，词库的蓝本是《现代汉语词典》。在此基础上，又增加了一些新的词汇。因此，在它的词库中，除了一些常用词汇外，还有一些方言词语、常见的专业术语等，如人名、地名等。

范例 2：用全拼方式输入"你们"一词。

步骤：首先，依次输入"你们"一词的拼音"nimen"，接着按下空格键，会显示"你们"一词，再按下空格键，这个词就会被输入到当前光标处，如图 2-5 所示。

图 2-5　全拼方式下输入"你们"一词

（2）简拼输入方式　简拼不适用于单字输入，适用于词组输入。因为简拼是将词组中每个字拼音的第一个字母作为输入码，而不是输入全部拼音。

范例 3：用简拼方式输入"相信"一词。

步骤：先输入"相信"一词的简码"xx"，按下空格键，会显示一系列词语，如图 2-6 所示，输入"相信"一词的代码"4"，这个词就会被输入在当前光标处。

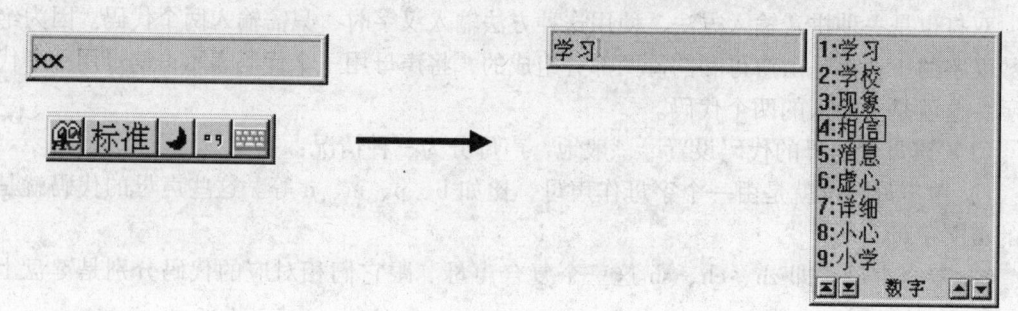

图 2-6 简拼方式下输入"相信"一词

（3）混拼输入 用户可能会感觉到，用简拼方式比用全拼方式输入的码少，但重码率高了很多。接下来介绍的是混拼方式，能比较有效地减少重码。混拼方式指的是将简拼方式与全拼方式同时用于词组的输入，一个词组中有的字用简拼，有的字用全拼。

范例 4：分别用简拼方式和混拼方式输入"轻松"一词。

用简拼方式的步骤：先输入"轻松"一词的简码"qs"，按下空格键，会显示一系列词语，如图 2-7 所示，输入"轻松"一词的代码"3"，这个词就会被输入在当前光标处。

图 2-7 简拼方式下输入"轻松"一词

用混拼方式输入"轻松"一词的步骤：可以输入"qings"或"qsong"，按下空格键，"轻松"一词就直接显示出来，直接按空格键即完成输入，如图 2-8 所示。

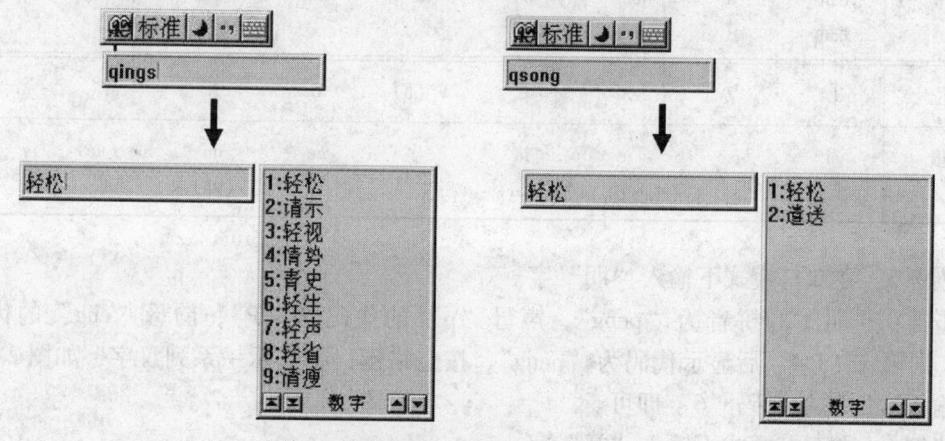

图 2-8 混拼方式下输入"轻松"一词

2. 双打模式

在智能 ABC 语言栏的"标准"按钮上单击后，即可转换为双打模式。

双打也是一种拼音输入方法，使用这种方法输入汉字时，只需输入两个代码。因为绝大多数汉字的拼音都是由声母和韵母两部分组成的，将声母用一个代码表示，韵母用一个代码表示，这就是要输入的两个代码。

（1）声母和韵母的代码设置　一般地，声母分为三种情况：

1）单声母：也就是由一个字母作声母，比如 b、p、m、n 等。这些声母的代码就是相应的英文字母。

2）复合声母：即 zh、ch、sh 这三个复合声母。跟它们相对应的代码分别是键盘上的 A、E、V。

3）零（无）声母：一些汉字的拼音是没有声母的，如爱（ai）、袄（ao）、欧（ou）等。对于汉字，则以英文字母 O 作为声母的代码。

复合声母和零声母键位表，如表 2-1 所示。

表 2-1　复合声母和零声母键位表

键位	A	E	V	O（'）
声母	zh	ch	sh	无声母

韵母的键位表，如表 2-2 所示，可以看出其使用规则并不复杂，只要记住各个键的含义就行了。

表 2-2　韵母的键位（即代码）

键位	Q	W	E	R	T	Y	U	I	O
韵母	ei	ian	e	iu	uang	ing	u	i	uo
				er	iang				o

键位	P	A	S	D	F	G	H	J	K
韵母	uan	a	ong	ua	en	eng	ang	an	ao
	üan		ing	ia					

键位	L	Z	X	C	V（ü）	B	N	M
韵母	ai	iao	ie	in		ou	un	üe（ue）
				uai			(ün)	ui

范例 5：在双打模式下输入"朋"字。

步骤："朋"的拼音为"peng"，声母"p"的代码是"P"，韵母"eng"的代码是"G"，则输入"PG"后显示代码为"peng"，按空格键，将显示一系列汉字，如图 2-9 所示。输入"朋"的代码"6"即可。

范例 6：在双打模式下输入"袄"字。

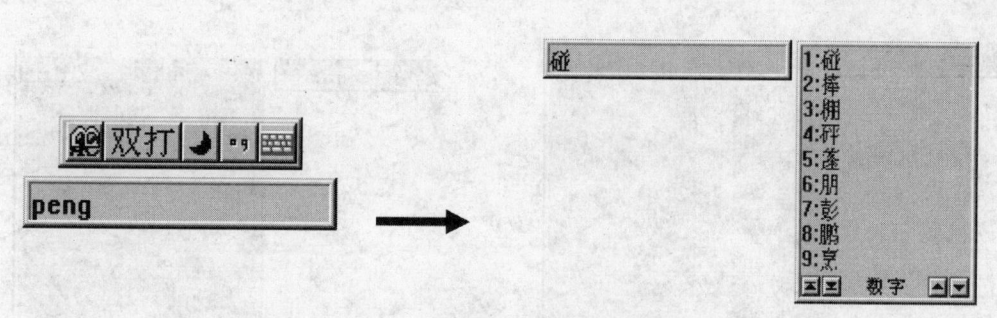

图2-9 双打模式下输入"朋"字

步骤："袄"的拼音为"ao"，无声母代码为"O"，韵母"ao"的代码是"K"，则输入"OK"显示代码为"'ao"，按空格键，将显示一系列汉字，如图2-10所示。直接按空格键即可。

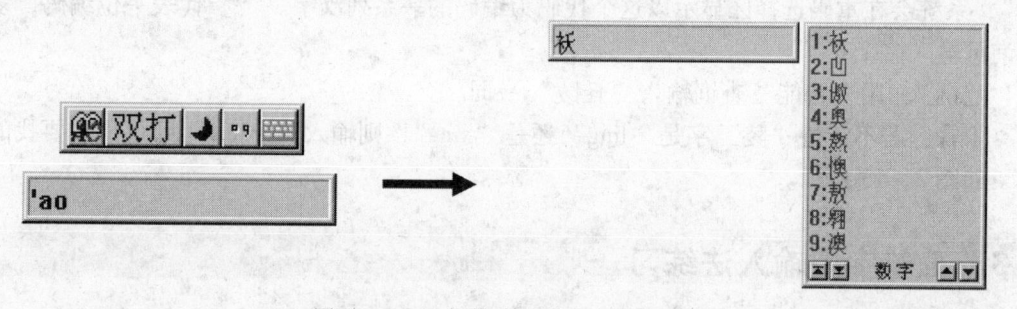

图2-10 双打模式下输入"袄"字

（2）中文状态下输入英文 在标准模式下，在输入拼音的过程中，如果需要输入英文，可以不必切换到英文模式，只需键入"v"作为标志符，后面跟随要输入的英文。例如，在输入过程中希望输入英文"Microsoft"，只需输入"vMicrosoft"，按空格键即可，如图2-11所示。

图2-11 在中文状态下输入英文（标准模式）

在双打模式下，由于字母"v"替代声母"sh"，所以不能使用上述方法输入英文。

2.2.2 全拼输入法

全拼输入法是纯音码中文输入法，也是 Windows 自带的一种中文输入法。其特点是操作简单，汉字量大。对绝大多数人来说，不须学习即可应用。无论是输入单字还是词组都与智能 ABC 输入法标准模式下的全拼输入方式类同，不再详述。

1. 查偏旁部首

在文本编辑过程中有时需要输入汉字的偏旁部首，可以采用以下步骤：首先，选择全拼输入法，接着输入"pianpang"（其实输入"pianp"就已经够了），这时你就会发现一些汉字的偏旁部首出现了。如果发现自己需要的偏旁不在当前的显示窗口中，还可以通过进行前后换页，直到找到你需要的偏旁为止，如图2-12所示。

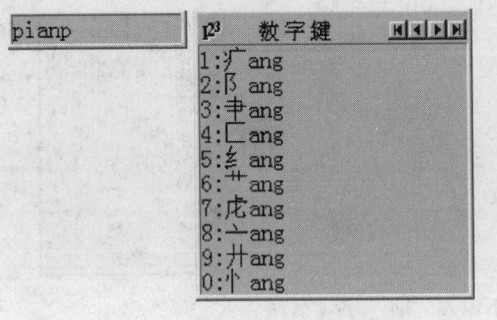

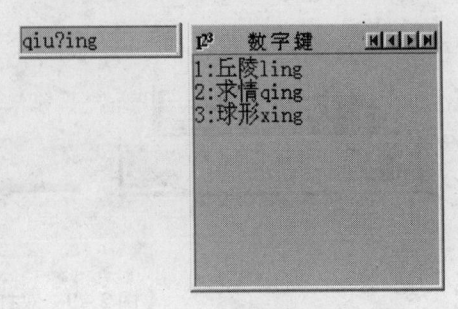

图 2-12　查偏旁部首　　　　图 2-13　用"智能"查询输入"丘陵"一词

2. "智能"查询

用"?"键可以实现"智能"查询，操作过程为：在输入合法的任何代码后，输入"?"，系统会在重码选择区显示以这个代码为编码的一系列汉字。"?"代表一位编码，多位查询可输入多个"?"。

范例7：用"智能"查询输入"丘陵"一词。

步骤：若不清楚"陵"字是"ling"还是"xing"，则输入"qiuing"即可出现要找的词语，如图2-13所示。

2.3　五笔字型输入法练习

五笔字型输入法是一种根据汉字字形进行编码的汉字输入方法。它采用汉字的字形信息进行编码，最为直观，与拼音码相比，击键次数少，重码率低。因此，五笔字型输入法是专业录入人员普遍使用的一种输入法。

2.3.1　基本知识

五笔字型方案的研制者把汉字从结构上划分为三个层次：笔画、字根和单字。

1. 笔画

所谓"笔画"是指书写汉字时，一次写成的一个连续不断的线段。五笔字型根据汉字的书写走向，把它们归纳为五种，分别为横、竖、撇、捺、折，用1、2、3、4、5表示，如表2-3所示。

表2-3　汉字的五种笔画

代　号	笔画名称	笔画走向	笔画及其变形
1	横	左→右	一
2	竖	上→下	丨
3	撇	右上→左下	丿
4	捺	左上→右下	丶
5	折	带转折	乙

2. 字根

所谓字根是由笔画或笔画复合连线交叉而形成的一些相对不变的结构。在五笔字型中字根的大多数是传统汉字中的偏旁部首。研制者把它们归纳为 130 个基本字根，并把这些字根分布在 25 个英文字母键位上（不含 <Z>）。所有的汉字都要由这 130 个基本字根拼合而成，这些字根是组字的依据，也是拆字的依据，

3. 单字

单字是由笔画和字根拼合而成的完整的汉字。有些字根本身也是一个汉字，在录入时可以直接使用。

2.3.2　基本字根及其键位

把 130 个字根分布在 25 个英文字母键上，分配方法是按其第一笔画的形式划分为五个区，每个区又尽量考虑字根的第二个笔画，再分作五个位，便形成有五个区，五个位，共计 $5 \times 5 = 25$ 个键位的字根键盘。区和位都从 1 取到 5。25 个键位的分区、键名、每个键名所代表的字根以及助记词如图 2-14 所示。

金钅川夕鱼勹乂儿夕夂匚 35Q	人亻八癶 34W	月月舟彡长丬爫乃用豕 33E	白手扌丰彡亻斤斤厂丿 32R	禾禾竹攵丿乀彳攵 31T	言讠二古十八广文方主 41Y	立辛丬丬丬六辛广门 42U	水氵氺小业业业业氺氺水 43I	火业业业灬米 44O	之辶廴宀礻 45P
工匚七弋戈卝廾廾 15A	木西丁 14S	大犬三手丰古石厂辜石尢ナ 13D	土士二十干辛寸雨 12F	王主一五戋 11G	目且上卜止疋广疒 21H	日曰川刂刂早虫四 22J	口川川 23K	田甲四皿车力囗一四 24L	：　；
Z	纟弓匕纟匕母 55X	又厶巴马スマ 54C	女刀九彐臼巛 53V	子也山了阝耳卩卩阝 52B	己已巳乙尸尸心忄羽口小 51N	山由门贝几皿 25M	〈　,	〉　。	？　/

| 55X | 54C | 53V | 52B | 51N | 25M | | | |

11王旁青头戋（兼）五一　12土士二干十寸雨
13大犬三羊（羊）古石厂　14木丁西　15工戈草头右框七

21目具上止卜虎皮　22日早两竖与虫依　23口与川，字根稀
24田甲方框四车力　25山由贝，下框几

31禾竹一撇双人立，反文条头共三一　32白手看头三二斤
33月彡（衫）乃用家衣底　34人和八，三四里
35金勹缺点无尾鱼，犬旁留乂儿一点夕，氏无七（妻）

41言文方广在四一，高头一捺谁人去　42立辛两点六门广
43水旁兴头小倒立　44火业头，四点米
45之字军盖道建底，摘礻（示）衤（衣）

51已半巳满不出己，左框折尸心和羽　52子耳了也框向上
53女刀九臼山朝西　54又巴马，丢矢矣
55慈母无心弓和匕，幼无力

图 2-14　五笔字型字根总表

2.3.3 拆分汉字的方法与技巧

1. 字根间的结构关系

正确地将汉字分解成字根是五笔字型输入法的关键。组成汉字时，字根间的相对关系分为四种：单、散、连和交。

（1）单　字根本身就是一个独立的汉字的情况叫"单"。在130个基本字根中这种情况很多。而"单"的情况又可以分为两种：一种是键的中文键名就是一个独立的汉字（最后一个键名"纟"视为一个汉字），这种键名只有25个；另一种是键位图中除键名以外的其他独立成字的字根，称之为"成字字根"，约有60余个，包括五种基本笔画。在输入这些汉字时，不必将它们拆分成更小的组字部分，如：车、用等。

（2）散　几个字根共同组成一个汉字时，字根间保持了一定距离，既不相连也不相交的情况叫"散"，比如：汉、字、培、训、加等字。

（3）连　单笔画与某一基本字根相连或带点的结构叫"连"，如：且、于、玉等字。值得注意的是带点的结构，这些字中的"点"与其他的基本字根并不一定相连，它们之间可能连也可能有一些距离，但在五笔字型中都视其为相连，如：犬、勺等。

（4）交　两个或两个以上字根交叉、套叠的结构叫"交"，如：申、必、果等字。

有时，一个汉字在结构组成时能够同时出现上述四种结构中的几种情况，比如："夷"字中的"一"和"弓"是"散"的关系，而"一"和"人"、"弓"和"人"之间却都是"交"的关系。

2. 汉字的拆分原则

分解汉字字根应遵照上述规则，而分解汉字的要点是取大优先、兼顾直观、能连不交和能散不连这四个原则：

（1）取大优先　拆分汉字时，应以"再添一个笔画便不能使其成为字根"为限，每次都拆取一个"尽可能大"的，即尽可能笔画多的字根。

例："制"第一种拆法：⺅、一、冂、丨、刂（误）
　　　　第二种拆法：⺦、冂、丨、刂（正）

（2）兼顾直观　在拆分汉字时，为了照顾汉字字根的完整性，有时不得不暂且牺牲一下"书写顺序"和"取大优先"的原则，形成个别例外的情况。

例："自"按"取大优先"应拆成："丿、乙、三"，但这样拆不直观，故只能拆成"丿、目"，这叫做"兼顾直观"。

（3）能连不交　当一个字既可拆成相连的几个部分，又可拆成相交的几个部分时，则认为"相连"的拆法是正确的。

例："于"一、十（二者是相连的，正），二、丨（二者是相交的，误）。

（4）能散不连　如果能把汉字的字根看成是"散"的关系，就不作为"连"的关系。

例："午"⺦、十（二者是散的，正），丿、干（二者是相连的，误）。

3. 汉字拆分的方法

（1）键名字　25个字母键上，每个键上都有一个"键名"汉字，其输入方法是把所在的键连击四下（不再击空格键），如表2-4所示。

例如：王（GGGG），又（CCCC）

表 2-4 键名汉字

王土大木工	目日口田山	禾白月人金	言立水火之	已子女又纟
G F D S A	H J K L M	T R E W Q	Y U I O P	N B V C X

（2）成字字根 成字字根是字根总表之中键名以外自身也是汉字的字根。除键名外，成字根一共有 97 个（其中包括相当于汉字的"氵、亻、勹、刂"等）。

成字字根的输入法是先打一下它所在的键（称之为"报户口"），再根据"字根拆成单笔画"的原则，打它的第一个单笔画、第二个单笔画以及最后一个单笔画，不足四键时，加打一次空格键。现举例如表 2-5 所示。

表 2-5 成字字根示例表

成字字根	报户口	第一单笔画	第二单笔画	最末单笔画	所击键位
文	文（Y）	、（Y）	一（G）	、（Y）	Y Y G Y
厂	厂（D）	一（G）	丿（T）		D G T 空格
车	车（L）	一（G）	乙（N）	丨（H）	L G N H

（3）键外字 键外字是指字根总表上没有的汉字。对于键外字，应按照书写顺序，根据拆分原则，把汉字拆分成若干个字根。

1）超过四个字根的汉字，取其一、二、三、末四个字根的码，共取四码。

戆：立 早 攵 心 42 22 31 51（UJTN）

2）刚好 4 个字根的汉字，取其一、二、三、四四个字根的码，共取四码。

照：日 刀 口 灬 22 53 23 44（JVKO）

低：亻 厂 七 、 34 35 15 41（WQAY）

3）不足四个字根的汉字，打完字根码，再附加一个末尾字形识别码，简称"识别码"。识别码由汉字的最后一笔笔画的类型编号和汉字的字形编号组成，如表 2-6 所示。

表 2-6 末笔字形识别码表

笔画 \ 字形	左右 1	上下 2	杂合 3
横 1	11G	12F	13D
竖 2	21H	22J	23K
撇 3	31T	32R	33E
捺 4	41Y	42U	43I
折 5	51N	52B	53V

归纳起来，五笔字型汉字编码规则，如图 2-15 所示。

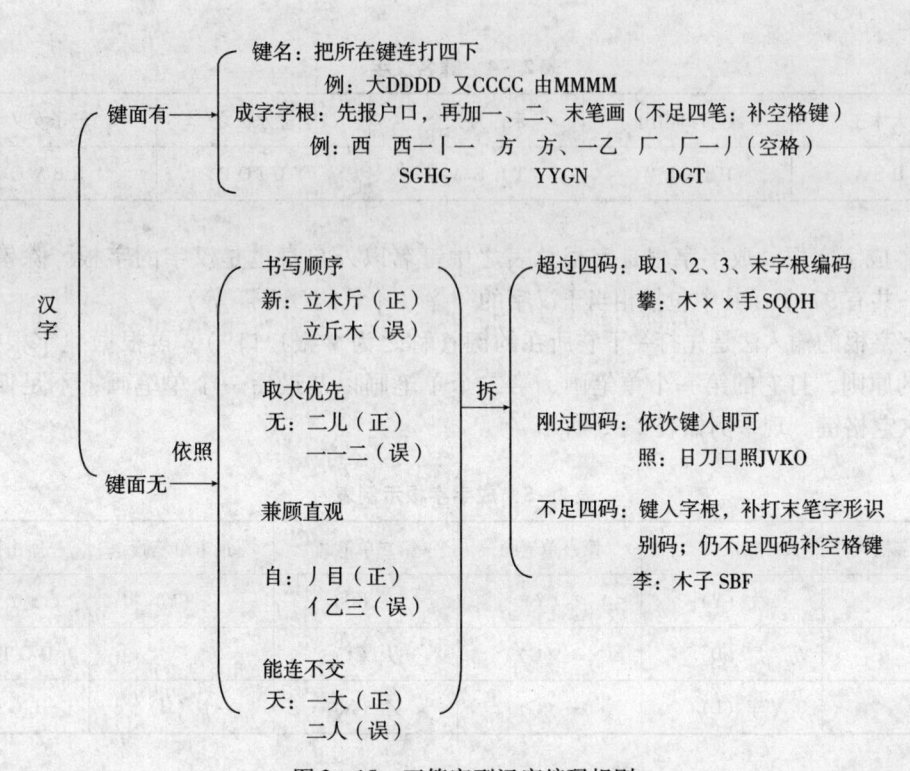

图 2-15 五笔字型汉字编码规则

2.3.4 简码输入

为了减少击键次数，提高输入速度。一些常用的字，除了可按全码输入外，多数还可取其全码的一个，两个，或三个字根输入，形成所谓的一、二、三级简码。

1. 一级简码

一级简码共 25 个。其击键方法是：按一次字根键后再打一个空格键就可以得到一个汉字，如表 2-7 所示。

表 2-7 五笔字型一级简码表

我	人	有	的	和	主	产	不	为	这
Q	W	E	R	T	Y	U	I	O	P
工	要	在	地	一	上	是	中	国	
A	S	D	F	G	H	J	K	L	
	经	以	发	了	民	同			
Z	X	C	V	B	N	m			

2. 二级简码

二级简码由单字全码的前两个字根代码组成，输入时只需输入前两个码，然后再打一个空格键即可。二级简码如表 2-8 所示。

表 2-8 五笔字型二级简码

	GFDSA	HJKLM	TREWQ	YUIOP	NBVCX
G	五于天末开	下理事画现	玫珠表珍列	玉平不来	与屯妻到互
F	二寺城霜载	直进吉协南	才垢圾夫无	坛增示赤过	志地雪友
D	三夯大厅左	丰百历历面	帮原胡春克	太磁砂灰达	成顾肆友龙
S	本村枯林械	相查可楞机	格析极检构	术样档杰棕	杨李要权楷
A	七革基苛式	牙划或功贡	攻匠菜共区	芳燕东 芝	世节切芭药
H	睛睦 盯虎	止旧占卤贞	睡 肯具餐	眩瞳步眺瞎	卢 眼皮此
J	量时晨果虹	早昌蝇曙遇	昨蝗明蛤晚	景暗晃显晕	电最归紧昆
K	呈叶顺呆呀	中虽吕另员	呼听吸只史	嘛啼 吵喧	叫啊哪吧哟
L	车轩因困	四辊加男轴	力斩胃办罗	罚较 边	思 轨轻累
M	同财央朵曲	由则 崭册	几贩骨内风	凡赠 迪	岂邮 风
T	生行知条长	处得各务向	笔物秀答称	人科秒秋管	秘季委么第
R	后持拓打找	年提扣押抽	手折扔失换	扩拉朱搂近	所报扫反批
E	且肝 采肛	胆肿肋肌	用遥朋脸胸	及胶膛 爱	甩服妥肥脂
W	全会估休代	个介保佃仙	作伯仍从你	信们偿伙	亿他分公化
Q	钱针然钉氏	外旬名甸负	儿铁角欠多	久均乐炙锭	包凶争色
Y	主计庆订度	让刘训为高	放诉衣认义	方说就变这	记离良充率
U	闰半关亲并	站间部曾商	产瓣前闪交	六立冰普帝	决闻妆冯北
I	汪法尖洒江	小浊澡渐没	少泊肖兴光	注洋水淡学	沁池当汉涨
O	业灶类灯煤	粘烛炽烟灿	烽煌粗粉炮	米料炒炎迷	断籽娄烃
P	定守害宁宽	寂审宫军宙	客宾家空宛	社实宵灾之	官字安 它
N	怀导居民	收慢避惭届	必怕 愉懈	心习悄屡忧	忆敢恨怪尼
B	卫际承阿陈	耻阳职阵出	降孤阴队隐	防联孙耿辽	也子限取陛
V	姨寻姑杂毁	旭如舅	九 奶 婚	妨嫌录灵巡	刀好妇妈姆
C	对参 戏	台劝观	矣牟能难允	驻 驼	马邓艰双
X	线结顷 红	引旨强细纲	张绵级给约	纺弱纱继综	纪弛绿经比

3. 三级简码

三级简码由单字全码的前三个字根代码组成，输入时只需要击三个码，再打一个空格键即可。

4. 词语输入

五笔字型中可以采用词语输入，这样可以减少码长，提高输入速度。其取码方法为：

（1）两字词 每字取其全码的前两码组成，共四码。

如：经济：纟 又 氵 文（XCIY）　　操作：扌 口 亻 卞（RKWT）

（2）三字词 前两字各取一码，最后一字取前两码，共四码。

如：计算机：讠 竹 木 几（YTSM）　　操作员：扌 亻 口 贝（RWKM）

（3）四字词 每字各取全码的第一码。

如：科学技术：禾 丷 扌 木（TIRS）　　汉字编码：氵 宀 纟 石（IPXD）

（4）多字词 取第一、二、三及末一个汉字的第一码，共四码。

如：电子计算机：日 子 讠 木 (22 52 41 14 JBYS)

中华人民共和国：口 亻 人 囗 (23 34 34 24 KWWL)

5. Z 键的用途

Z 键在编码中没有派上用场，它被安排为万能键，或称学习键。它可以代替未知的模糊的字根或识别码。

为了帮助用户更好地学习与使用五笔字型输入法，现将五笔字型编码口诀提供如下：

五笔字型均直观，依照笔画把码编；

键名汉字打四下，基本字根请照搬；

一二三末取四码，顺序拆分大优先；

不足四码要注意，交叉识别补后边。

习　　题

1. 选择题

（1）在进行汉字输入法的操作时，如果要使用键盘，那么按＿＿＿＿＿＿键来启动或关闭输入法，按＿＿＿＿＿＿键在英文或各种中文输入法之间进行切换。

A. < Ctrl + Space >　　　B. < Shift + Space >　　　C. < Ctrl + Alt >　　　D. < Ctrl + Shift >

（2）从键盘上输入一条命令后，按＿＿＿＿＿＿键，便开始执行这条命令。

A. < Ctrl >　　　　B. < Shift >　　　　C. < Enter >　　　D. 空格键 < Space >

（3）每击一次＿＿＿＿＿＿键，光标位置上的一个字符将被删除，光标右边的所有字符各左移一格。

A. < Insert >　　　B. < Home >　　　C. < Delete >　　　D. < End >

（4）每次启动计算机后，只有按一次＿＿＿＿＿＿键，小键盘区的数字键方才被激活。

A. < Num Lock >　　　B. < Page Up >　　　C. < Print >　　　D. < Page Down >

（5）左手食指在键盘上的基本键位是＿＿＿＿＿＿。

A. < D >　　　　B. < F >　　　　C. < G >　　　　D. < H >

（6）在中文输入法状态中，按下＿＿＿＿＿＿组合键可进行中文标点与英文标点之间的切换。

A. < Shift + Space >　　　B. < Ctrl + Space >　　　C. < Ctrl + . >　　　D. < Ctrl + Shift >

（7）使用五笔输入法时，"照"字的基本编码键位是＿＿＿＿＿＿。

A. JVKO　　　　B. JVLO　　　　C. KJKO　　　　D. JIKO

（8）使用五笔输入法时，"操作"这个词语的取码应为"扌口亻亠"，则对应的键位是＿＿＿＿＿＿。

A. RKWV　　　　B. RTKW　　　　C. RWKT　　　　D. RKWT

（9）使用五笔输入法时，"计算机"这个词语的取码应为"讠竹木几"，则对应的键位是＿＿＿＿＿＿。

A. YTDM　　　　B. YTSM　　　　C. YSTM　　　　D. YRSM

（10）使用五笔输入法时，"理"字的基本编码键位是＿＿＿＿＿＿。

A. GJ　　　B. GJ + < Space >　　　C. FJ + < Space >　　　D. T + < Space >

2. 问答题

（1）在敲击键盘时，对右手食指的分工应包括哪些键位？

（2）在五笔输入法中，汉字的拆分原则是什么？

第3章　中文 Windows XP 操作系统

3.1　中文 Windows XP 概述

3.1.1　Windows XP 的功能和特点

Windows XP 是个人计算机操作系统的一座重要里程碑，是实现.NET 的基础。该系统集成了数码媒体、无线网络、远程网络等最新的技术和规范并具有极强的兼容性，更美观、更具个性的界面设计。

1. 操作系统

Microsoft 提供三种版本的 Windows XP 操作系统：

Windows XP Professional 功能最齐全，具有最高层级的效能、生产力和安全性，对商业用户以及对系统要求较高的家庭用户而言，都是最佳选择。

Windows XP Home Edition 具有多项令人雀跃的新功能，让计算机可以执行更多作业，对大多数家庭用户是最佳选择。

Windows XP 64 – bit Edition 是专为特殊的、技术工作站使用者所设计的。

Windows XP Home Edition 的主要特点如下：

1）新的视觉设计，使共用工作更简单、更有效率。

2）数码照片功能让您能取得、组织并共用照片。

3）多功能音乐工具可以搜索、下载、储存、播放最高音质的数码音乐。

4）在计算机上制作、共用和享用视频的各种功能。

5）轻松建立计算机共用和家用网络。

6）立即讯息、声音或视频交谈与合作的最佳沟通工具。

7）具有修复及取得专家协助的工具。

8）最安全、可靠的操作系统，保持计算机正常运行。

Windows XP Professional Edition 具有 Windows XP Home Edition 的所有优点，同时具有如下特点：

1）安全性更高，包括能够加密文件和文件夹，保护公司资料。

2）最佳的机动支援，可以离线工作或在远程使用计算机。

3）高效能多处理器系统的内建支援。

4）设计为可与 Microsoft Windows Servers 和管理方法搭配使用。

5）可用任何指定的语言与全球有效沟通。

Window XP Professional 除具有 Windows XP Home Edition 的全部优点外，又添加了一些其他功能，如远程访问、安全性、高性能、可管理性和多语言功能，这使它成为各种规模的公司和那些想充分地利用它们计算机的用户的首选操作系统。

Windows XP 64 – bit Edition 具备 Windows XP Professional 的核心功能，另外还具有如下特点：

1）最高级别的性能和可伸缩性，适用于要求最严格的技术计算任务。

2）基于 Intel Itanium（安腾）处理器系列，所以可以有更多内存，提高了内存存取速度，并具有超级浮点运算能力。

3）用于进行高级数字内容创建的最佳平台。

4）用于进行计算机辅助机械设计和分析的最佳平台。

5）财务和数据分析的最佳平台。

2. Windows XP 各种版本比较

OEM：给计算机厂商随着计算机销售的，也就是随机版。

RTM：给工厂大量压片的版本，内容跟正式版是一样的，不过 RTM 也有出 120 天评估版。但是说 RTM 是测试版是错的。

RVL：正式上架零售版，它与 OEM 版的区别在于安装内容的内定值不一样。

随机版——能从全新的硬盘内安装，不支持升级式的安装。

升级版——支持升级式的安装，不支持全新的安装。

零售版——两种安装方式都支持，这也是为什么零售版的价格最贵。

以上版本安装后的东西都一样，差别只是在支持的安装方式而已。

3. Windows XP 新特性

（1）界面美观，布局合理　Windows XP 的"开始"菜单经过了重新设计。使用频率最高的五个程序显示在最前面，OE 和 IE 也始终可以访问，还可以通过单击来获得"帮助和支持"及系统配置工具。以往微软的操作系统的"控制面板"内的选项略显杂乱，但现在有了明显的改观，合理地分成了几个大类，一目了然，可以更快速地找到解决问题的地方。

（2）账户的使用和管理简洁实用　只要在登录页面单击某个预先设好的用户图片，输入密码，即可完成登录，大大减少了按键次数。当然，如果用户对传统的登录方式情有独钟，也可以到"控制面板"→"用户账户"→"更改登录方式"进行设置。

对多个用户共用一台计算机的情况，Windows XP 提供了一个"快速用户切换"的功能。例如，爸爸在使用计算机制作电路图的过程中需要离开一小段时间，他的孩子就可以切换到自己的账户玩玩游戏，同时，制作电路图的应用程序仍留在爸爸的账户下继续运行着。完成以上所有的操作，都不需要注销账户。当爸爸回来后，切换回自己的账户就可继续刚才的工作了。此功能是 Windows XP 利用"终端服务"技术，与对待唯一"终端服务"会话一样，运行每个用户会话（每个用户会话需要的额外内存开销大约是 2MB），实现了每个用户数据的完全分离。

（3）无微不至的帮助与技术支持　选择"开始"中的"帮助和支持"，可看到一系列常用的帮助主题和支持任务供用户选择，整个帮助内容的分类很合理，很容易就可找到所需的帮助信息，里面有许多常见问题的实际解决方法和步骤，若在联机帮助中找不到答案，只要单击几下就可进入互联网的微软新闻组寻求解决方法。

在 Windows 2000 中销声匿迹的诊断工具（Msconfig. exe）在 Windows XP 中又出现了。它通过标准疑难解答步骤的自动化，来引导用户从一个位置完成基本的疑难解答步骤。

"远程协助"功能是 Windows XP 的另一个亮点。

（4）多媒体功能大大扩展　在新系统中，Media Player 除可以播放 CD、MP3、VCD 等多种媒体文件外（Real 格式的文件除外），装载第三方 DVD 解码程序后还可以播放 DVD。单击播放面板上的"从 CD 复制"，可直接把 CD 音轨转换成 WMA 格式文件，保存到硬盘。若安装了第三方提供的 Plug In，还可以直接把 CD 转换成 MP3 文件。

Windows Movie Maker 是个全新的工具，它可以录制来自视音频输入设备的视频流和音频流，并可对收集到的视频和音频做简单的编辑，完成的成果除了可以保存起来外，还可以马上方便地发布到互联上。如果你想自己制作一部不太复杂的电影，又不想买上万元的视频编辑软件的话，Windows Movie Maker 是你的上上之选。

Windows XP 提供了 WIA（Windows Image Aquisition）系统，让用户可以方便地在任何图像处理软件中直接获取数码相机或扫描仪中的图片资源，图片的存放位置对用户来说几乎是透明的，使用"扫描仪和相机向导"可以使用户方便地将图片下载到硬盘上的指定目录中，对图片进行编辑，最后输出或发布到互联网上。

（5）安全性提高　Windows XP 沿用了 Windows 2000 的一些高级安全设置，并且在此基础上还有所扩展。用户可借助加密文件系统（EFS）对自己的一些重要文件进行加密，别人登录同一台机器是打不开这些加密文件的。但要使用这项加密功能，存放待加密文件的分区必须是 NTFS 格式的。Windows XP 增加了对"脱机文件"的加密功能，只要选择"我的电脑"→"工具"→"文件夹选项"→"脱机文件"→"加密脱机文件以保护数据"就启动该功能了。

恶意性的黑客入侵，对不少用户来说是件可怕的事情，但如果装了防火墙，受危害程度就会大大降低了。Windows XP 正考虑到这点，于是加入了"Internet 连接防火墙"，进行动态数据包筛选，禁止所有源自互联网的未经要求的连接，从而保护了联网机器的资源不被非法访问和删改。

（6）强大的系统还原性和兼容性　Windows XP 会在发生重大系统事件（比如安装应用程序或驱动程序）时自动创建还原点，当系统出问题后，允许用户将计算机还原到出现问题之前的状态（也就是先前创建的还原点处），当然用户也可以在任何时候创建和命名自己的还原点。注意："系统还原"并不监视或恢复用户的个人数据文件。"系统还原"是要耗费硬盘空间的，耗费得越多，还原也就越多。

Windows XP 兼容 Windows 98 下运行的几乎所有前 1000 种应用程序以及 Windows 2000 下运行的几乎所有应用程序，只有防病毒程序、系统工具和备份应用程序除外（这些程序的制造商会在 Windows XP 发布时提供相应的更新程序）。

Windows XP 的新技术和新功能共有 49 种之多，从微软关于 Windows XP 的技术概述文档中可看到对它们的简要介绍。但是，Windows XP 取消了对 Java 程序的支持，也就是说浏览带有 Java Applet 程序的网页时，需要额外下载一个 5MB 之大的 Java 虚拟机（JVM），直接登录 java. sun. com 就可以下载。总体来说，Windows XP 是一个优秀的视窗操作系统。

4. Windows XP 的硬件需求

安装 Windows XP 之前，请先确定您的计算机满足下列最低硬件需求，见表 3 - 1。

表 3-1 Windows XP 的硬件需求

系统需求		Home 版本	Professional 版本
微处理器 CPU	至少速度	Intel Pentium 233MHz	
	支持 CPU 数量	1	2
	建议速度	300MHz	
内存 RAM	最低支持	64MB	
	最高支持	4GB	
	建议安装	128MB	
硬盘空间	激活最低需求	1.5GB	
	一般安装需求 Clean Install	1.5GB	
	预估自 Windows Millennium 升级时所需硬盘空间①	925MB	
	预估自 Windows 2000 Pro 升级时所需硬盘空间	不支持	675MB
其他硬件	安装时应具备的硬件	Windows XP 支持的 CD、DVD 或网络适配卡或缆线	

① 这个预估硬盘空间，包含自 Windows Millennium 升级至 Windows XP 时，会预留 125MB 空间来储存解除安装所需的信息。

3.1.2 Windows XP 的启动和退出

1. Windows XP 的启动

打开计算机电源，计算机将自动进行硬件测试，然后启动 Windows XP 操作系统。如果启动过程正常，系统就会进入登录界面。单击用户账户，然后输入用户密码就可以进入相应的用户界面中去。

2. Windows XP 的退出

在 Windows XP 下完成工作后，需要关闭计算机，或注销当前用户让其他用户使用计算机。若是暂时离开，为了节省电能延长计算机部件寿命，也可设置成待机状态。

关机时，不要直接关闭计算机电源，因为这样做会造成数据的丢失。正确的关机方法是，在"开始"菜单中选择"关闭计算机"命令，出现如图 3-1 所示的"关闭计算机"对话框，单击"关闭"按钮，Windows XP 开始保存系统设置并关闭计算机。

正确关闭计算机的步骤：

1）保存应用程序数据。

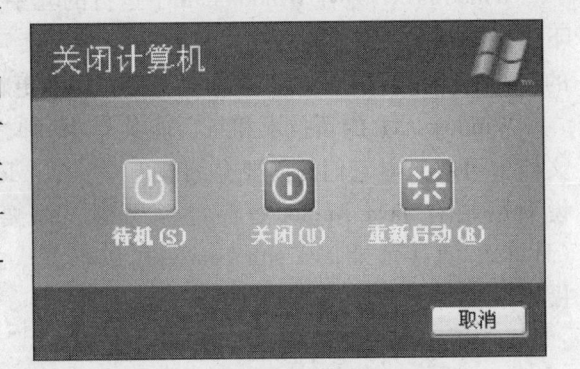

图 3-1 "关闭计算机"对话框

2）退出所有打开的应用程序。

3）单击"开始"按钮，选择"关闭计算机"项，弹出如图 3 - 1 所示的对话框。

4）单击"关闭"按钮。

3.2　中文 Windows XP 基本知识与操作

3.2.1　利用鼠标操作 Windows XP

自从微软推出视窗操作系统以来，鼠标就应运而生，这是因为用鼠标操作比键盘操作要方便得多。

鼠标的基本操作有五种，可协助用户来完成不同的动作，如显示一个菜单、选择一条命令或打开一个文件等。表 3 - 2 总结了鼠标的几种基本操作，并说明了各种基本操作完成的方法。

表 3 - 2　鼠标的几种基本操作

操　作	作　用	完成方法
指向	把鼠标指针移动到某个目标上，以配合后面的一些操作	在鼠标垫板或桌面上移动鼠标，使屏幕上对应的鼠标指针定位到某一项目上
单击	选择指定的项目	鼠标指针指向一个项目后，快速按下并释放鼠标左键
双击	用来激活、启动或打开一个项目	鼠标指针指向一个项目后，快速按下并释放鼠标左键两次
右击	显示指定项目的快捷菜单	鼠标指针指向一个项目后，快速按下并释放鼠标右键
拖动		鼠标指针指向一个项目后，在保持按住鼠标的左按键的同时移动鼠标，使指定的项目随着移动，达到新的位置后释放鼠标左键

在中文视窗系统中，主要使用的是鼠标的左键，称之为主按键，而将右按键则称为辅按键。大多数的鼠标动作是通过主按键的单击或双击完成的，而辅按键则主要用于一些专用的快捷操作。当然，鼠标的这种配置是适合于右手用户的。左手用户的配置则正好相反。

3.2.2　利用快捷键操作 Windows XP

鼠标操作方便随意，键盘操作则有快捷的优点，但是快捷键需要记忆，这给初学者增加了记忆的负担。表 3 - 3 是一些常用的快捷键列表。

表 3 - 3　常用快捷键列表

命　令	键盘快捷键
获得帮助	F1
重新命名选定的文件	F2
在桌面上的时候打开"查找"对话框	F3

（续）

命 令	键盘快捷键
刷新窗口内容	F5
激活当前程序的菜单栏	Alt 或 F10
打开文件	Ctrl + O
打印	Ctrl + P
撤销	Ctrl + Z
剪切内容至剪贴板	Ctrl + X
复制内容至剪贴板	Ctrl + C
从剪贴板中把内容粘贴到当前光标处	Ctrl + V
删除选定对象	Delete
彻底删除选定对象	Shift + Delete
打开 Windows 任务管理器	Ctrl + Alt + Delete 或 Ctrl + Shift + Esc
关闭当前文件	Ctrl + F4
选择所有项目	Ctrl + A
新建一个文件	Ctrl + N
保存当前文件	Ctrl + S
取消当前任务	Esc
打开"开始"菜单	Win 或 Ctrl + Esc
程序窗口切换	Alt + Tab
打开控制菜单	Alt + Space
关闭窗口	Alt + F4

3.2.3 桌面简介

桌面上的小型图片称为图标。它们是到达计算机上存储文件和应用程序的大门。双击一个图标，就会打开相应的应用程序。这些图标又称为桌面快捷方式。

其中几个快捷方式是系统定义的，分别是"我的电脑"、"我的文档"、"回收站"、"网上邻居"和"Internet Explorer"，这些快捷方式显示为正常图标，如图3-2所示。

图3-2 快捷方式图标

还有一些用户自己定义的快捷方式，这些快捷方式由图像左下角的小箭头表示。快捷方式仅仅是提供了访问应用程序的链接，删除或添加快捷方式不会影响实际的程序或文件。

首次启动 Windows XP 时，桌面上只有"回收站"一个图标，其他项目被隐藏起来了。

1. 显示出系统定义的桌面图标

在桌面的任意空白位置单击右键，选择"属性"命令，切换到"桌面"选项卡，单击

"自定义桌面"按钮，在弹出的"桌面项目"对话框中，选择"常规"选项卡，然后勾选"桌面图标"中的"我的文档"、"我的电脑"、"网上邻居"和"Internet Explorer"，确定后退出，这样，系统定义的图标就会显示出来。

2. 系统定义图标的作用

1）"我的电脑"。管理本机资源，进行文件、文件夹的操作。还可以打开"控制面板"、"网上邻居"、"回收站"。

2）"我的文档"。可以打开用户存放个人文件的文件夹。

3）"网上邻居"。可以利用和管理网络资源。

4）"回收站"。用来存放被删除的文件及文件夹的地方，相当于垃圾回收站。回收站的文件可以还原或被清除，回收站文件被清除后不能恢复。

5）"Internet Explorer"。用来访问互联网上的资源。

3.2.4 窗口与对话框

1. 窗口操作

在视窗系统中，一个典型的窗口如图 3-3 所示。窗口中包含了下列元素：

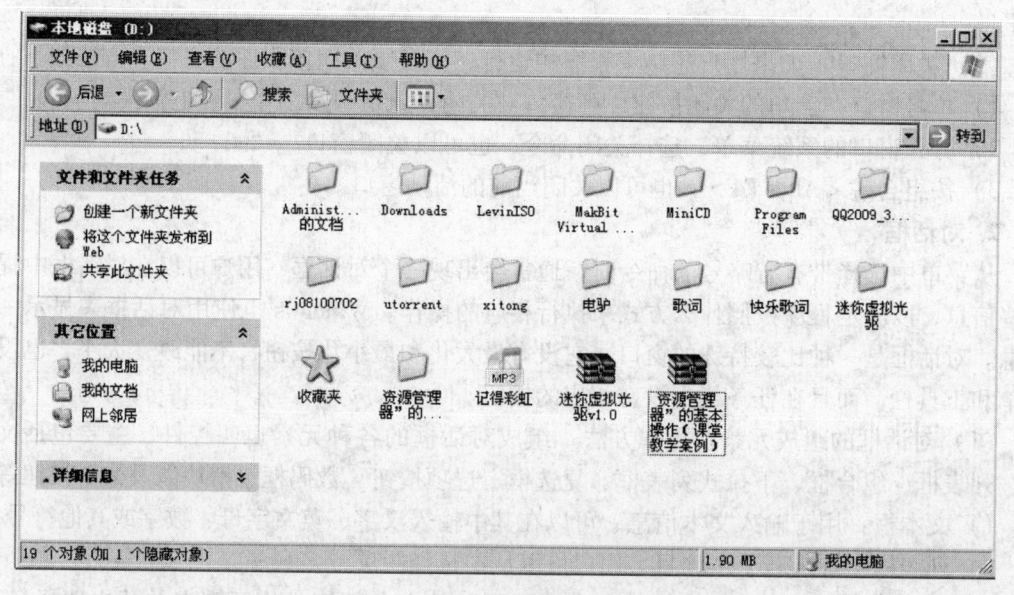

图 3-3 窗口

（1）窗口边框 窗口四周的粗边，它限定了窗口所占的屏幕区域。

（2）标题栏 位于窗口顶部，其中给出了窗口所属程序的名称。

（3）窗口图标 位于窗口的左上角，其中包含了窗口系统的菜单，菜单的内容是针对窗口操作的命令，如移动、改变大小、关闭窗口等。

（4）最小化按钮 单击此按钮，窗口将被最小化为任务栏上的一个图标。

（5）最大化按钮 使窗口占满除任务栏之外的所有屏幕空间。

（6）恢复按钮 窗口被最大化以后，最大化按钮会变成恢复按钮。单击恢复按钮，可以恢复窗口到最大化前的大小。

（7）关闭按钮　关闭当前窗口。

在视窗系统中，所有程序都是在窗口中运行的，打开应用程序，窗口会自动打开。

（1）移动窗口　移动窗口有两种方法。

方法1：用鼠标指向标题栏并按住左键不放，然后拖动窗口到满意位置。

方法2：打开窗口图标的系统菜单（＜Alt + Space＞），选取其中的移动命令，然后使用键盘上的"上、下、左、右"四个光标移动键移动窗口，到合适的位置时，按＜Enter＞（回车键）结束。

（2）改变窗口大小　有时，用户想适当地改变窗口的大小，而不是简单的最大化和最小化。这时，可以采取下属两种方法。

1）鼠标操作：将鼠标指针移动到窗口边框上，鼠标指针变成双向箭头形状，按住鼠标左键不放，拖动边框，当达到预期大小后，松开鼠标即可。对窗口的顶点进行拖动，可以同时改变窗口的长和宽，此时鼠标指针的形状为斜向双箭头。

2）键盘操作：用组合键＜Alt + Space＞打开窗口的系统菜单，选择"大小"命令，则出现四端带箭头的十字形状。用户可以选择一个方向对窗口进行缩放，也可一次选择相邻的两个方向对窗口缩放。选中边框线后，再用方向键在选定的方向上进行缩放，直到满意为止。

（3）关闭窗口　如果用户想结束程序的运行，则必须关闭该程序的窗口。方法如下：

1）单击窗口右上角的关闭按钮，则窗口被关闭，该窗口从工作桌面上消失。

2）打开窗口的系统菜单，选择关闭命令，也可以关闭窗口。

3）按组合键＜Alt + F4＞，也可以关闭当前的活动窗口。

2. 对话框

从菜单中选择带有省略号的命令时，通常会出现一个对话框，用户可以在对话框中提供某些信息，以决定程序按照什么方式来执行相应的操作。Windows 也使用对话框来显示一些信息。对话框是一种比较特殊的窗口，它没有最大化和最小化按钮，不能改变大小，也没有菜单和工具栏，而且在任务栏上没有相应的按钮。

（1）对话框的组成元素及操作方法　组成对话框的各种元素也叫控件，主要包括文本框、列表框、组合框、下拉式列表框、复选框、选项按钮、数码框、滑块以及命令按钮等。

1）文本框：用于输入文本信息，可以在其中输入汉字、英文字母、数字或其他符号。

2）列表框：列出若干个项目，用户可以从中选择一项或多项。

3）组合框：文本框和列表框的组合，既可以单击向下箭头打开列表并从中选择一项，也可以在上方的文本框中输入列表内没有的内容。

4）下拉式列表框：其外观与组合框相似，但只能从列表中选择项目，而不能输入内容。

5）选项按钮：由一组互相排斥的项目构成，只可以从中选择一项。

6）复选框：由一组相容的项目构成，可以选择任意一个项目。

7）数码框：用于选择一定范围内的数值，可以单击上下箭头来选择，也可以直接在方框内输入数字。

8）滑块：通过拖动滑块或单击滑块两头，来设定数值。

9）命令按钮：用于开始、中断或者结束一个进程。多数对话框都包含"确定"、"取消"和"应用"按钮。单击"确定"按钮，可以保存当前设置并关闭对话框；单击"取消"按钮，将放弃当前设置并关闭对话框；单击"应用"按钮，将使所做的设置立即生效，但并不关闭对话框，此时可以继续设置其他选项。

（2）多选项卡对话框　为了有效地利用屏幕空间，常常将几个功能上相互关联的对话框组合起来，形成一个带有多选项卡的对话框，如图3-4所示。

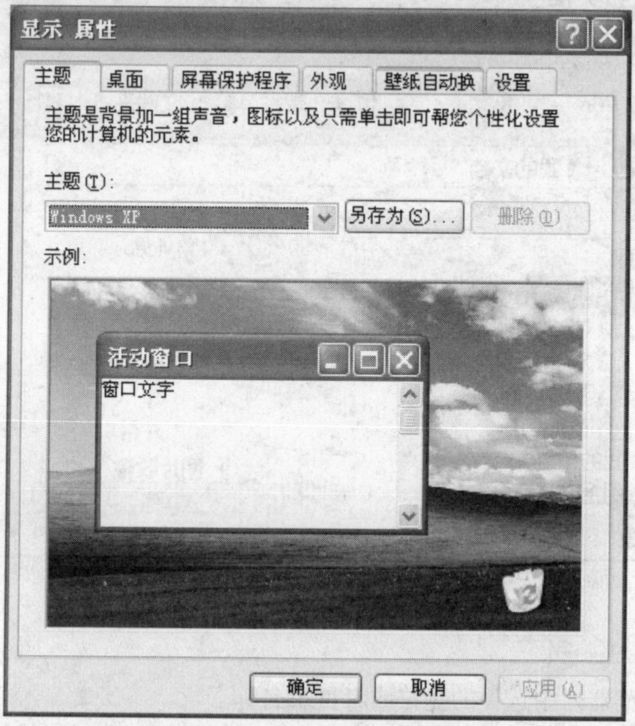

图 3-4　多选项卡对话框

3.3　中文 Windows XP 资源管理器管理与文件、文件夹的管理

3.3.1　Windows XP 资源管理器

在计算机操作系统中，文件是最小的数据单位。文件中可以存放文本、图像以及数值等信息。为便于管理，可以把文件组织到目录与子目录中去。目录就是文件夹，子目录就是文件夹中的文件夹。硬盘的每个分区下面可以有若干个文件和文件夹，每个文件夹里面又可以有若干个文件和文件夹。

使用资源管理器可以方便地实现浏览、查看、移动和复制文件或文件夹等操作，用户可以不必打开多个窗口，而只在一个窗口中就可以浏览所有的磁盘和文件夹。

1. 打开"资源管理器"

打开"资源管理器"常用的三种方法如下。

方法1：单击"开始"按钮，在"开始"菜单中选择"程序"→"附件"→"Windows 资源管理器"命令，弹出相应的窗口，如图3-5所示。

方法2：用鼠标右键单击"开始"按钮，在弹出的快捷菜单中选择"资源管理器"命令，弹出相应的窗口。

方法3：用鼠标右键单击"我的电脑"图标，在弹出的快捷菜单中选择"资源管理器"命令，弹出相应的窗口。

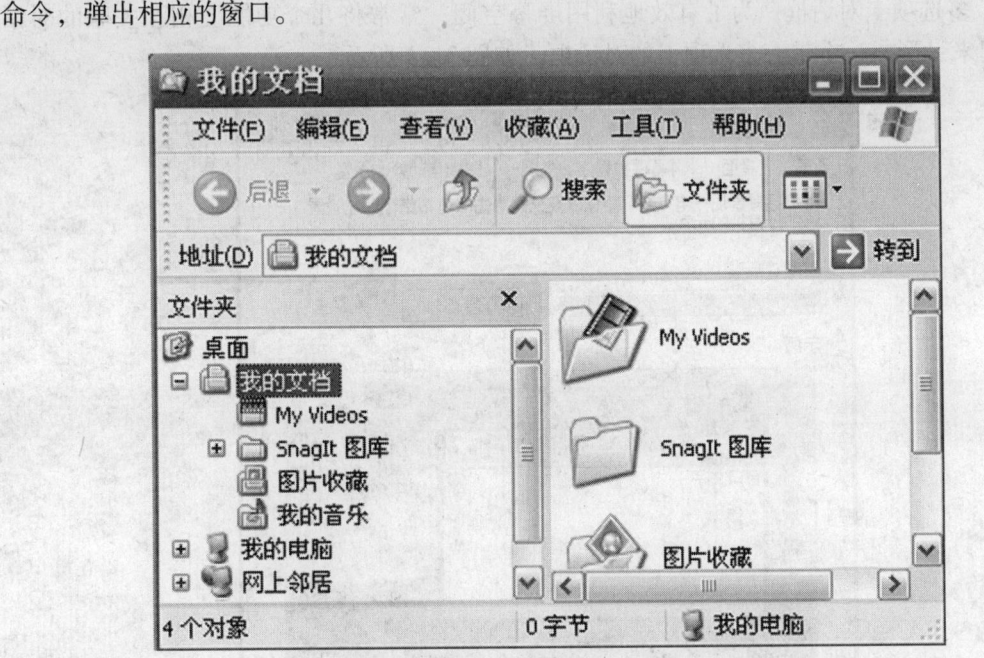

图 3-5 "我的文档"窗口

2. 窗口结构

标题栏显示浏览器栏中选择的盘符或者目录名称。

菜单栏由六大块组成，除了提供一些操作及设置外，还有初学者非常需要的"帮助"菜单。

工具栏集中了一些常用的操作，如"后退"、"前进"、"向上"等按钮。工具栏灰色的按钮表示当前不可用。

浏览器栏、内容栏可以直观地对文件等进行操作。

状态栏作用很大，可以即时显示用户选择的文件个数、大小等信息。

在 Windows 资源管理器的相应窗口中，左窗格列出了选定磁盘和文件夹可以执行的任务、其他位置及选定磁盘和文件夹的详细信息等。右窗格用于显示选定的磁盘和文件夹中的内容。若驱动器或文件夹前面有"＋"号，表明该驱动器或文件夹有下一级子文件夹，单击该"＋"号可展开其所包含的子文件夹，当展开驱动器或文件夹后，"＋"号会变成"－"号，表明该驱动器或文件夹已展开，单击"－"号，可折叠已展开的内容。

3.3.2 以不同的方式显示文件

在浏览右窗格的内容时，用户可以根据不同的需要，选择适合的内容显示方式。单击"资源管理器"窗口的"查看"菜单，从其下拉菜单中即可以看到"缩略图"、"平铺"、"图标"、"列表"和"详细信息"五种显示方式，如图3-6所示。

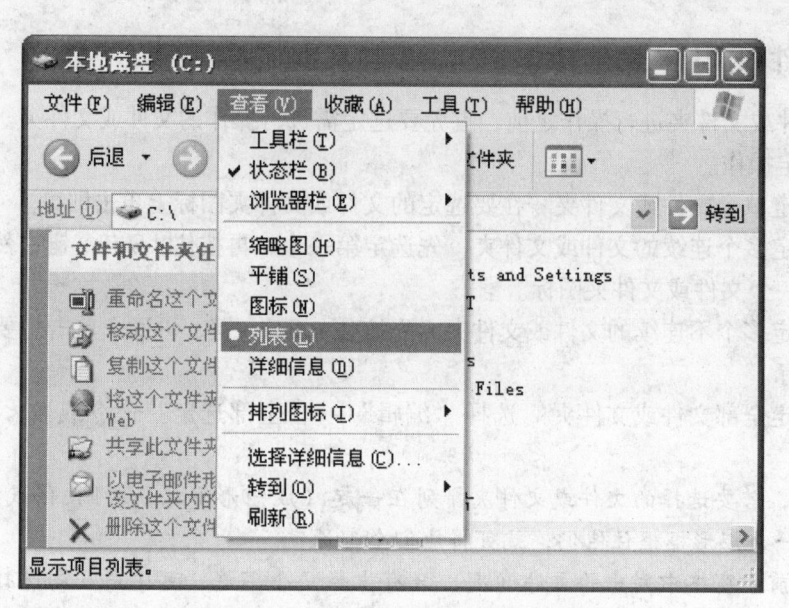

图 3-6 以不同的方式显示文件

注意：用户也可以单击工具栏中的"查看"按钮 ，再从弹出的菜单中选择一种显示方式即可。

3.3.3 设置文件或文件夹排序方式

在浏览右窗格的内容时，用户除了使用不同的方式显示文件外，还可以使用不同的方式来排列文件。在"查看"菜单中选择"排列图标"命令，在其子菜单中将显示所有可执行排列图标的命令，如图 3-7 所示。用户再根据需要选择相应的命令即可。

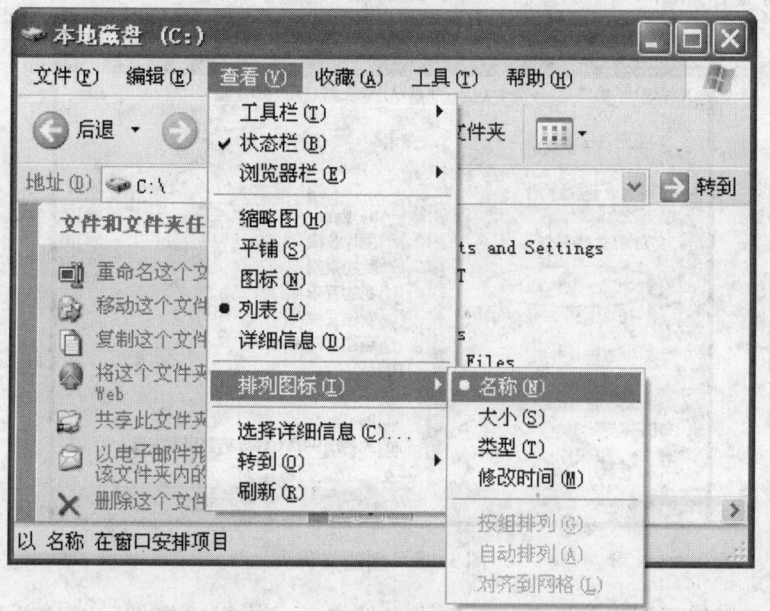

图 3-7 以不同的方式排列文件

3.3.4　文件和文件夹的选择

在对文件或文件夹进行操作之前，首先要选定需进行操作的文件或文件夹。下面介绍几种常用的选定操作。

（1）选定单个文件或文件夹　在要选定的文件或文件夹图标上单击即可。

（2）选定多个连续的文件或文件夹　先选定第一个，再按住<Shift>键，然后单击所要选定的最后一个文件或文件夹图标。

（3）选定多个不连续的文件或文件夹　先按住<Ctrl>键，再逐个单击想要选择的文件或文件夹图标。

（4）选定全部文件或文件夹　选择"编辑"→"全部选定"命令或按<Ctrl + A>组合键。

注意：1. 若要选择的文件或文件夹排列在一起（成矩形形状），可按住鼠标左键不放，用光标拖出一个矩形框框住他们，就可将他们全部选定。

2. 若当前右窗格中列出的文件（夹）只有少数几个不选，可运用反向选择的技巧：先按<Ctrl + A>组合键选中窗口中所有文件（夹），再按下<Ctrl>键不放，单击不需要选择的文件（夹）图标。

3.3.5　创建文件夹

计算机用得越久，文件就会积累得越多，必须在适当的时候创建新文件夹来管理这些文件。创建新文件夹的具体方法有以下三种。

方法1：选择好要创建文件夹的盘符或文件夹后，在左窗格中选择"创建一个新文件夹"命令，右窗格中立即出现一个"新建文件夹"图标，在此输入文件夹名称后按<Enter>键即可，如图3-8所示。

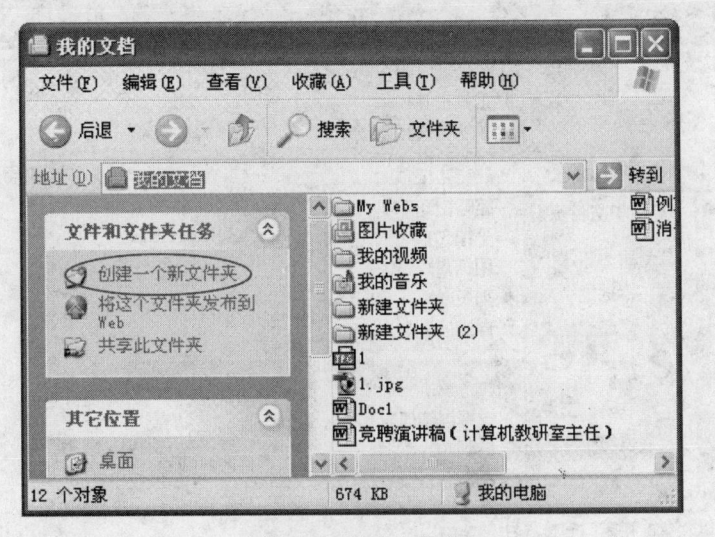

图3-8　创建文件夹

方法2：选择好要创建文件夹的盘符或文件夹后，执行"文件"→"新建"→"文件夹"命令即可；若选择其他相应类型文件，则可创建一个新的相应文件。

方法3：在右窗格中空白处单击鼠标右键，从弹出菜单中选择"新建"→"文件夹"命令即可。

3.3.6 重命名文件和文件夹

无论文件还是文件夹，都可以用下面的方法来重命名。

方法1：先选中文件（夹），在左窗格中选择"重命名这个文件夹"命令，则该文件或文件夹的名称高亮度显示并被边框围起来，即呈可输入状态，如图3-9所示，这就表示现在可以更名了，输入新的名称，按＜Enter＞键即可。

方法2：先选中文件（夹），然后单击鼠标右键，从菜单中选择"重命名"命令，然后输入新的名称。

方法3：先选中文件（夹）的名称，然后按一下＜F2＞键就可以直接更名，这是重命名中最简单的一种方法。

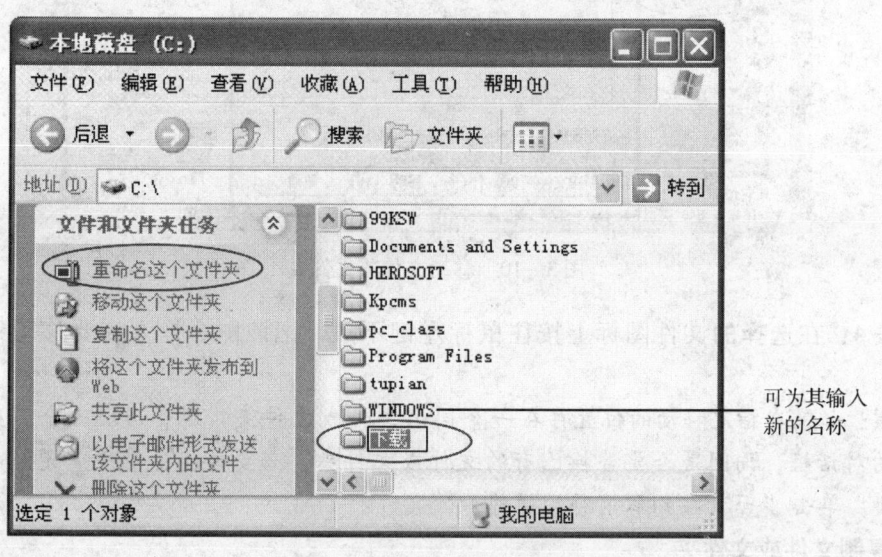

图3-9 重命名文件和文件夹

注意：文件（夹）的新名不能与同一文件夹中的其他文件（夹）同名，否则将弹出"重命名文件时出错"的对话框。若更改文件的扩展名，系统会给出警告，提示"可能会导致文件不可用"的信息，除非特别需要，一般不要改变文件的扩展名。

3.3.7 移动、复制文件或文件夹

移动是将所选择的文件或文件夹移到新的位置，原来位置的文件或文件夹将不复存在；复制是为所选择的文件或文件夹在需要的位置创建一个备份，但并不改变原来位置的文件或文件夹。

1. 移动文件或文件夹

移动文件或文件夹的具体方法有以下四种。

方法1：选择要移动的文件或文件夹，选择左窗格的"移动这个文件"命令，选择要移动到的位置，单击"移动"按钮，如图3-10所示。

方法2：选择要移动的文件或文件夹，单击常用工具栏的"剪切"按钮或按＜Ctrl＋X＞组合键，然后选择要移动到的位置，单击常用工具栏中的"粘贴"按钮或按＜Ctrl＋V＞组合键即可。

方法3：右键单击要移动的文件或文件夹，在弹出的快捷菜单中选择"剪切"命令，然后选择要移动到的位置，再右键单击窗口内任意空白处，在弹出的快捷菜单中选择"粘贴"命令。

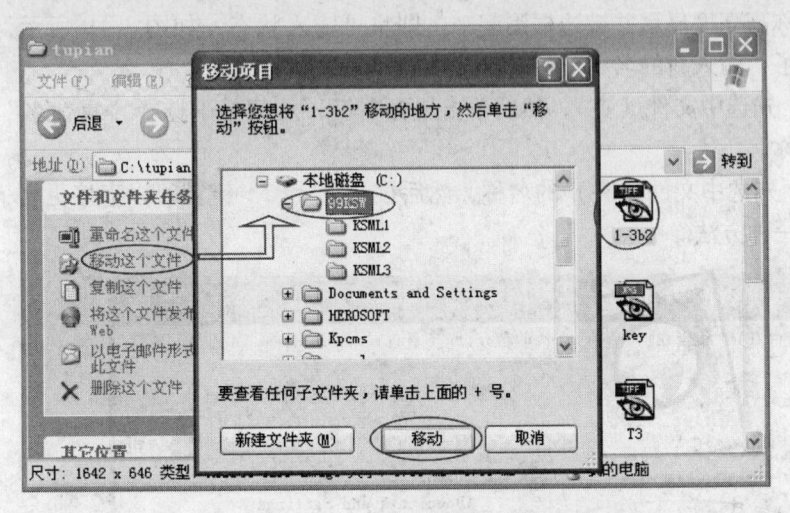

图3-10　移动文件或文件夹

方法4：在选择的文件图标上按住鼠标左键不放，把该图标拖入到要移动到的文件夹中。

注意： 如果在指定移动的位置存在一个同名文件或文件夹，则会出现一个"确认文件替换"的对话框，询问是否要替换已有的文件或文件夹，若要替换，单击"是"按钮，若不想替换，单击"否"按钮取消移动操作。

2. 复制文件或文件夹

复制文件或文件夹有以下四种方法。

方法1：选择要复制的文件或文件夹，选择左窗格中的"复制这个文件"命令，选择要复制到的位置，单击"复制"按钮。

方法2：选择要复制的文件或文件夹，单击常用工具栏中的"复制"按钮或按＜Ctrl＋C＞组合键，然后选择要复制到的位置，单击常用工具栏的"粘贴"按钮或按＜Ctrl＋V＞组合键即可。

方法3：右键单击要复制的文件或文件夹，在弹出的快捷菜单中选择"复制"命令，然后选择要复制到的位置，再右键单击窗口内任意空白处，在弹出的快捷菜单中选择"粘贴"命令。

方法4：在选择的文件图标上按住鼠标左键不放，同时按住键盘上Ctrl键不放，把该图标拖入到要复制到的文件夹中。

同样，如果在指定复制的位置存在一个同名文件或文件夹，也会出现一个询问是否要替换已有的文件或文件夹的对话框。

3.3.8　删除、还原文件或文件夹

1. 删除文件或文件夹

删除文件或文件夹有以下四种方法。

方法1：选择要删除的文件或文件夹，选择左窗格的"删除这个文件"命令，将弹出一个"确认文件删除"的对话框，单击"是"按钮该文件或文件夹就被放到回收站中，如图3-11所示。

方法2：选择要删除的文件或文件夹，单击常用工具栏中的"删除"按钮或按<Delete>键，在弹出的"确认文件删除"对话框中，单击"是"按钮，该文件或文件夹就被放到回收站中。

方法3：右键单击要删除的文件或文件夹，在弹出的快捷菜单中选择"删除"命令，弹出"确认文件删除"对话框，单击"是"按钮该文件或文件夹就被放到回收站中。

方法4：在选择的文件图标上按住鼠标左键不放，将其直接拖到桌面上的"回收站"的图标上，弹出"确认文件删除"对话框，单击"是"按钮该文件或文件夹就被放到回收站中。

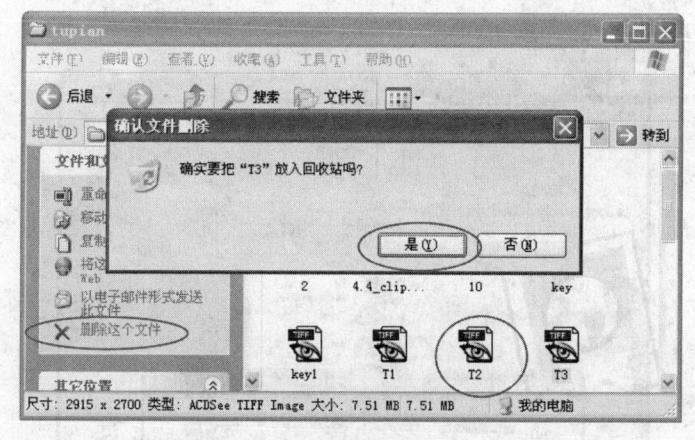

图3-11　删除文件或文件夹

2. 还原文件或文件夹

删除的文件只是被移动到"回收站"中，如果用户发现是误删除，可以再把它还原回来。从"回收站"中还原文件或文件夹的操作步骤如下：

1）双击桌面上的"回收站"图标，弹出"回收站"窗口。

2）选择要还原的文件或文件夹。

3）选择"还原此项目"命令，则将该文件或文件夹还原到原来的位置，如图3-12所示。

3. 永久性删除文件或文件夹

删除的文件或文件夹被放到"回收站"后，仍然占用磁盘空间，如果确定不再需要这些文件或文件夹，可将他们从"回收站"中永久删除，以收回被占用的磁盘空间。

永久性删除文件或文件夹的操作步骤如下：

1）在"回收站"窗口中，选择窗口左侧的"清空回收站"命令。

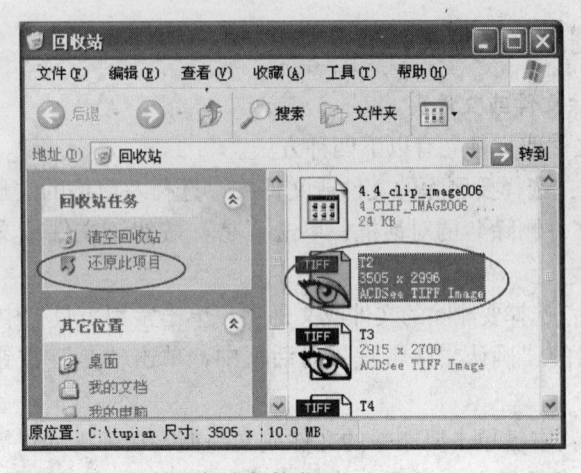

图3-12 还原文件或文件夹

2）在弹出的"确认删除多个文件"对话框中单击"是"按钮，删除回收站中的所有文件，如图3-13所示。

3）如果要删除回收站中的部分文件，首先选定需删除的文件，然后按 < Delete > 键，在弹出的对话框中单击"是"按钮即可。

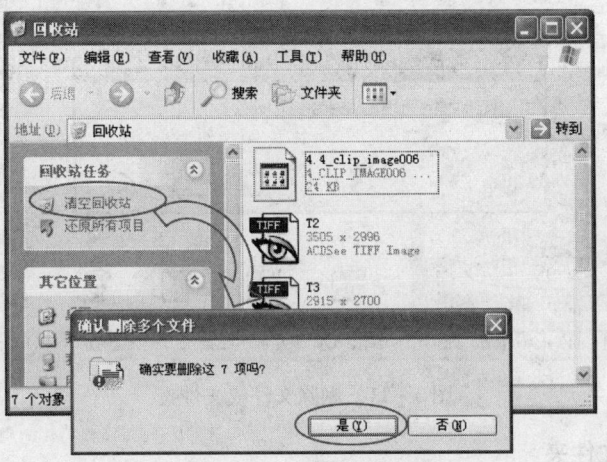

图3-13 清空回收站

3.4 控制面板

用户可以根据自己的爱好更改或设计屏幕外观，并对显示器、键盘、鼠标、打印机等硬件进行设置，以便有效地使用它们。例如，如果习惯使用左手，则可以利用"鼠标"更改鼠标按钮，以便利用右按钮执行选择和拖放等主要功能。

"控制面板"提供丰富的专门用于更改 Windows 的外观和行为方式的工具。这里主要介绍一些常用属性的设置。

打开"控制面板"可采用下列方法之一。

1）在"开始"菜单中，选择"设置"，然后单击"控制面板"。

2）在"我的电脑"或"Windows 资源管理器"窗口中双击控制面板图标。

打开控制面板后，如图 3 - 14 所示。

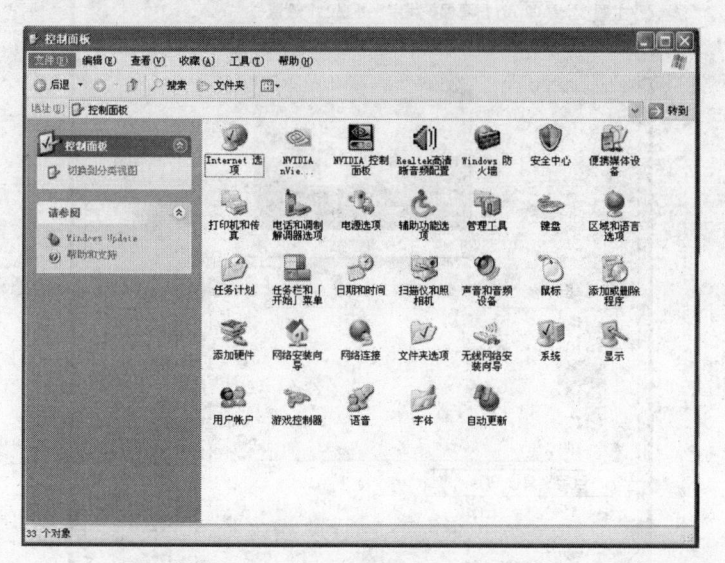

图 3 - 14 "控制面板"窗口

控制面板包括两类视图：分类视图和经典视图。分类视图可以将类似项组合在一起。要在"分类"视图下查看"控制面板"中某一项目的详细信息，可以用鼠标指针按住该图标或类别名称，然后阅读显示的文本，设置相应的选项。经典视图分别显示所有项。可单击"切换到××视图"，来选择最适合于你的视图：分类视图或经典视图。

如果打开"控制面板"时没有看到所需的项目或想设置为更熟悉的经典显示方式，请单击"切换到经典视图"。

3.4.1　显示器的设置

显示器是用户了解计算机的工作情况，控制工作进程的窗口，是人机对话的主要界面。Windows XP 提供丰富灵活的显示属性设置功能。用户可根据自己的需要来选择 Windows XP 的桌面。

在"控制面板"窗口中，双击"显示"图标打开如图 3 - 15 所示的"显示　属性"对话框，该对话框中共有"主题"、"桌面"、"屏幕保护程序"、"外观"、"设置"五个标签，可以在各个标签之间进行切换。

1. 设定桌面的背景

指定要在桌面显示的图片时，也可以更改背景的颜色，具体方法如下。

第一，在"控制面板"中选择"显示"。

第二，在"桌面"选项卡上，执行下面一项或多项操作。

1）选择"背景"列表框中的某一图片。在"位置"下拉列表框中，单击"居中"、"平铺"或"拉伸"。居中，即图像放在桌面的中央。平铺，即图像中的图案重复排列。拉伸，即拉伸图片以适应桌面大小。

2）单击"浏览"按钮，在其他文件夹或驱动器中搜索背景图片。可以用具有下列扩展

图 3-15 "显示 属性"对话框

名的文件：.bmp、.gif、.jpg、.png、.htm。在"位置"列表中，单击"居中"、"平铺"或"拉伸"。

3）从"颜色"中选择颜色。如果未选择背景，该颜色将覆盖整个桌面。如果选择了，则该颜色填充在背景周围的空间。

4）单击"自定义桌面"按钮可决定将在桌面上显示哪些项目，可以在桌面上添加或删除一些 Windows 程序的图标，并且可确定哪些图标将用来代表这些程序，运行"清理桌面向导"可将桌面上从来不使用的图标删除。

第三，选择完毕，单击"应用"或"确定"按钮，背景图片就应用在桌面上了。

2. 设置屏幕保护程序

在 Windows XP 中为防止屏幕长时期显示同一个画面，造成显像管老化，可以在不使用计算机的一些时间里，启用屏幕保护程序。屏幕保护程序显示一些运动的图像或文字，隐藏计算机屏幕上显示的信息，也可对其设置密码，以保证只有用户本人才能恢复用户内容。

设置屏幕保护程序的具体方法是：

1）单击"屏幕保护程序"标签，显示如图 3-16 所示的窗口。

2）在"屏幕保护程序"下拉列表框中选择屏幕保护图案。此时，上方的预览框中显示出图案的预览，也可用鼠标单击"预览"按钮来全屏显示图案。

3）单击"设置"按钮，可设置屏幕保护图案显示的样式、颜色等。

4）选中"在恢复时使用密码保护"复选框，则在重新开始工作时，系统将提示用户输入密码进行解锁。屏幕保护程序密码与登录密码相同。

3. 更改桌面主题

桌面上的主题是图标、字体、颜色、声音和其他桌面元素的预定义的集合，它使用户的

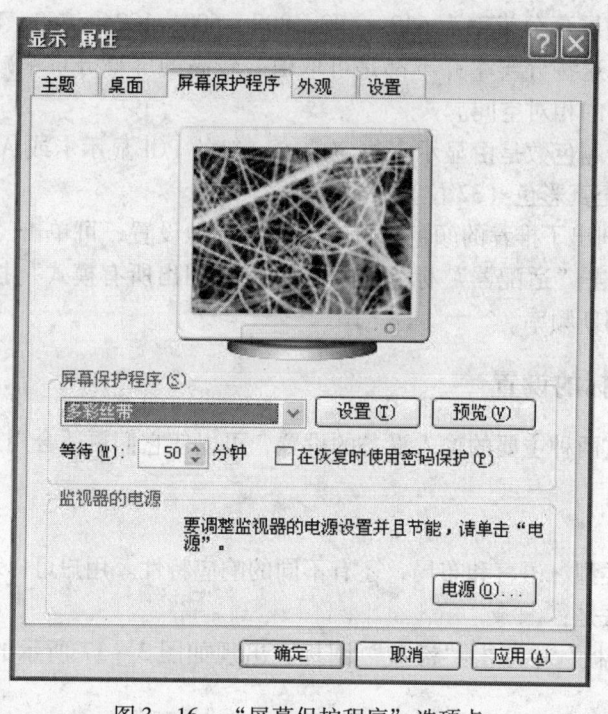

图 3 - 16 "屏幕保护程序"选项卡

桌面具有统一和与众不同的外观。

设置桌面主题的具体方法是：

1）单击"主题"标签。

2）选择某种主题。系统默认的主题是"Windows XP"，如果选择"Windows 经典"主题项，那么整个系统的外观显示就与 Windows 98 或 Windows 2000 系列类似。

4. 更改显示外观

还可以调整 Windows XP 的各个窗口、对话框中的标题栏、菜单栏、按钮等的显示外观，这些属性的调整在"显示 属性"对话框的"外观"选项卡中进行。

其上半部分是对当前窗口和对话框的设置预览情况，如非活动窗口、活动窗口、菜单栏、标题栏和按钮等，下面的"窗口和按钮"、"色彩方案"、"字体大小"等下拉列表框中的内容是可以变化调整的项目，可以从这三个下拉列表中选择要应用的窗口的按钮样式、色彩方案或字体大小，还可以设置一些特殊效果。

5. 监视器属性设置

在"显示 属性"对话框中还有一个"设置"选项卡，可以对显示的颜色数、屏幕分辨率、适配器、监视器和硬件性能等进行设置。

具体方法如下：

1）在"颜色质量"下拉列表框中，选择不同的颜色设置。

2）在"屏幕分辨率"下，拖动滑块，设置屏幕分辨率，然后单击"应用"按钮。

3）系统提示应用设置时，单击"确定"按钮，屏幕将会变黑片刻。

4）一旦屏幕分辨率有所更改，用户有 15s 的时间来确定该更改。单击"是"按钮，确定该更改，单击"否"按钮或者不进行任何操作即恢复到原来的设置。

一般可以设置的屏幕分辨率为 640×480，800×600，1024×768，1152×864 等。对于不同类型的监视器，这些分辨率并不都是可取值。较高的屏幕分辨率减小屏幕上项目的大小，同时增大桌面上的相对空间。

到底能显示多少颜色数是由显示卡决定的。一般的 PCI 显示卡或 AGP 显示卡可以显示高彩色（24 位）甚至真彩色（32 位）。

Windows XP 仅列出了推荐的颜色设置。要查看其他设置，可单击"设置"选项卡中的"高级"按钮，再单击"适配器"标签，然后单击"列出所有模式"按钮。选择所需的分辨率、颜色等级和刷新频率。

3.4.2 键盘和鼠标的设置

对键盘和鼠标这两种主要的输入设备的设置，可以使它们更适合用户的工作习惯，提高工作效率。

1. 键盘

键盘有不同的类型、语言和布局，还有不同的响应特性。用户可以利用控制面板对键盘进行设置，具体方法是：

1）在"控制面板"中双击"键盘"图标，出现如图 3 - 17 所示的"键盘 属性"对话框。

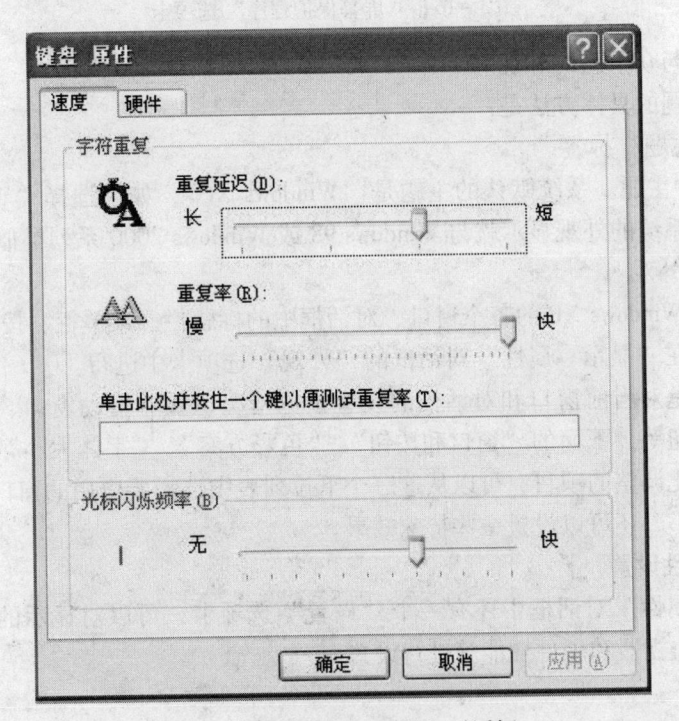

图 3 - 17 "键盘 属性"对话框

2）在"速度"选项卡中，用户若想改变键盘在重复键入时的速率则拖动"重复率"滑块，若想改变键盘在重复键入时的延迟时间，则拖动"重复延迟"滑块，还可设置光标闪烁的频率。

2. 鼠标

在 Windows XP 中，鼠标是极其重要的设备，其性能的好坏直接影响到用户的工作效率。利用控制面板可以对鼠标进行设置，更改它的某些功能和鼠标指针的外观与行为，具体方法是：

1）在"控制面板"窗口中双击"鼠标"图标，则弹出如图 3 - 18 所示的"鼠标　属性"的对话框。

2）在"鼠标键"选项卡中的"鼠标键配置"栏下，有一个"切换主要和次要的按钮"复选框，如果用户习惯使用右手并且多数时候使用鼠标左键，则清除该复选框的复选标记。如果用户习惯使用左手并且多数时候使用鼠标右键，则选中该复选框的复选标记。图 3 - 18 中所选的为常用的鼠标按钮。

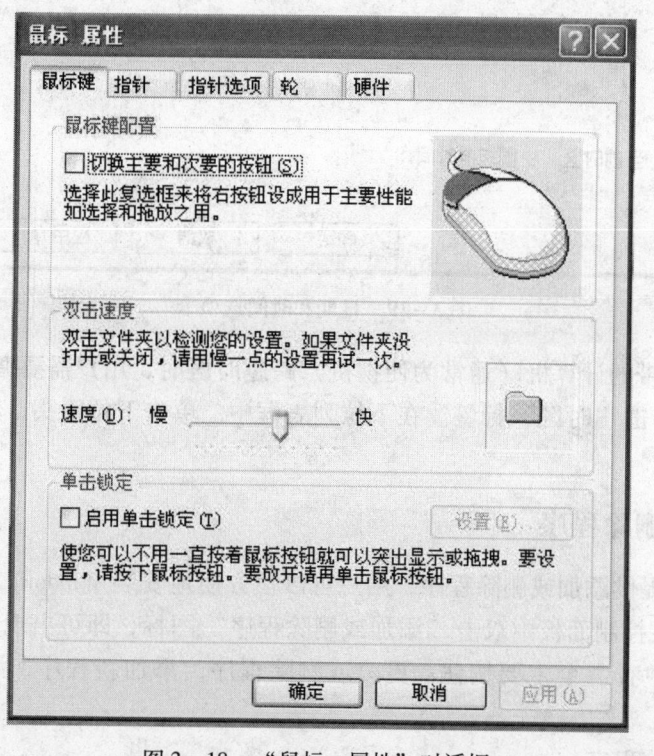

图 3 - 18　"鼠标　属性"对话框

可以调整"双击速度"栏中的"速度"滑块，以改变双击的时间间隔。双击速度是否合适，可用鼠标双击测试区域的动画图标进行测试，如果图标发生变化，证明产生了双击的响应，双击时经常不能产生应有的结果，可以适当把双击速度调慢一点。

3）选择"指针"标签，则会出现相应的对话框，用户可以改变指针的大小和形状，指针形状有多种可选，系统默认的是"Windows 默认"方案。

4）选择"指针选项"标签，用户可以改变鼠标移动的速度和鼠标指针的痕迹。

5）"轮"选项卡针对于带有滚轮的鼠标，可以调整每次滚动时，上下移动的文本行数。

3.4.3　设置日期和时间、时区

用户可以双击任务栏的数字时钟改变系统的日期和时间，也可在控制面板中改变。

1）如图 3 - 19 所示，在"时间和日期"选项卡中，选择要更改的项目。要更改小时、分钟或秒，双击相应的项目，然后单击箭头增加或减少该值。

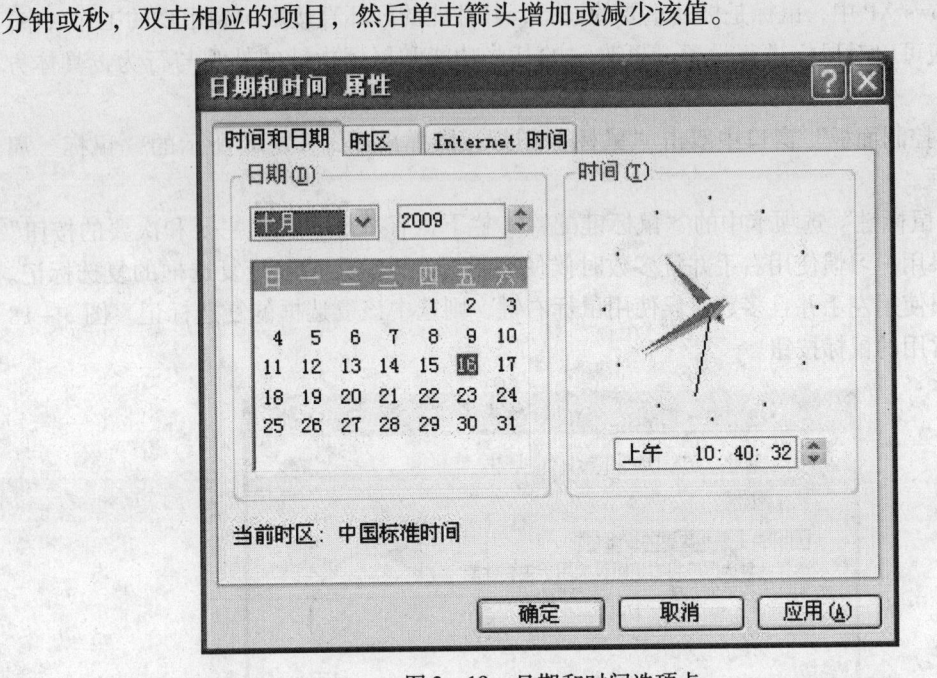

图 3 - 19　日期和时间选项卡

2）当用户携带的计算机（通常为便携机）跨越时区时，用户需要调整系统所在时区。要更改时区，可单击"时区"标签。在下拉列表框中，单击下拉箭头，然后单击当前所在的时区。

3.4.4　添加或删除程序

Windows XP 提供添加或删除程序，用户可以很方便地安装 Windows 组件，安装和删除应用程序。只需在控制面板中双击"添加或删除程序"图标，即可出现如图 3 - 20 所示的对话框，对话框中有三个主要按钮：更改或删除程序，添加新程序，添加/删除 Windows 组件。

1. 更改或删除程序

具体方法如下：单击"更改或删除程序"按钮，再选择要更改或删除的程序，再单击相应按钮。注意当单击"更改"或"删除"时，可能会在不提示的情况下删除某些程序。

2. 添加新程序

具体步骤如下：

1）单击"添加新程序"按钮。

2）单击"CD 或软盘"按钮，然后插入带有应用程序的软盘或 CD - ROM，然后单击"下一步"按钮进行安装。

3. 添加或删除 Windows 组件

具体步骤如下：

1）单击"添加/删除 Windows 组件"按钮，将会出现相应的对话框。

2）按照"Windows 组件向导"中的提示进行操作。

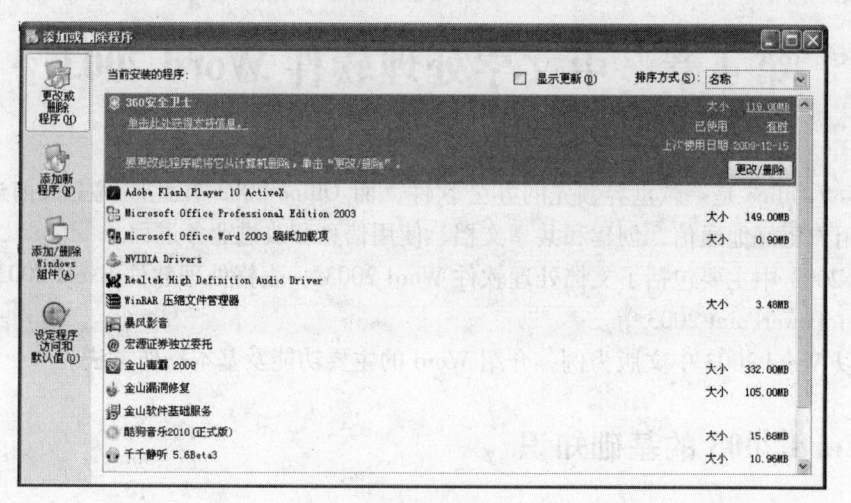

图 3-20 "添加或删除程序"对话框

习 题

（1）简述 Windows XP 的主要功能和特点。

（2）简述 Windows XP 桌面的基本组成元素及其功能。

（3）系统定义的桌面图标有哪些？

（4）鼠标的基本操作有哪些？

（5）在 Windows XP 中获取帮助信息的快捷键是什么？

（6）简述剪贴板的功能和使用方法。

（7）在"我的电脑"或"Windows 资源管理器"中，如何查看磁盘的属性？

（8）在"Windows 资源管理器"中，如何复制、移动、删除、查找文件或文件夹？

（9）如何选定多个连续文件或多个不连续文件？

（10）如何对文件重命名？

（11）Windows XP 的控制面板有哪几种视图？

（12）利用 Windows XP 的控制面板，如何设置桌面的背景图案和墙纸？

（13）如何设置屏幕保护程序？

（14）如何改变桌面和窗口的显示方式？

（15）如何设置系统的日期和时间？

（16）"添加或删除程序"对话框有哪几种主要按钮？

第4章 中文字处理软件 Word 2003

Microsoft Office 是一款世界领先的办公软件，而 Office 2003 在此成就上又前进了一步，可以帮助用户更好地通信、创建和共享文档、使用信息和改进业务过程。

Office 2003 中主要包括了文档处理软件 Word 2003 、表格处理软件 Excel 2003、电子教案制作软件 PowerPoint 2003 等。

本章以 Word 2003 中文版为例，介绍 Word 的主要功能及基本操作方法。

4.1　Word 2003 的基础知识

4.1.1　Word 2003 的启动和退出

1. Word 2003 的启动

启动 Word 2003 的方法一般有以下几种：

（1）使用开始菜单　单击 Windows 任务栏左侧的"开始"→"程序"→"Microsoft Office"→"Microsoft Office Word 2003"，在启动 Word 应用程序的同时可以创建一个新文档。如图 4-1 所示。

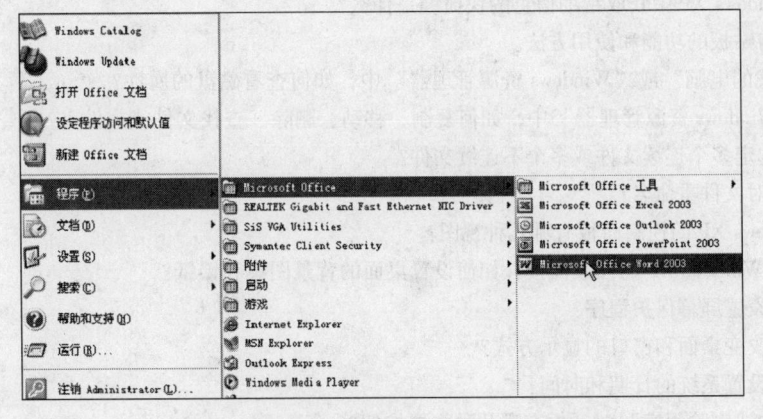

图 4-1　使用"开始"菜单启动 Word 2003

（2）使用快捷方式　如果桌面有 Word 2003 快捷方式，则双击桌面的快捷方式图标 ，便可启动 Word 2003。

（3）使用文档启动 Word 2003　双击一个 Word 文档即可启动 Word 2003。

2. Word 2003 的退出

退出 Word 2003 的方法一般有以下几种：

（1）使用"文件"菜单　单击"文件"→"退出"命令。

（2）使用"关闭"按钮　单击标题栏右上角的"关闭"按钮 。

（3）使用快捷键　同时按下键盘的 < Alt + F4 > 键。

（4）使用系统控制菜单　双击标题栏左上角的图标 W 。

在退出 Word 时，如果文档没有保存，会出现如图 4 - 2 所示的对话框。

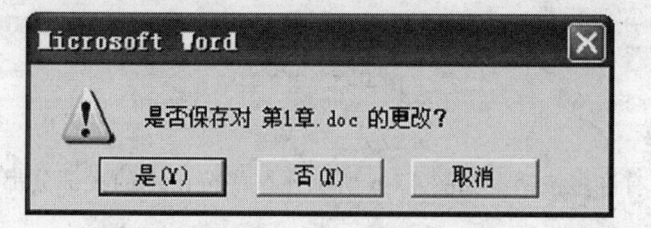

图 4 - 2　退出 Word 时的提示对话框

另外，将鼠标指针指向标题栏，单击鼠标右键，在弹出的下拉菜单中，单击"关闭"命令也可以退出。

4.1.2　Word 2003 的工作界面

启动 Word 2003 后，屏幕上会显示 Word 应用程序窗口，如图 4 - 3 所示。它主要由标题栏、菜单栏、常用工具栏、格式工具栏、编辑区（文档窗口）、状态栏这几部分组成。

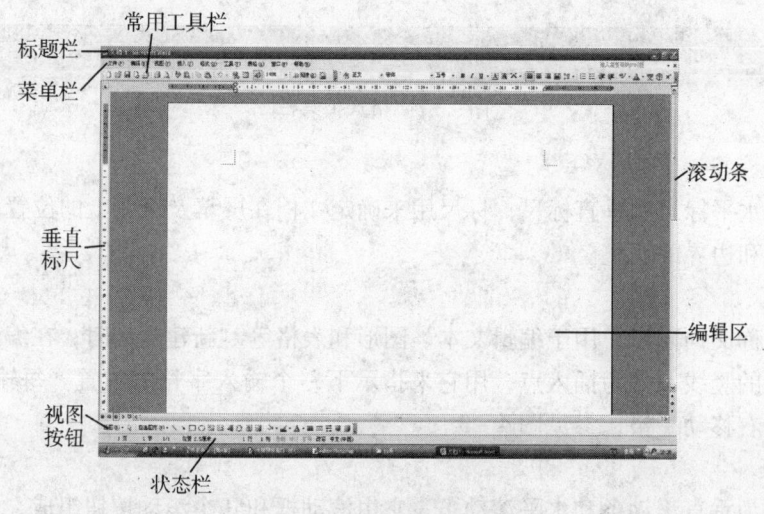

图 4 - 3　Word 应用程序窗口

1. 标题栏

标题栏位于编辑区的顶部，用来显示当前使用的文件名和应用程序名等，如果没有对文件进行命名和存盘，Word 根据创建文档的先后顺序，依次显示程序默认的文件名"文档1"、"文档2"、"文档3"……标题栏如图 4 - 4 所示。

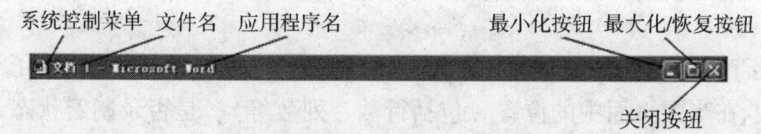

图 4 - 4　标题栏

2. 菜单栏

菜单栏列出了 Word 提供给用户进行各种操作的菜单选项，单击某个菜单选项，将出现该菜单的下拉菜单，它包括以下九组菜单命令，如图 4-5 所示。

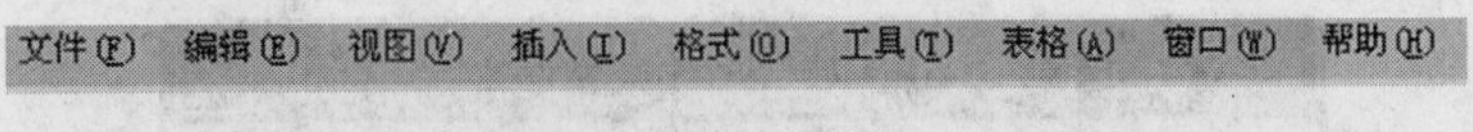

文件(F)　编辑(E)　视图(V)　插入(I)　格式(O)　工具(T)　表格(A)　窗口(W)　帮助(H)

图 4-5　菜单栏

3. 常用工具栏

常用工具栏中有许多按钮，如图 4-6 所示，这些按钮中的大部分都可以在菜单栏中找到相应的命令。

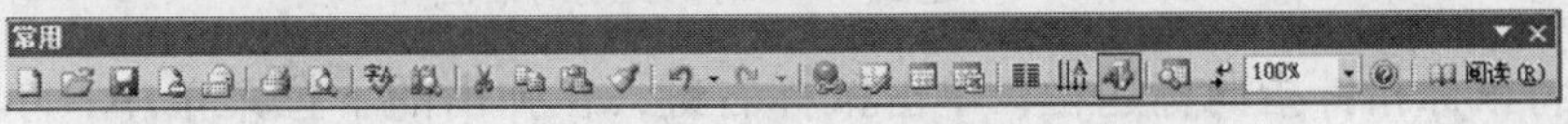

图 4-6　常用工具栏

把鼠标指针移动到相应的工具上，在鼠标指针的右下方会显示该工具的功能。

4. 格式工具栏

格式工具栏与常用工具栏相似，也有许多按钮，用于对文档中的内容进行所需的各种格式化操作。格式工具栏，如图 4-7 所示。

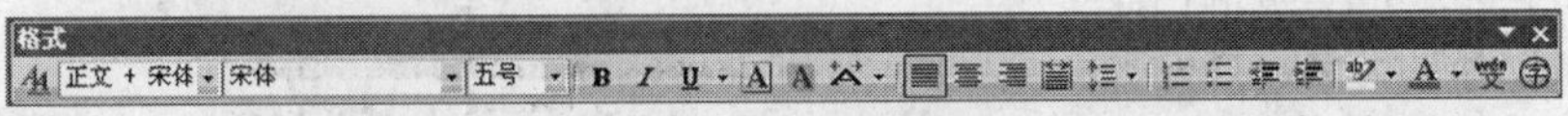

图 4-7　格式工具栏

5. 标尺

标尺分为水平标尺和垂直标尺，标尺用来确定文档在屏幕及纸张上的位置，同时也可以用来进行段落和边界的调整。

6. 编辑区

编辑区也称文档窗口，用于编辑文本、图形和表格等。新建文档时，在编辑区左上角有一个不停闪烁的竖线，称为插入点，用它来指示下一个输入字符的位置。每输入一个字符，插入点自动向右移动一格，参见图 4-3。

7. 滚动条

滚动条分为垂直滚动条和水平滚动条。它由滚动框和几个滚动按钮组成，通过它能上下或者左右移动窗口内的文档内容，以阅读文档不同的内容。

8. 视图按钮

文档在窗口中有不同的显示方式，称为"视图"。在 Word 2003 工作窗口的左下角有五个视图按钮，从左到右分别是普通视图"≡"、Web 版式"⬜"、页面视图"▣"、大纲视图"⬚"阅读版式"⬚"。单击某一按钮就切换到该视图显示方式。

9. 状态栏

状态栏位于窗口最下端，它指示了当前的编辑状态。从左至右分别指示了当前光标所处的页数、节数、在当前页面中的位置（包括行数、列数等）、是否录制宏状态、是否修订状态、是否扩展选定范围状态、是否改写状态和所使用的语言等一系列的状态信息。通过双击某些状态栏中的状态指示可以快速完成一些操作。例如，如果双击了"改写"指示则快速

进入了改写状态中，如图4-8所示。

| 4 页 | 1 节 | 4/116 | 位置 8.5厘米 | 12 行 | 2 列 | 录制 修订 扩展 改写 | 中文(中国) |

图4-8　状态栏

4.1.3　Word 2003 所提供的工具

Word 2003 提供了"信息检索"检查、各类"语言"的转换、"字数统计"等功能（见图4-9）以提高用户对文档的各种可操作性，具体的使用方式将在后面的章节中作具体的介绍。

4.1.4　Word 2003 的多文档操作

Word 2003 能够对多个文档进行同时编辑。打开多个文档后，可以通过菜单栏中的"窗口"选项对多个窗口进行切换（见图4-10），当前窗口为"工业以太网应用系统设计"。

4.1.5　菜单操作

Word 2003 能够利用菜单栏所提供的各项功能对文档进行操作，但同时也可以通过单击鼠标右键出现快捷菜单，对文档进行编辑（见图4-11）。

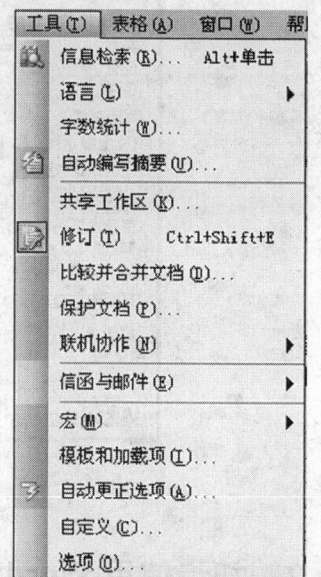

图4-9　"工具"菜单

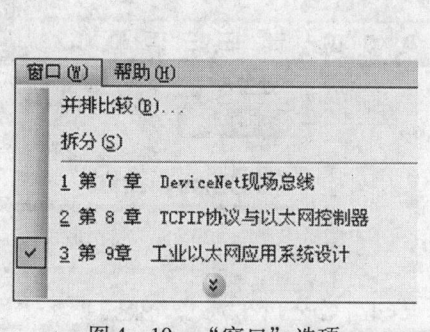

图4-10　"窗口"选项

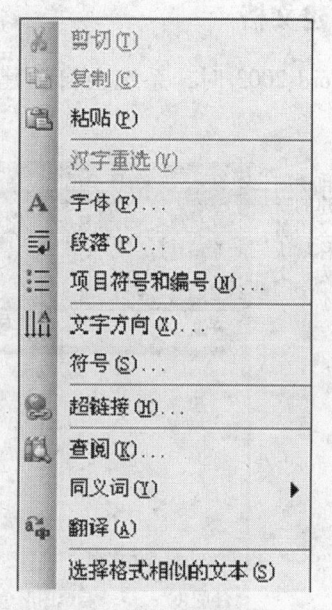

图4-11　右键快捷菜单

4.1.6　Word 2003 的对话框操作

在 Word 2003 中，当使用某些命令时，会弹出一个对话框（见图4-12）。在对话框中通常包含标题栏、标签、选项卡、编辑框、列表框、复选框、单选项、预览框、命令按钮等。通过对其中的项目进行操作可以实现所要求的效果。

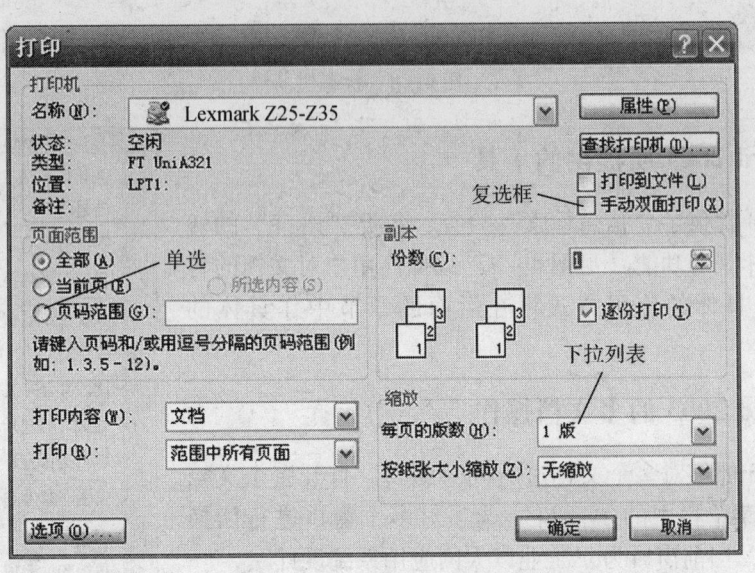

图4-12　"打印"对话框

4.2　初步使用 Word 2003

4.2.1　创建文档

启动 Word 2003 时，系统会自动建立一个新的空白文档，默认名为"文档1"，如图4-13所示。

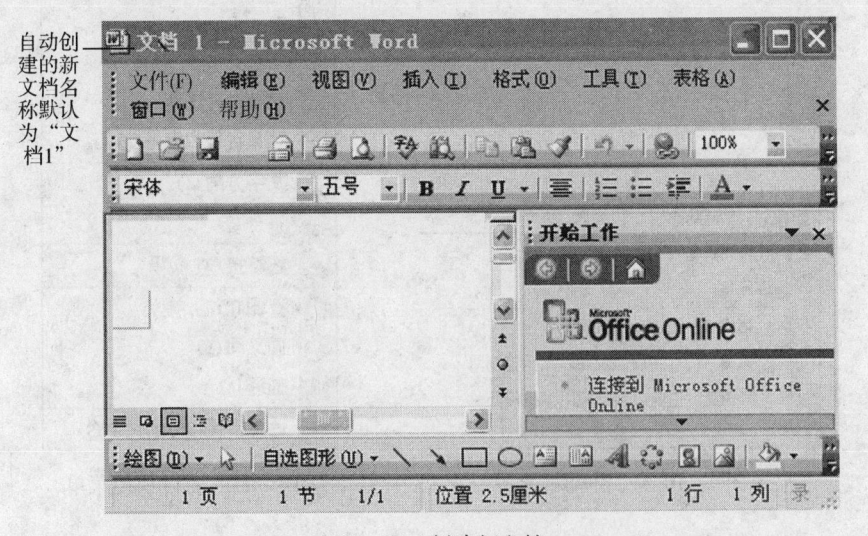

图4-13　创建新文档

1. 打开 Word 2003 应用程序后，新建一个 Word 文档

（1）通过菜单命令新建 Word 文档　单击"文件"→"新建"命令，然后单击右侧

"新建文档"窗格中的"空白文档"命令，即新建了一个 Word 文档。操作详见图 4 – 14。

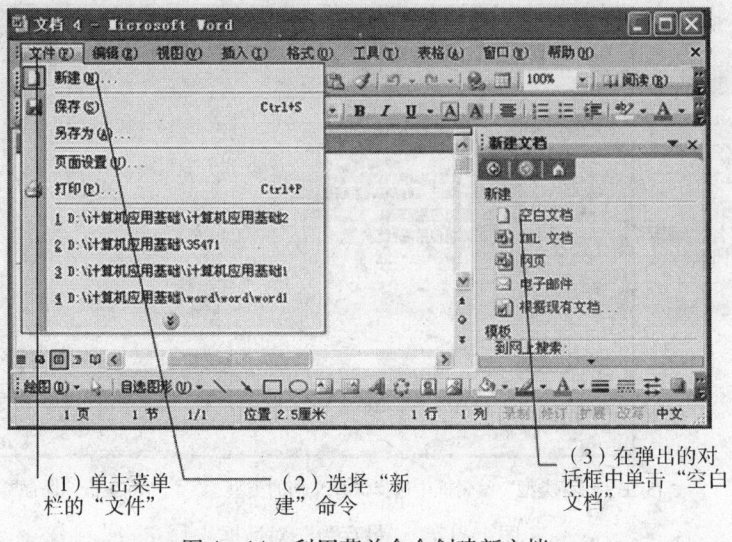

图 4 – 14　利用菜单命令创建新文档

（2）使用"常用"工具栏中的"新建"按钮，快速新建一个 Word 文档　直接单击"常用"工具栏中的"新建"按钮即可，如图 4 – 15 所示。

单击【新建】按钮

图 4 – 15　利用"新建"按钮创建一个空白文档

2. 不打开 Word 2003 应用程序，直接新建一个文档：

打开"开始"菜单→"程序"→"Microsoft Office"→"Microsoft Office Word 2003"，在启动 Word 应用程序的同时可以创建一个新文档。

4.2.2　保存文档

保存文档是非常重要的操作，新创建的未命名文档、打开并修改后的文档或要将 Word 文档另存为其他格式的文档时，都要进行文档的保存。下面以新建的未命名文档为例介绍保存文档的几种方法。

1）单击菜单栏的"文件"→"保存"命令，在弹出的"另存为"对话框中选择保存文档的位置，在"文件名"编辑框中输入文件名称，在"保存类型"下拉列表框中选择"Word 文档"，最后单击"确定"按钮即可。操作步骤如图 4 – 16、图 4 – 17 所示。

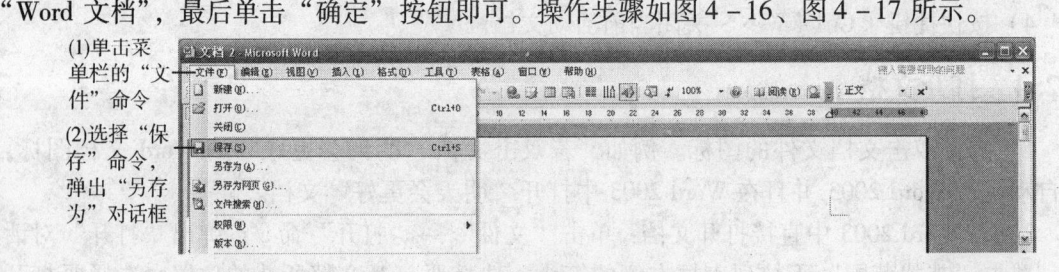

图 4 – 16　通过菜单命令保存文档

(3)在"保存位置"下拉列表框中选择保存文档的位置

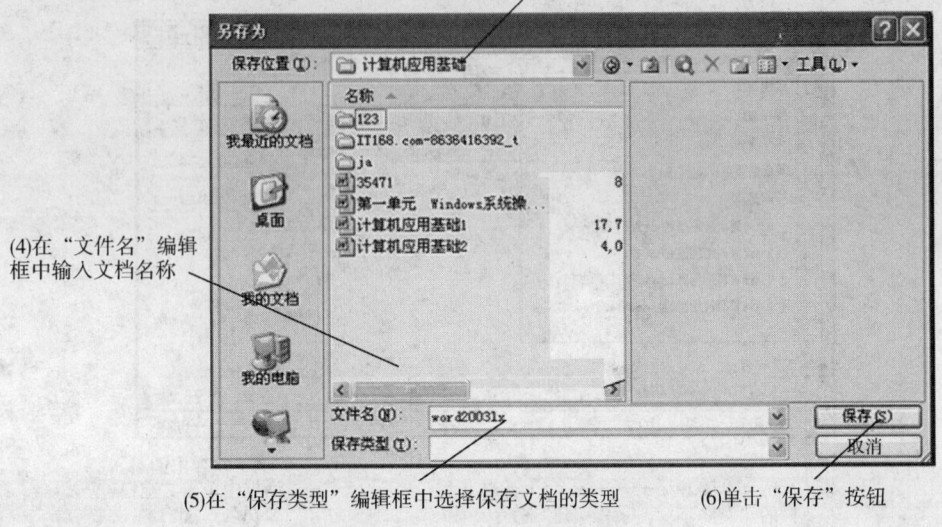

(4)在"文件名"编辑
框中输入文档名称

(5)在"保存类型"编辑框中选择保存文档的类型　　　　(6)单击"保存"按钮

图4-17　"另存为"对话框

2）单击"常用"工具栏中的"保存"按钮，弹出"另存为"对话框。其他步骤同第一种方法。

3）利用快捷键保存：按<Ctrl+S>，可以保存当前文档。如果是未命名的文档，其他步骤同第一种方法。

如果老文档修改后要保存，使用上述三种方法都可以保存，第一种方法只要前两步，后两种方法只要第一步就可以了。

如果文档修改后想保留原文档不变，可以将其重新命名并保存为新的文档，操作步骤如下：单击菜单栏的"文件"→"另存为"命令，在弹出的对话框中选择保存文档的位置，在"文件名"编辑框中输入文件名称，在"保存类型"下拉列表框中选择"Word文档"，单击"确定"按钮即可。

4.2.3　关闭文档

关闭文档有几种方法：

1）单击"文件"→"关闭"命令即可。操作详见图4-18。

2）单击标题栏右上角的"关闭"按钮。

3）如果打开两个或两个以上的多个文档时，可以右击任务栏中的文档标题，由打开的快捷菜单中选择"关闭"命令，如图4-19所示。

4）按快捷键<Ctrl+W>，关闭当前活动文档。

4.2.4　打开文档

1）直接双击文档文件的图标。例如，若双击文档"明天会更好"的Word文档图标，将自动运行Word 2003并且在Word 2003中打开"明天会更好"文档。

2）在Word 2003中直接打开文档：单击"文件"→"打开"命令，弹出"打开"对话框，单击"查找范围"下拉列表框右侧的箭头，选择要打开文档所在的位置，选择要打开

(1)单击
"文件"
命令

(2)选择
"关闭"
命令

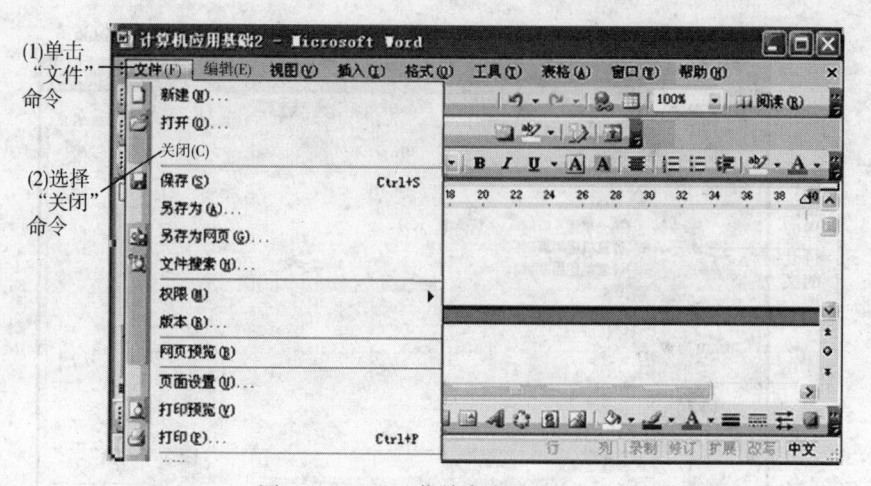

图 4 - 18　通过菜单命令关闭文档

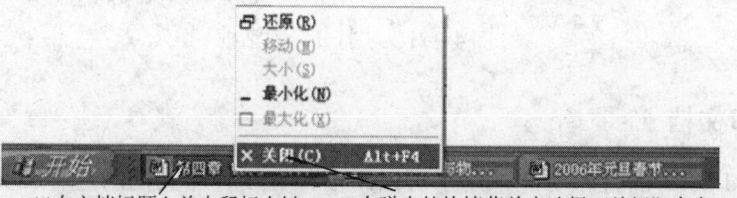

(1)在文档标题上单击鼠标右键　　(2)在弹出的快捷菜单中选择"关闭"命令

图 4 - 19　通过快捷菜单关闭文档

的文档后单击"打开"按钮即可。操作步骤如图 4 - 20、图 4 - 21 所示。

(1)单击"文
件"命令

(2)单击"打
开"命令弹
出"打开"
对话框

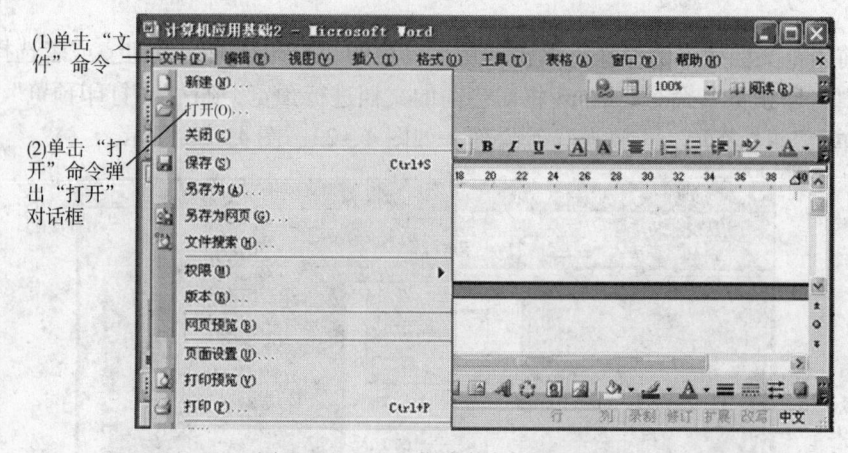

图 4 - 20　通过菜单命令打开文档

　　在"打开"对话框中的左侧还有一个文件夹面板,包括"我最近的文档"、"桌面"和"我的文档"等几个文件夹按钮。选择"我最近的文档"按钮,可以打开最近打开过的文档列表,选择"我的文档"或"桌面"则快速进入"我的文档"文件夹或桌面;选择"网上邻居"则可以打开网上邻居中的文档。

　　在"打开"按钮右侧单击三角钮,在弹出的子菜单中还可以选择文档的打开方式,如"以只读方式打开"或"以副本方式打开"等。

(3)单击"查找范围"下拉列表框右侧的箭头，选择要打开文档所在位置

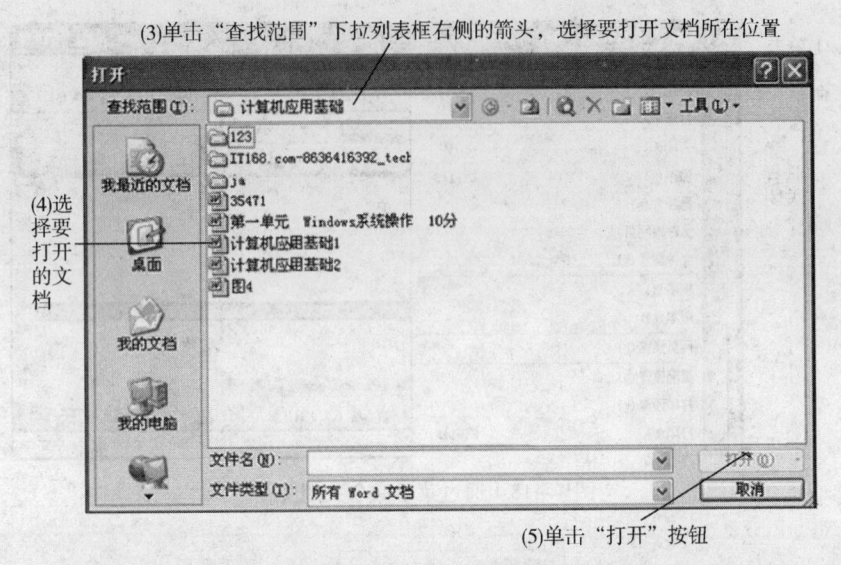

图4-21 "打开"对话框

(4)选择要打开的文档

(5)单击"打开"按钮

4.2.5 打印文档

利用 Word 2003 的打印功能，用户可以用多种方式打印文档的内容和文档的其他信息，而且，使用打印预览功能，还能在打印之前就看到打印的效果。

1. 打印预览

为了准确、顺利地打印出文档，一般在打印前先预览一下打印效果，减少打印时不必要的损失。

打印前预览文档效果的操作：单击常用工具栏的"打印预览"按钮或者选择"文件"菜单上的"打印预览"命令，Word 将对当前的文档进行预览，通过"打印预览"工具栏可以进行"单页"、"多页"、"放大"等操作，如图4-22、图4-23所示。

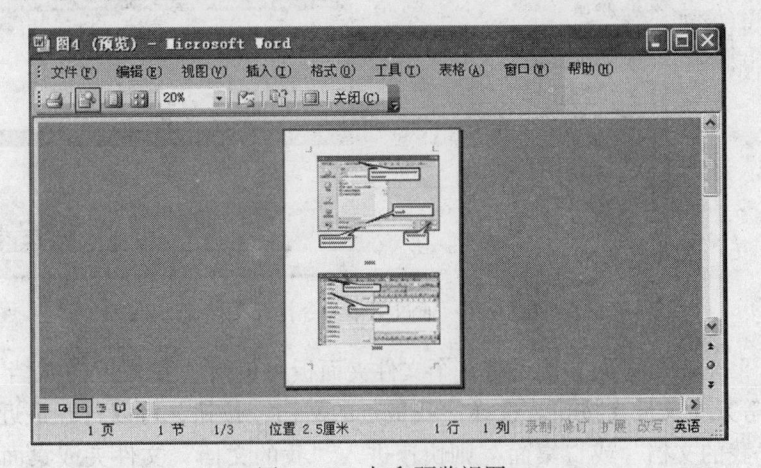

图4-22 打印预览视图

2. 打印文档

打印文档的具体步骤：单击"文件"→"打印"命令，弹出"打印"对话框，在对话

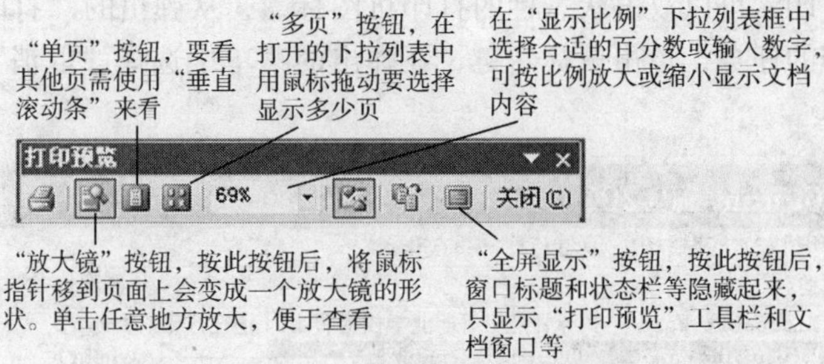

"单页"按钮,要看 其他页需使用"垂直 滚动条"来看

"多页"按钮,在 打开的下拉列表中 用鼠标拖动要选择 显示多少页

在"显示比例"下拉列表框中 选择合适的百分数或输入数字, 可按比例放大或缩小显示文档 内容

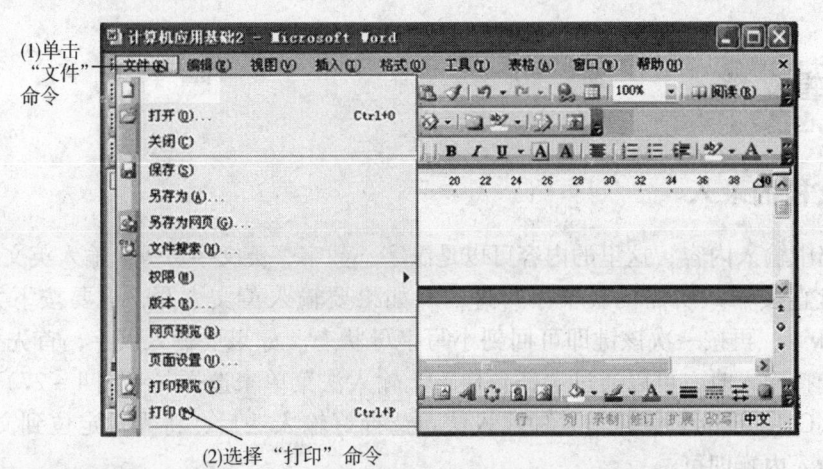

"放大镜"按钮,按此按钮后,将鼠标 指针移到页面上会变成一个放大镜的形 状。单击任意地方放大,便于查看

"全屏显示"按钮,按此按钮后, 窗口标题和状态栏等隐藏起来, 只显示"打印预览"工具栏和文 档窗口等

图4-23 "打印预览"工具栏

框中选择打印范围:"全部",即打印文档所有内容,"当前页"指只打印当前活动页即插入点所在页,"页码范围"可以选择打印指定的页码,选择完后确定打印份数,最后按"确定"按钮即可。操作步骤如图4-24、图4-25所示。

(1)单击 "文件" 命令

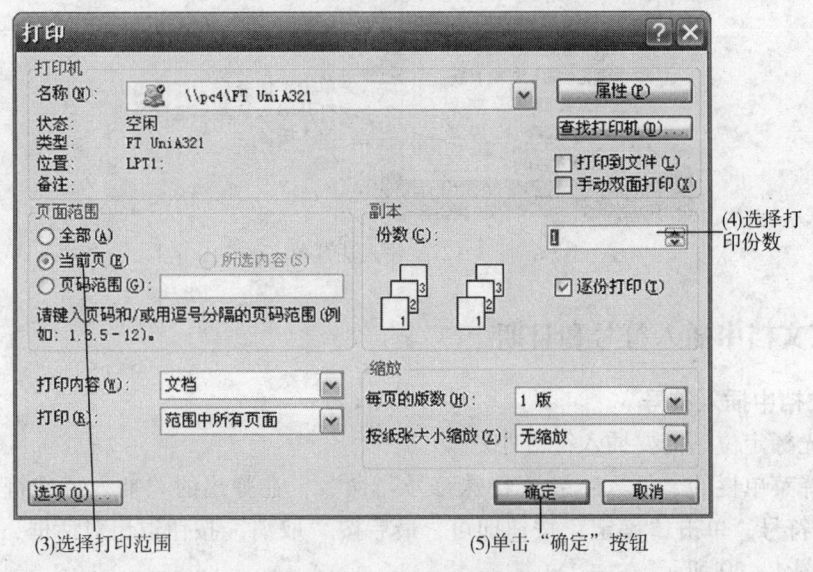

(2)选择"打印"命令

图4-24 通过菜单命令打印文档

(4)选择打 印份数

(3)选择打印范围

(5)单击"确定"按钮

图4-25 "打印"对话框

如果要取消打印，可以双击状态栏的打印机图标，从弹出的"打印任务"对话框中选择当前正在打印的任务，单击鼠标右键，在弹出的菜单中选择"取消"即可。操作步骤如图4－26所示。

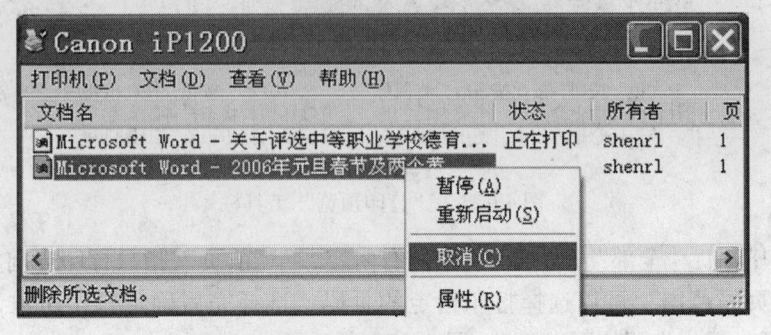

图4－26　取消打印任务

4.3　编辑文档

4.3.1　文档的录入

　　在文档中输入内容，这里的内容可以是汉字、数字、英文字母等。输入英文很简单，只要通过键盘直接输入所需的英文字母即可。如果要输入英文大写，只要按下大写锁定键<Caps Lock>，再按一次该键即可回到小写字母状态。如果要输入汉字，首先要选择某种输入法。选择输入时，可以通过"任务栏"上输入法菜单来选择（见图4－27），也可以通过组合键<Ctrl＋Shift>切换到某种输入法。选择好输入法后，将光标定位到文本插入点，然后直接输入内容即可。

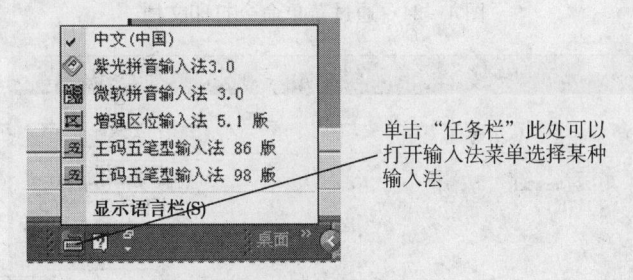

图4－27　输入法菜单

4.3.2　在文档中插入符号和日期

1. 在文档中插入符号

　　1）将光标定位到需要插入符号处。

　　2）选择菜单栏的"插入"→"特殊符号"命令，在弹出的"插入特殊符号"对话框中选择某种符号，单击"确定"按钮即可，最后按"取消"按钮退出对话框，操作步骤如图4－28、图4－29所示。

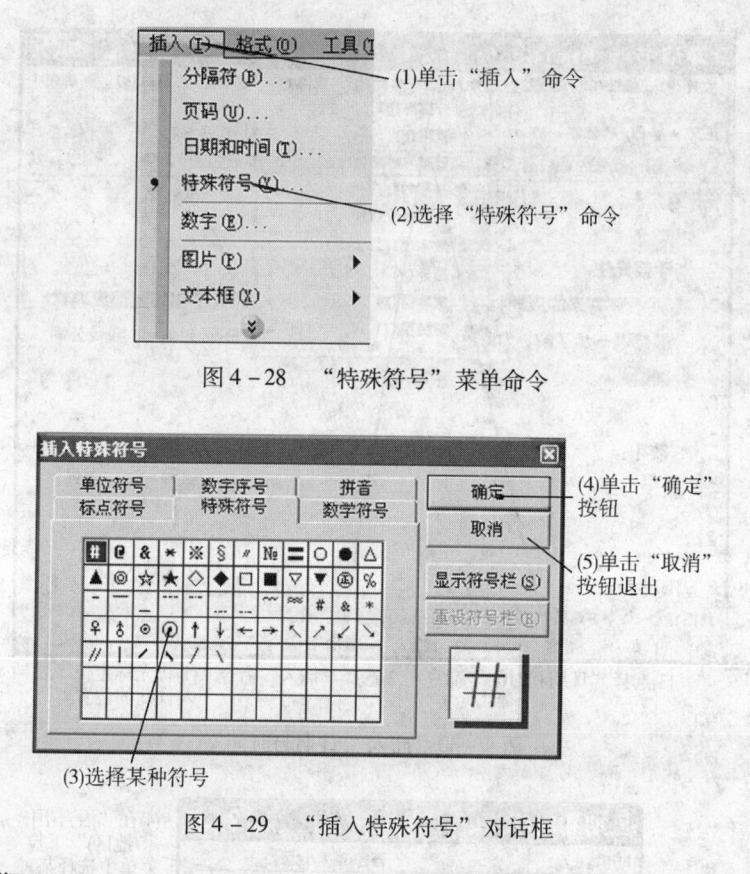

图 4 – 28 "特殊符号"菜单命令

图 4 – 29 "插入特殊符号"对话框

2. 插入日期

1）将光标定位到需要插入日期处。

2）选择菜单栏的"插入"→"日期和时间"命令，这时弹出"日期和时间"对话框，在对话框中的"语言（国家/地区）"下拉菜单中选择某种语言，在"可用格式"中选择某种日期格式，勾选"自动更新"，最后按"确定"按钮即可，操作步骤如图 4 – 30、图4 – 31所示。

4.3.3 文本的选定、移动、复制、粘贴和删除

1. 文本的选定

要对某个字符或者某段文档进行编辑，首先要选定所编辑的内容，只有选定之后对其操作才有效。利用鼠标或者键盘等多种方法，可以选定某个字符或某段文字。选中的区域将以反白的形式显示出来（见图 4 – 32）。

（1）使用鼠标选取文本　使用鼠标选取文本有以下几种类型。

1）双击。用鼠标左键双击文字可以选取单个文字或者词组。选中反白显示，如"自动更新"。

2）拖动鼠标。移动鼠标指针到要选定文本的开始（或末尾）位置，此时鼠标指针变成"I"型，单击并按住鼠标左键拖动，在这个过程中，被选定的文本会反白显示，到达要选取文本的末尾（或开始）时松开鼠标，从开始到末尾位置的文本就全部反白显示，即表示

(3)选择"日期和时间"命令　(2)选择"插入"命令　(1)将光标定位于要插入日期的位置

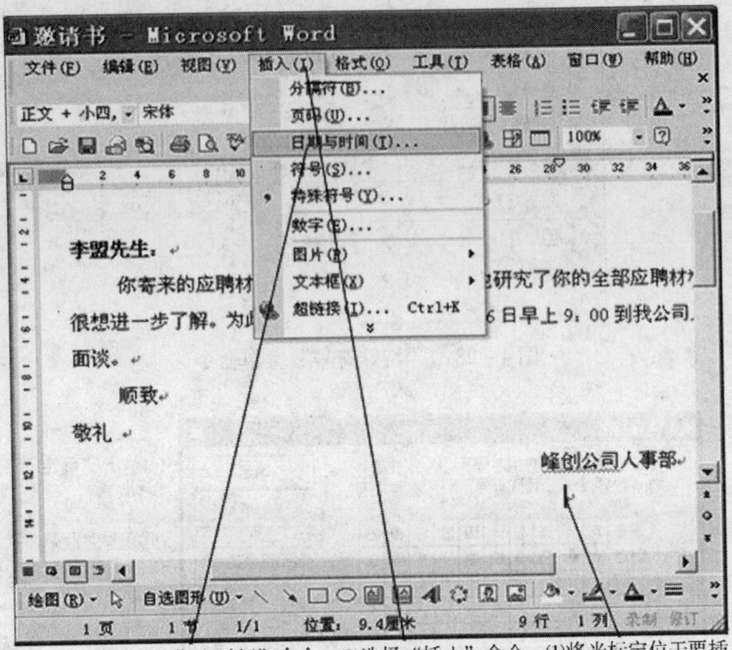

图4-30　插入"日期与时间"

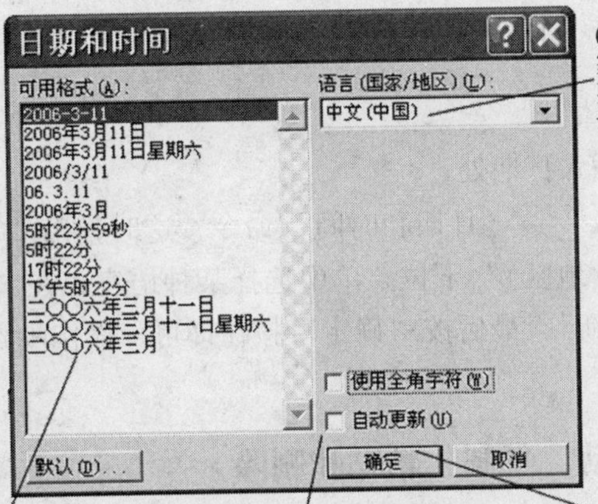

(4)在"语言(国家/地区)"下拉菜单中选择某种语言

(5)在"可用格式"中选择日期格式　(6)日期如需自动更新，则勾选"自动更新"复选框　(7)最后单击"确定"按钮

图4-31　"日期和时间"对话框

选定了该部分文本，如图4-32所示。

　　3）选定一行文本。将鼠标指针移动到要选定行的左侧，当鼠标指针变为右方向的箭头"⬆"后单击，即可选中该行的文本，如图4-33所示。

　　4）选中多行文本。将鼠标指针置于要选中行的左侧，当鼠标指针变为右方向箭头"⬆"后，按住鼠标左键向上或向下拖动鼠标即可选中拖过的文字行。

　　5）选中一个段落。将指针置于要选中段落的左侧，当鼠标指针变为右方向的箭头"⬆"后，双击或者将鼠标指针置于要选中的段落的任意位置，三击鼠标左键，即可选中该段落。

6）选中多个段落。将指针置于要选中段落的左侧，当鼠标指针变为右方向的箭头"⬈"后双击，双击同时按住鼠标左键不放，向下或者向上拖动鼠标，即可选中鼠标拖过的段落。

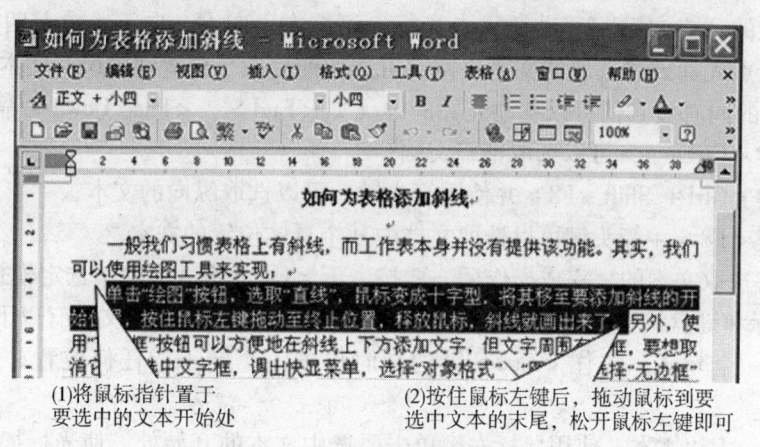

(1)将鼠标指针置于
要选中的文本开始处

(2)按住鼠标左键后，拖动鼠标到要
选中文本的末尾，松开鼠标左键即可

图4-32　鼠标选取文本

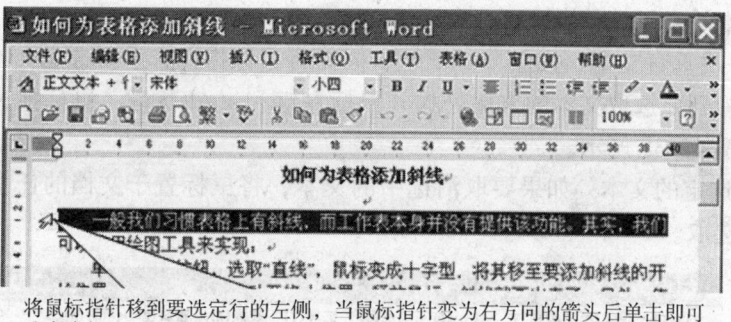

将鼠标指针移到要选定行的左侧，当鼠标指针变为右方向的箭头后单击即可
选中该行

图4-33　选定一行文本

7）选中整篇文档。将鼠标指针置于文档中任意正文的左侧，当鼠标指针变为右方向的箭头"⬈"后三击，即可选中整篇文档。或者单击"编辑"→"全选"命令即可，如图4-34所示。

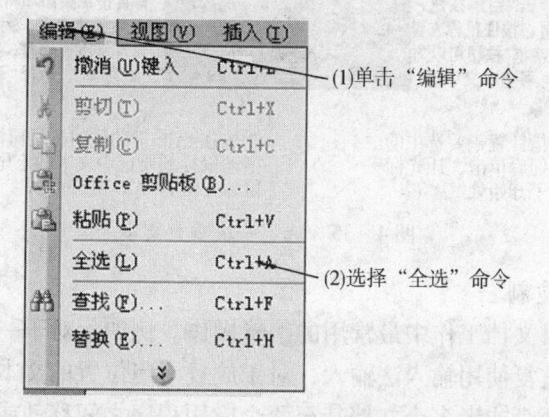

(1)单击"编辑"命令

(2)选择"全选"命令

图4-34　"全选"命令

（2）使用键盘选取文本　将鼠标指针置于要选中的文本开始处，此时鼠标指针变成"Ⅰ"形，单击鼠标左键，让插入点光标移动到要选中的文本开始处，然后按住 < Shift > 键的同时按键盘的"方向键"移动插入点光标，可向左、向右、向下、向上四个方向选取文本，移动插入点光标到要选取的文本末尾，可选取前后两个位置间的所有文本。也可以在按住 < Shift > 键的同时按其他可以移动光标的键（如 < End > 、 < Page Down > 等）选取文本。

按组合键 < Ctrl + A > 可以选取整篇文档；

按组合键 < Ctrl + Shift + F8 > 并使用箭头键，可以选取纵向的文本；

按组合键 < F8 > +箭头键可以选取文档中某个具体位置的文本。

按组合键选取文本的，完成操作后，要按一下 < Esc > 键才能取消选定模式。

（3）鼠标和键盘结合使用选取文本　鼠标和键盘结合使用选取文本有以下3种类型。

1）选中一个句子。按住 < Ctrl > 键的同时单击一个句子的任何位置，即可选中该句文本。

2）选定一大块文本。使用鼠标左键单击要选中文本的开始处，使光标插入点停留在开始处，然后使用"滚动条"移动文本，当看到要选中内容的末尾处时，按住 < Shift > 键的同时在要选中文本的末尾处单击即可选中该块文本。

3）选定一块垂直文本。按住 < Alt > 键，同时将鼠标指针置于要选定文本块的开始处后单击，拖动鼠标到要选取文本的末尾处松开鼠标左键和 < Alt > 键，鼠标拖过的矩形文本块即被选中，如图4-35所示。

（4）取消选定的文本　如果要取消选中的文本，将鼠标置于文档的任意位置单击即可取消对文本的选取。

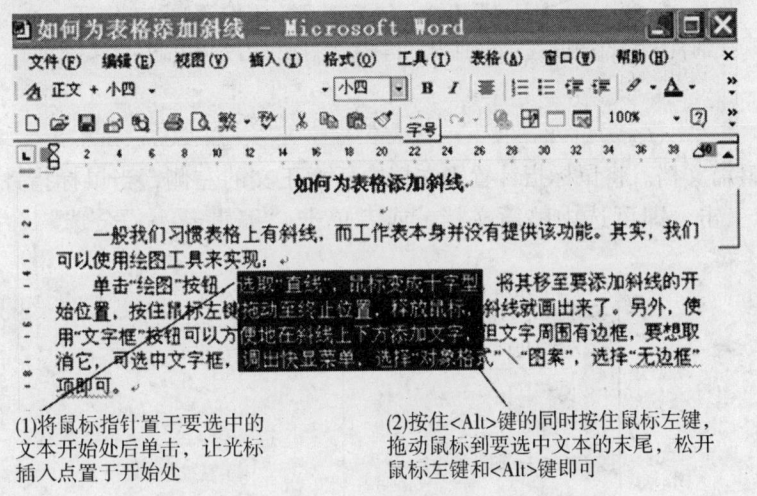

(1)将鼠标指针置于要选中的文本开始处后单击，让光标插入点置于开始处

(2)按住<Alt>键的同时按住鼠标左键，拖动鼠标到要选中文本的末尾，松开鼠标左键和<Alt>键即可

图4-35　选定一块垂直文本

2. 文本的移动、复制

移动、复制是编辑文档工作中最常用的编辑操作。例如，对于一个文档中重复出现的文本，没必要一次一次重复使用输入法输入，对于放置不当位置的文本，可以快速移动到合适位置。有时也可能在两个或者多个文档甚至两个应用程序之间移动或者复制部分内容。

（1）移动文本　移动可以使用两种方法操作。

　　1）使用鼠标拖动。先选中要移动的文本，然后将光标置于选中内容的上方，按下鼠标左键，此时鼠标指针变为"⬚"，将内容拖动到合适的位置后松开鼠标左键即可。

　　2）使用剪切、粘贴命令。先选中要移动的文本，然后单击"编辑"→"剪切"命令（或者单击常用工具栏中的"剪切"按钮✂），这时选中的文本已经消失，找到插入点后，再单击"编辑"→"粘贴"命令（或者单击常用工具栏中的"粘贴"按钮📋）即可，操作步骤如图 4–36 ~ 图 4–39 所示。

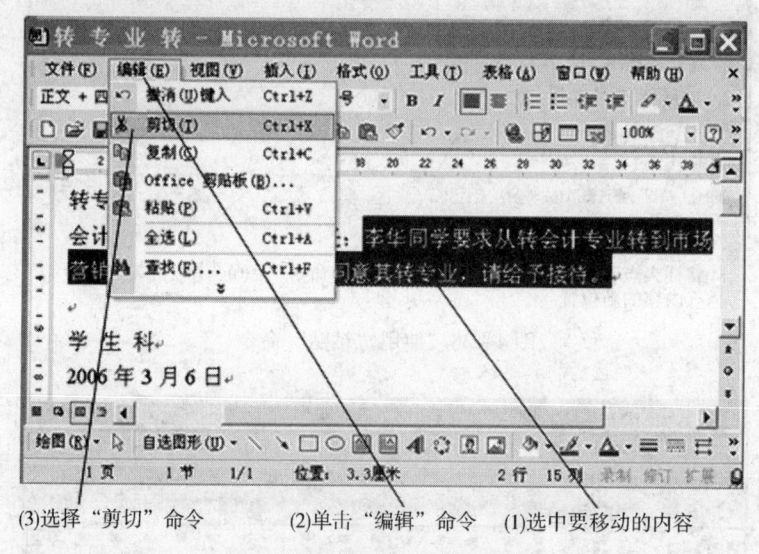

(3)选择"剪切"命令　　　(2)单击"编辑"命令　(1)选中要移动的内容

图 4–36　使用"剪切"命令

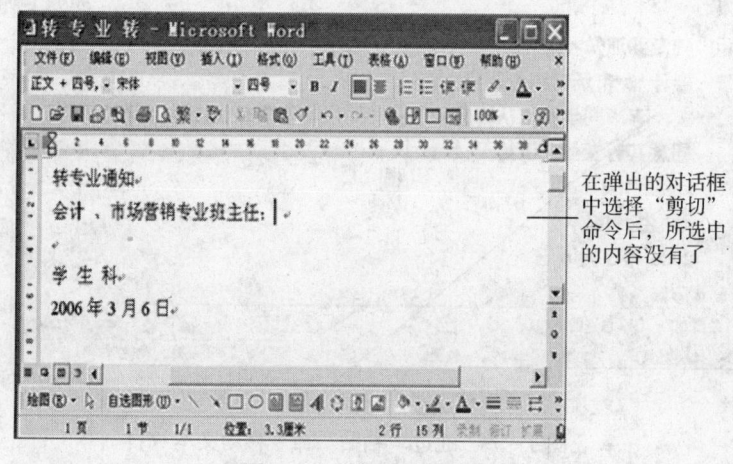

在弹出的对话框中选择"剪切"命令后，所选中的内容没有了

图 4–37　剪切后的文本

　　（2）复制文本　复制文本也可以使用两种方法。

　　1）鼠标拖动。先选中要复制的文本，然后将光标置于选中内容的上方，按下 < Ctrl > 键的同时按下鼠标左键，将内容拖动到合适的位置后松开鼠标左键和 < Ctrl > 键即可。

　　2）使用复制、粘贴命令。先选中要移动的文本，单击"编辑"→"复制"命令（或者单击"常用"工具栏中的"复制"按钮📋），找到插入点后，再单击"编辑"→"粘贴"命令，（或者单击"常用"工具栏中的"粘贴"按钮📋）即可，操作步骤如图 4–40 ~ 图

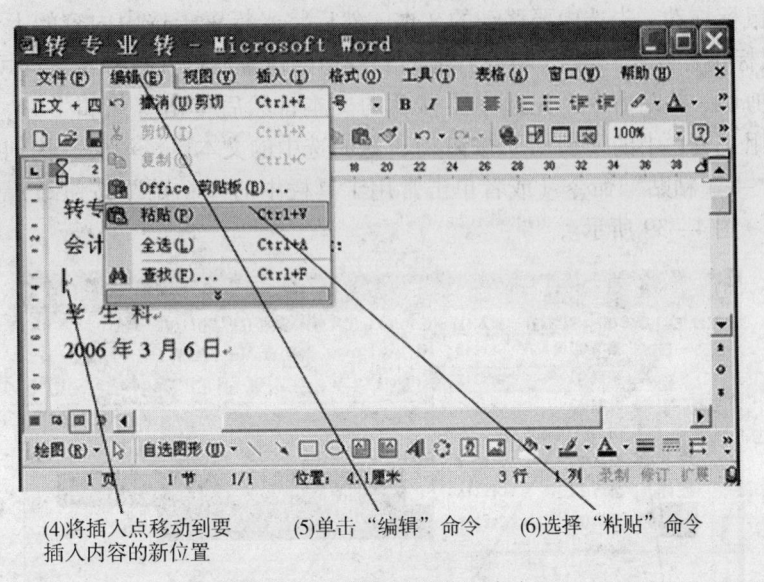

(4)将插入点移动到要　　　(5)单击"编辑"命令　　(6)选择"粘贴"命令
插入内容的新位置

图4-38　使用"粘贴"命令

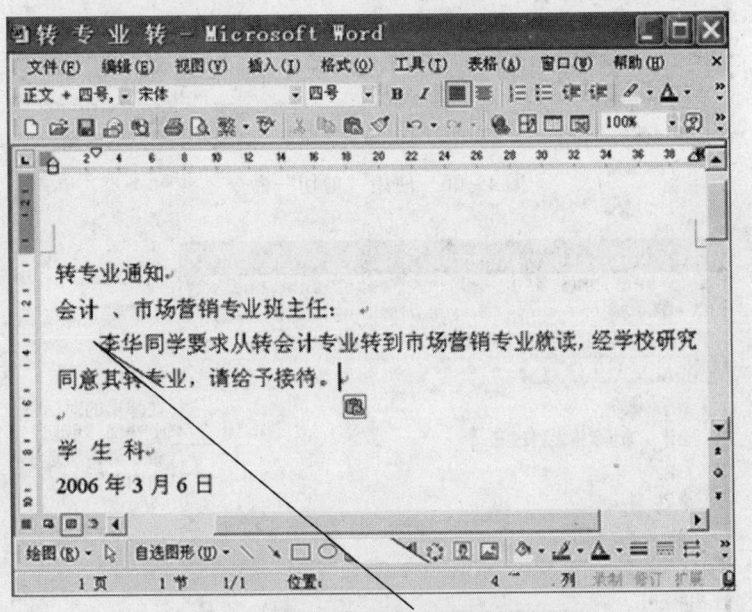

被剪切的内容重新出现在文档新的位置

图4-39　通过"粘贴"命令移动文本

4-42所示（图示中以使用常用工具栏的按钮为例）。

3. 文本的删除

要删除文本，首先选中要删除的内容，然后单击常用工具栏的"剪切"按钮，或者按
<Delete>键删除，或者单击"编辑"→"清除"命令即可。

4.3.4　文本的查找和替换

Word 2003 提供了强大的文本查找和替换功能，通过这个功能可以很方便地找到需要的文本。

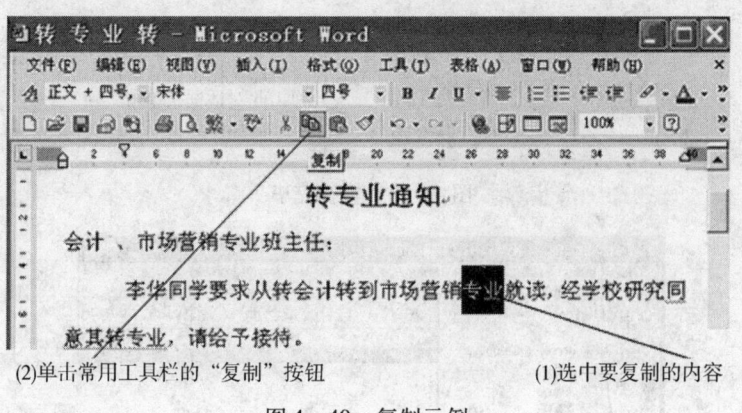

(2)单击常用工具栏的"复制"按钮　　　　　　　(1)选中要复制的内容

图 4 - 40　复制示例

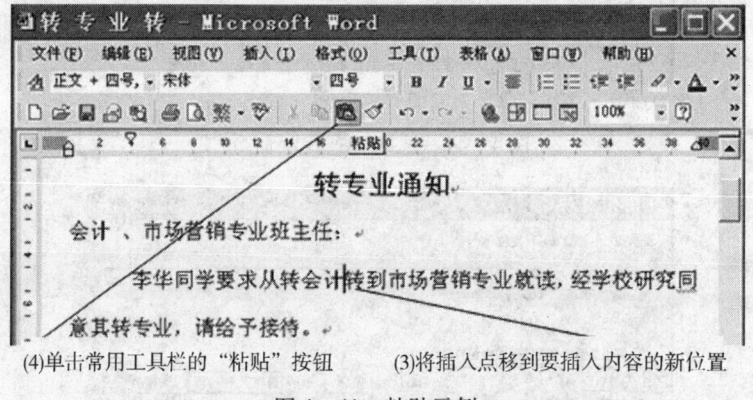

(4)单击常用工具栏的"粘贴"按钮　　　(3)将插入点移到要插入内容的新位置

图 4 - 41　粘贴示例

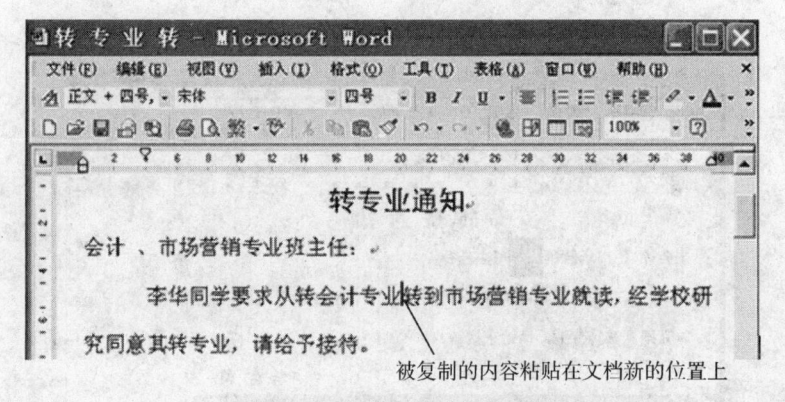

被复制的内容粘贴在文档新的位置上

图 4 - 42　复制、粘贴文本示例

特别是对于较长的文档，在要查找和替换的部分比较多的情况下，使用这个功能就非常方便。

（1）查找　单击"编辑"→"查找"命令后，会弹出"查找和替换"对话框，在对话框的"查找内容"编辑框中输入要查找的内容，单击"查找下一处"按钮，即可不断地查找。如果查找完毕，会弹出如图 4 - 43 所示的"查找和替换"对话框，单击"确定"按钮即可结束查找；如果查找中途要退出，只要单击"取消"按钮或者单击"查找和替换"对话框右上角的"关闭"按钮，即可退出查找功能。详细步骤如图 4 - 44 ~ 图 4 - 46 所示。

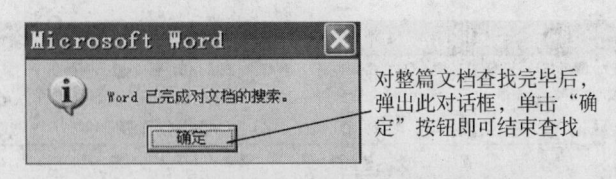

对整篇文档查找完毕后，弹出此对话框，单击"确定"按钮即可结束查找

图4-43 查找完毕

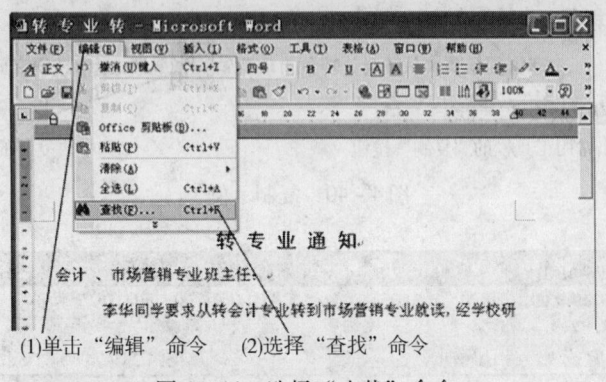

(1)单击"编辑"命令　　(2)选择"查找"命令

图4-44 选择"查找"命令

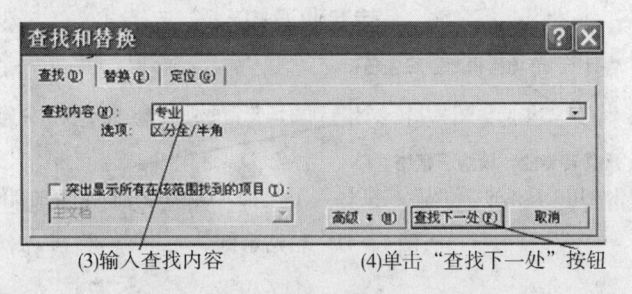

(3)输入查找内容　　　　(4)单击"查找下一处"按钮

图4-45 "查找和替换"对话框

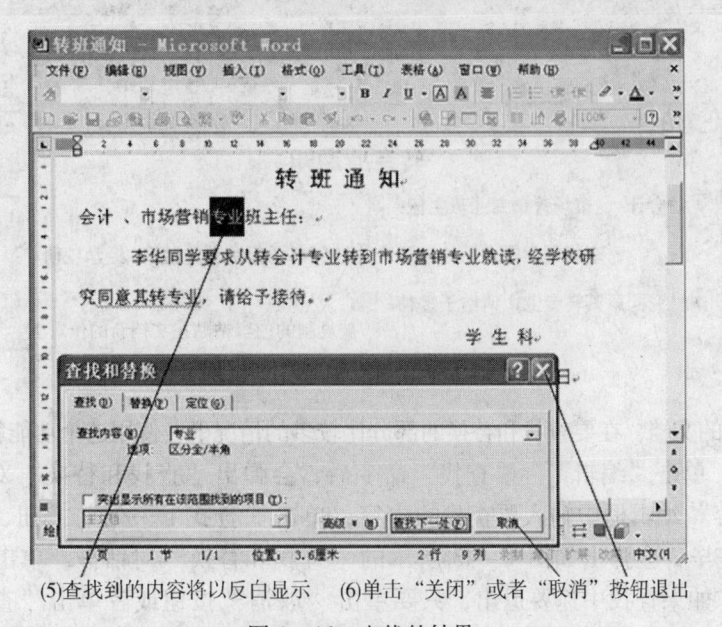

(5)查找到的内容将以反白显示　(6)单击"关闭"或者"取消"按钮退出

图4-46 查找的结果

此外，如果用户要查找一些带有格式的内容，或者缩小查找范围等，可以设定一些高级选项。具体操作：单击"查找和替换"对话框中的"高级"按钮，在这里可以进行特殊符号查找，按格式查找，使用通配符查找等。打开高级选项后的"查找和替换"对话框如图 4－47 所示。

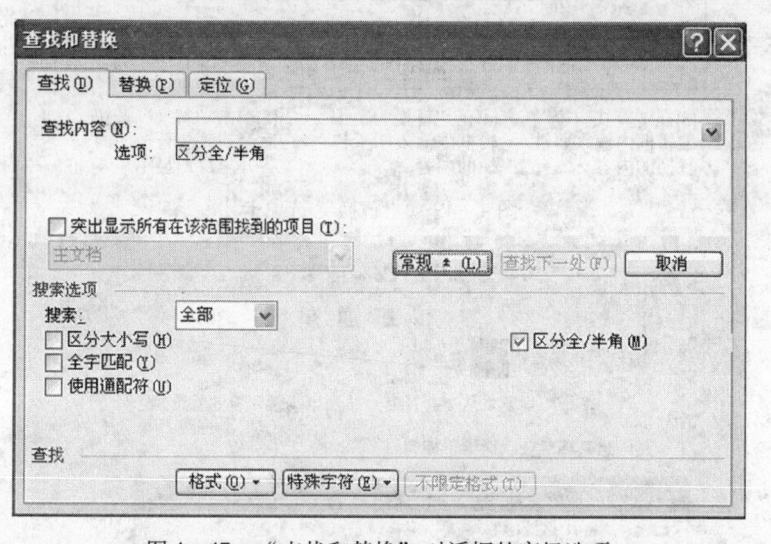

图 4－47　"查找和替换"对话框的高级选项

（2）替换　在编辑文档时，有时需要对整个文档中的某些字或者词组进行修改，这时可以使用替换命令进行操作，这样可以加速修改文档的速度，又可以避免重复操作。具体方法是：单击"编辑"→"替换"命令，会弹出"查找和替换"对话框，在对话框的"查找内容"编辑框中输入要被替换的内容，在"替换为"编辑框中输入用于替换的文本，单击"替换"按钮，即可不断地替换。如果要全部替换，则直接单击"全部替换"按钮即可。详细步骤如图 4－48 ~ 图 4－52 所示。

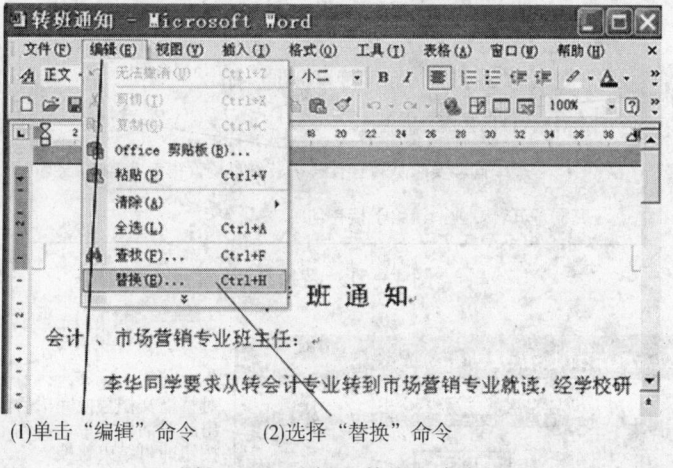

(1)单击"编辑"命令　　　(2)选择"替换"命令

图 4－48　选择"替换"命令

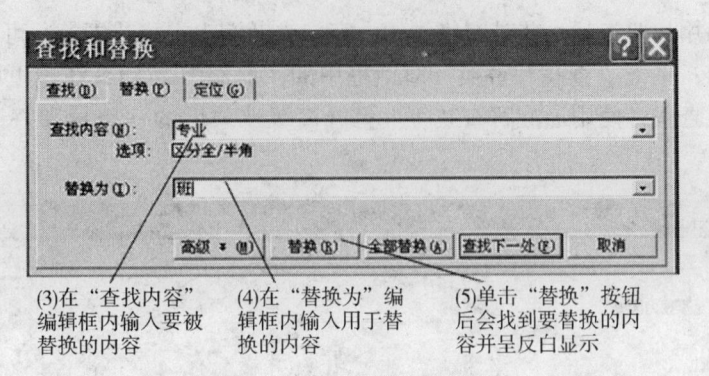

(3)在"查找内容"
编辑框内输入要被
替换的内容

(4)在"替换为"编
辑框内输入用于替
换的内容

(5)单击"替换"按钮
后会找到要替换的内
容并呈反白显示

图4-49   "替换"选项卡

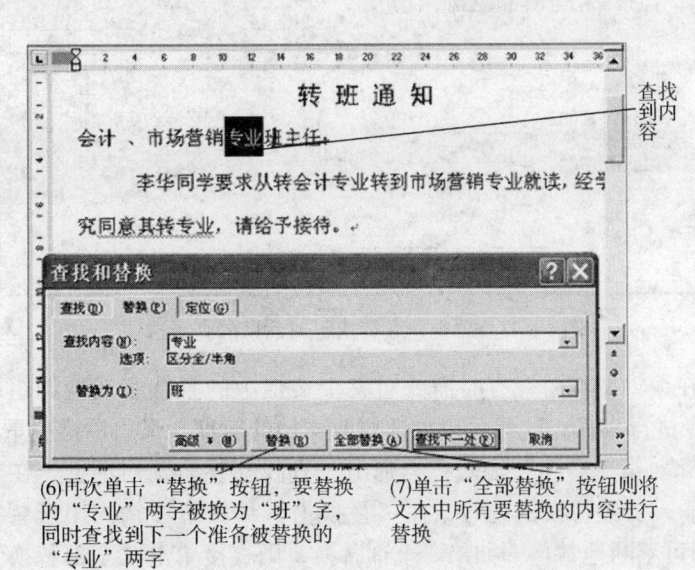

(6)再次单击"替换"按钮,要替换
的"专业"两字被替换为"班"字,
同时查找到下一个准备被替换的
"专业"两字

(7)单击"全部替换"按钮则将
文本中所有要替换的内容进行
替换

图4-50   "替换"与"全部替换"

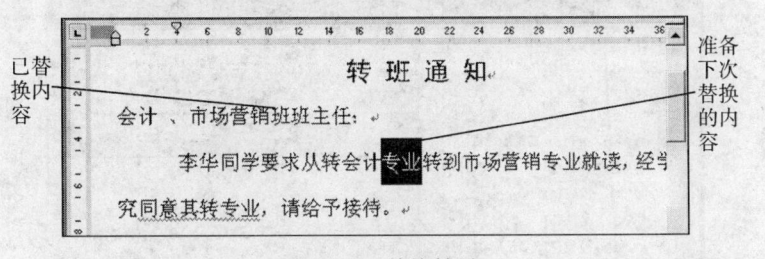

图4-51   替换结果

对整篇文档替换完毕后,弹
出此对话框,单击"确定"
按钮即可结束替换

图4-52   替换完毕

76

4.3.5　撤销、恢复和重复操作

在编辑或者输入文本时，会出现一些错误操作，这时，使用 Word 2003 的撤销、恢复和重复命令就可以很方便地修正过来。

（1）撤销　撤销主要是针对刚输入的文本或者刚执行的某个命令来说的。如果刚才的操作有误，可以使用此命令：单击"编辑"→"撤销键入"命令（见图 4–53）；或者单击常用工具栏上的"撤销"按钮，此操作可撤销多步操作（见图 4–54）；或者从撤销的下拉菜单中选择相应的操作，撤销到相应的一步（见图 4–55）。

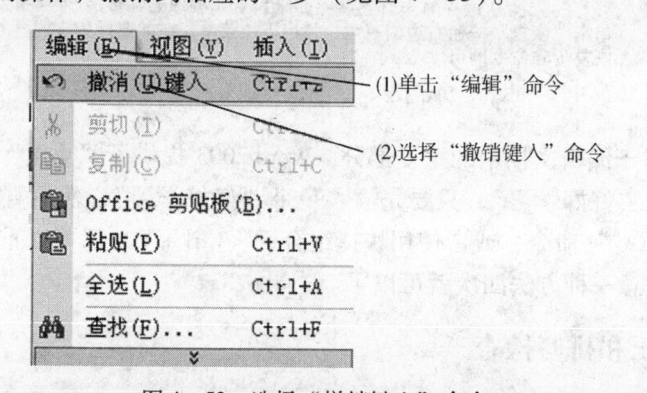

图 4–53　选择"撤销键入"命令

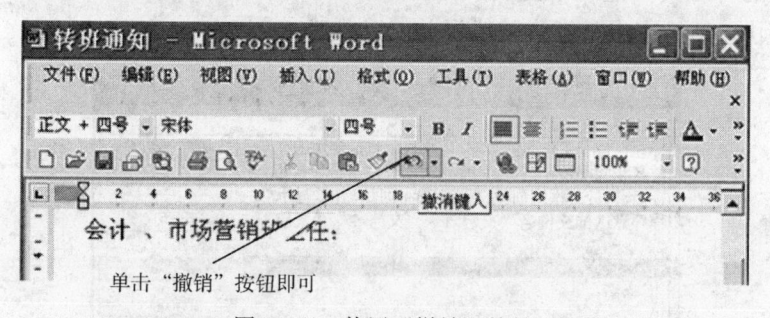

单击"撤销"按钮即可

图 4–54　使用"撤销"按钮

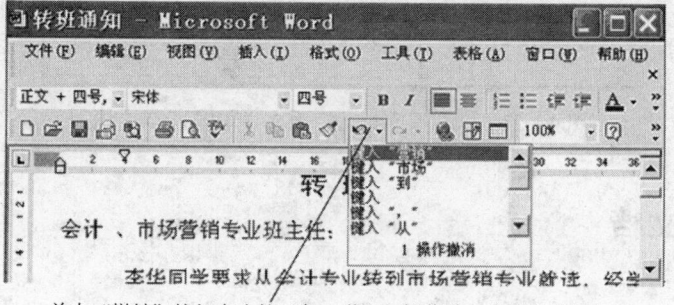

单击"撤销"按钮右边的三角，弹出下拉菜单，在此选择相应的撤销步骤

图 4–55　"撤销"下拉菜单

（2）恢复　如果是错误"撤销"了某种操作，可以使用"恢复"命令来恢复到"撤销"前的文档状态：单击"常用"工具栏的"恢复"按钮即可。和"撤销"操作一样，可恢复

多步操作，也可以从恢复下拉菜单中选择相应的操作，恢复到相应的一步，如图 4 – 56 所示。

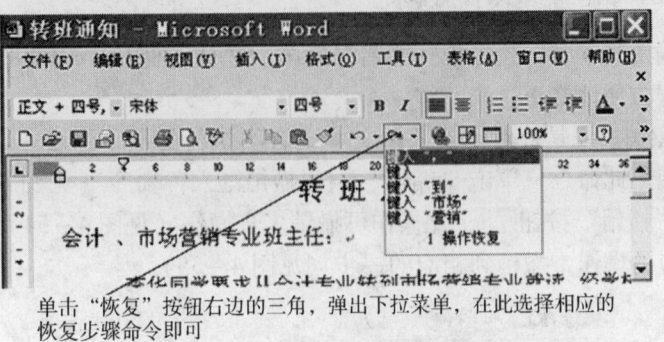

单击"恢复"按钮右边的三角，弹出下拉菜单，在此选择相应的
恢复步骤命令即可

图 4 – 56　恢复下拉菜单

（3）重复　对于编辑文档中的重复部分，Word 2003 提供了"重复"的功能。例如，如果要重复输入五个"好好学习"，只要先输入一个"好好学习"，然后直接按 < F4 > 或者单击"编辑"→"重复"命令，或者使用快捷组合键 < Ctrl + Y > 都可以重复输入。只要重复以上三种方法的任意一种方法四次就可以了。

4.3.6　自动更正和拼写检查

在菜单栏的"工具"选项中提供了"拼写和语法"改错功能（见图 4 – 57）。通过此项功能用户能够快速地检查出文章中的错误并加以改正。

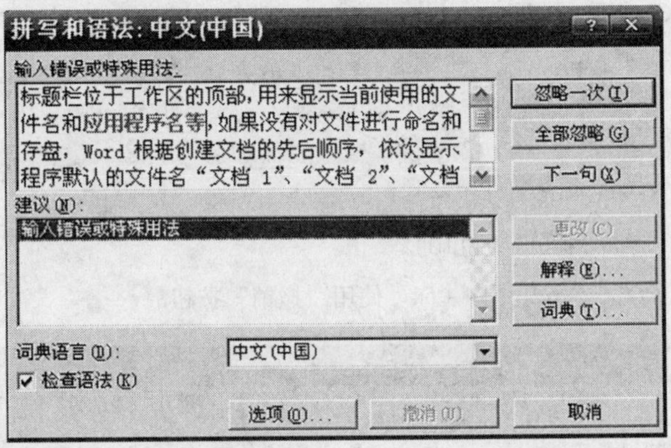

图 4 – 57　"拼写和语法：中文（中国）"对话框

4.4　格式化文档

4.4.1　字符格式化

Word 2003 可以对文字、数字、标点及特殊符号等字符进行字体、字符间距和文字效果的处理。

字符格式化的步骤：选中要进行编辑的文字，单击"格式"→"字体"命令，出现"字体"对话框，在"字体"选项卡中可以对字体、字形、字号、文字颜色以及文字效果等

进行设置；在"字符间距"选项卡中对字符的比例大小以及字符之间的距离进行设置；在"文字效果"选项卡中可以对文字的动态效果进行设置，最终满足用户的需要。详细步骤如图 4 - 58 ~ 图 4 - 61 所示。

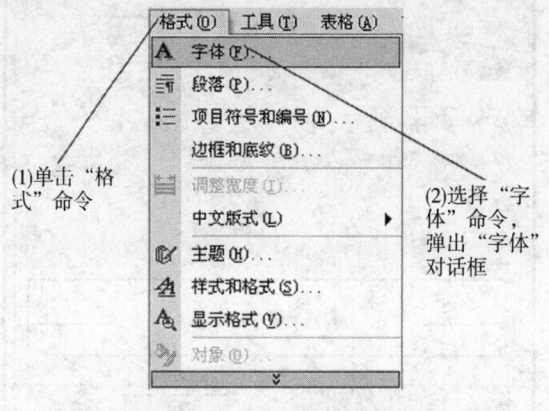

图 4 - 58　选择"字体"命令

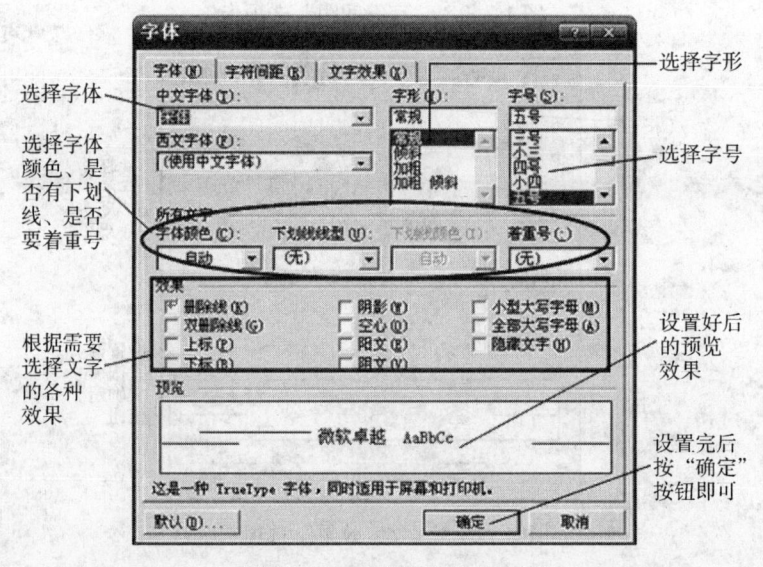

图 4 - 59　"字体"选项卡

4.4.2　段落格式化

Word 2003 提供了对文章段落的格式进行处理的功能，使用此功能能够使文章的段落结构满足用户的各种需要。

首先，选中要进行编辑的段落；然后在菜单栏中单击"格式"→"段落"命令（见图 4 - 62），出现"段落"对话框（见图 4 - 63 ）。在"缩进和间距"选项卡中可以对段落的对齐方式、段落的缩进量以及段落前后的间距和行距等进行设置；在"换行和分页"选项卡（见图 4 - 64 ）中可以对段落进行页面的划分设置；在"中文版式"选项卡（见图 4 - 65 ）中可以对段落的整体版式进行设置，最终满足用户的需要。

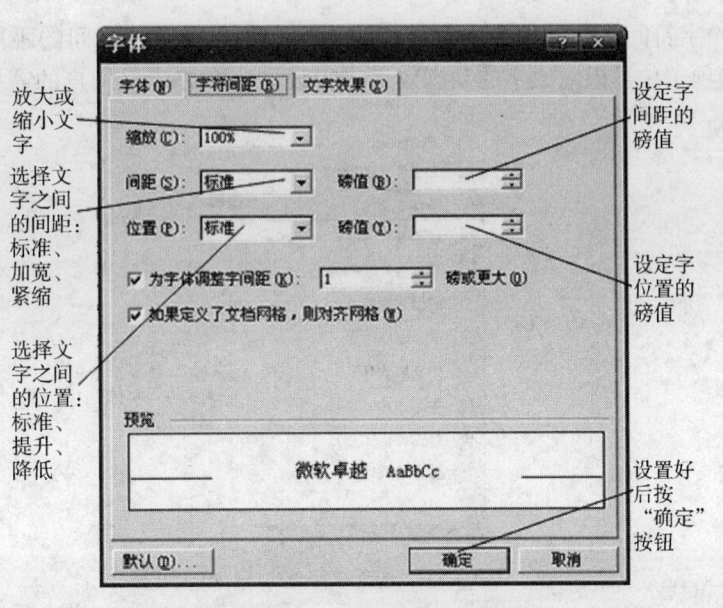

放大或
缩小文字

选择文字之间
的间距：
标准、
加宽、
紧缩

选择文字之间
的位置：
标准、
提升、
降低

设定字
间距的
磅值

设定字
位置的
磅值

设置好
后按
"确定"
按钮

图4-60 "字符间距"选项卡

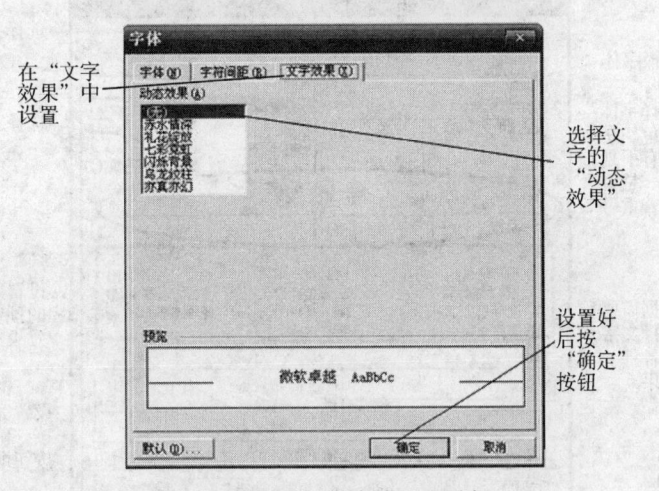

在"文字
效果"中
设置

选择文
字的
"动态
效果"

设置好
后按
"确定"
按钮

图4-61 "文字效果"选项卡

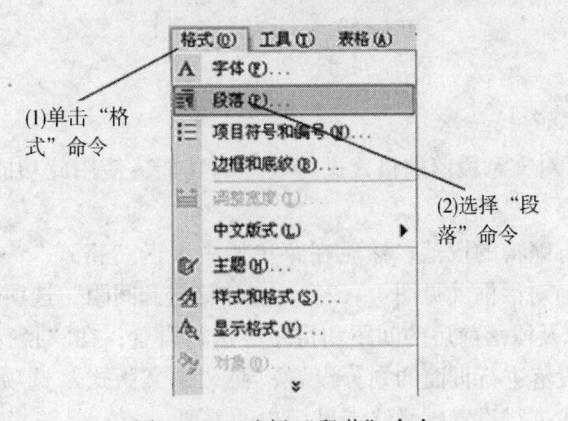

(1)单击"格
式"命令

(2)选择"段
落"命令

图4-62 选择"段落"命令

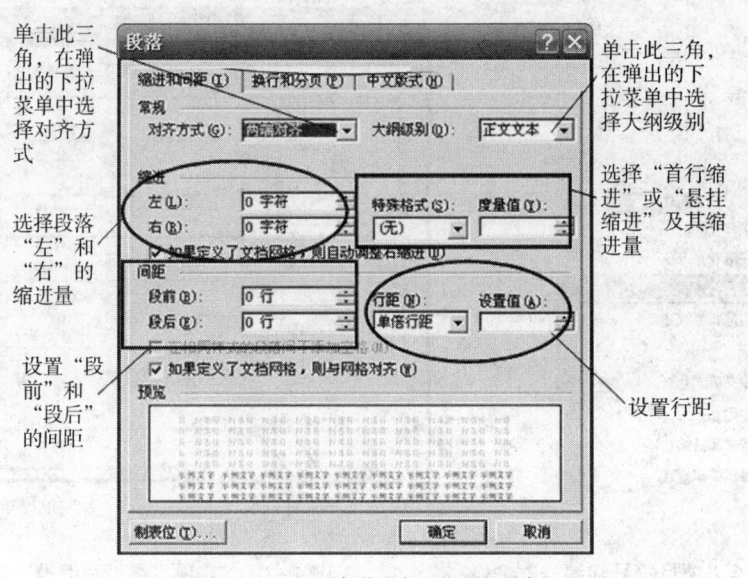

单击此三角，在弹出的下拉菜单中选择对齐方式

单击此三角，在弹出的下拉菜单中选择大纲级别

选择"首行缩进"或"悬挂缩进"及其缩进量

选择段落"左"和"右"的缩进量

设置"段前"和"段后"的间距

设置行距

图 4 - 63　"缩进和间距"选项卡

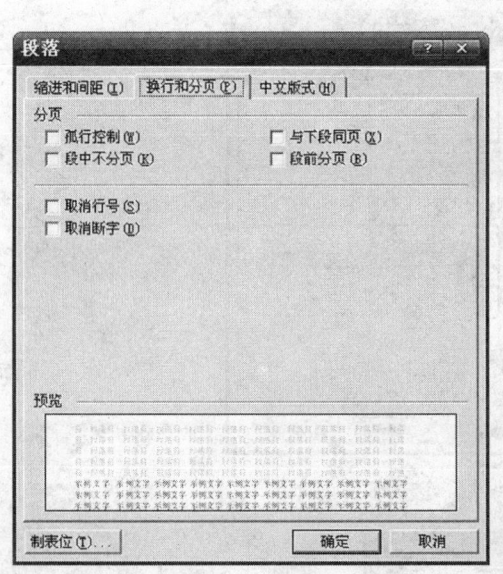

图 4 - 64　"换行和分页"选项卡

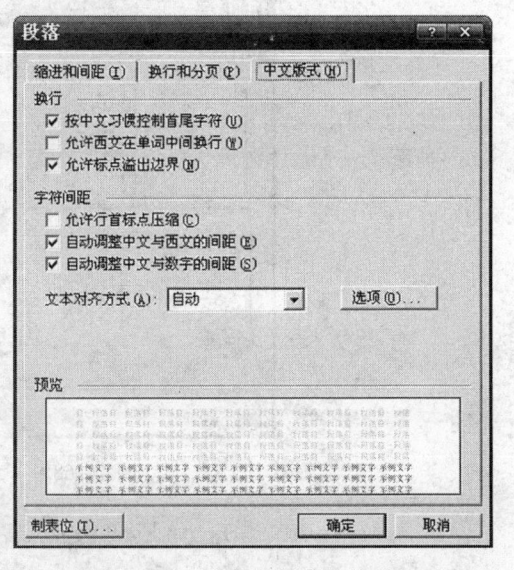

图 4 - 65　"中文版式"选项卡

4.4.3　项目符号

Word 2003 提供了对文章的段落添加项目符号和编号的功能，使用此功能能够使文章的段落层次分明。

首先，选择要进行编辑的段落；然后在菜单栏中单击"格式"→"项目符号和编号"命令（见图 4 - 66），弹出"项目符号和编号"对话框（见图 4 - 67）。依据需要选择"项目符号"选项卡（见图 4 - 67）或者"编号"选项卡（见图 4 - 68）对段落进行编辑，如果所显示的符号或者编号不能满足需要，还可以单击右下角的"自定义"按钮，出现如图 4 - 69 所示的"自定义编号列表"对话框，在这里对项目符号和编号的格式进行设置。

如果要对段落进行分层设置，也可以选择"多级符号"选项卡（见图 4 - 70）进行设置。

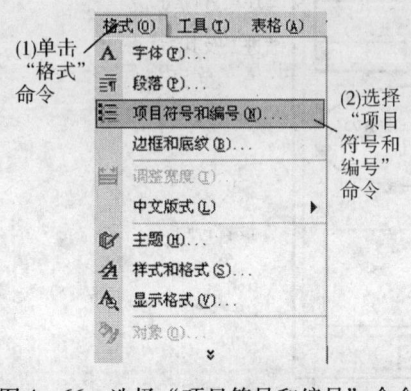

(1)单击"格式"命令

(2)选择"项目符号和编号"命令

图4-66 选择"项目符号和编号"命令

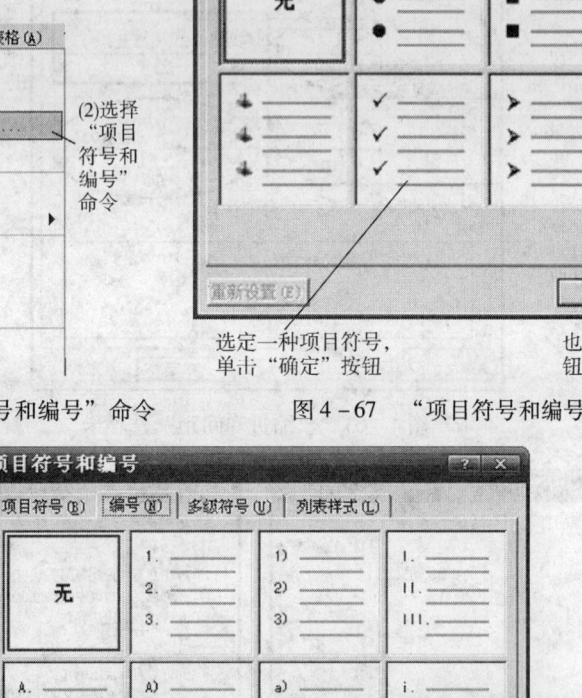

选定一种项目符号，单击"确定"按钮

也可单击"自定义"按钮来自定义项目符号

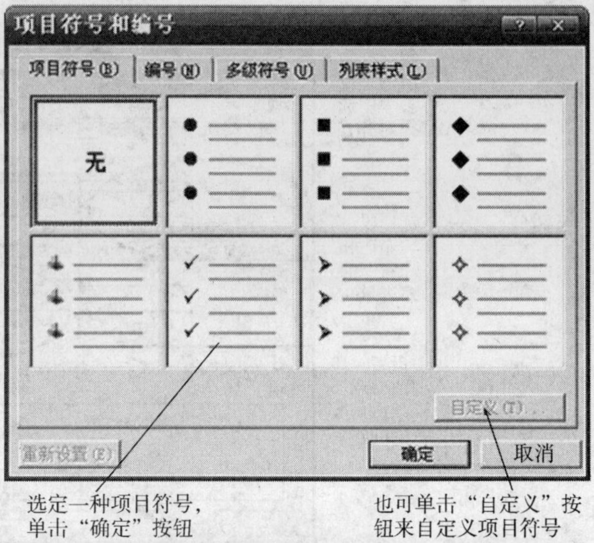

图4-67 "项目符号和编号"对话框

图4-68 "编号"选项卡

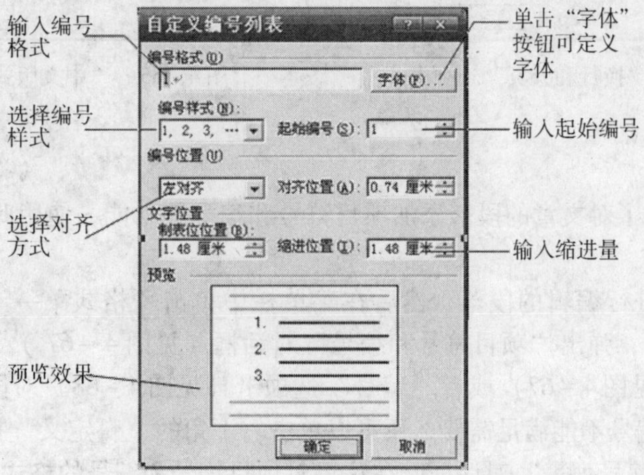

输入编号格式

选择编号样式

选择对齐方式

预览效果

单击"字体"按钮可定义字体

输入起始编号

输入缩进量

图4-69 "自定义编号列表"对话框

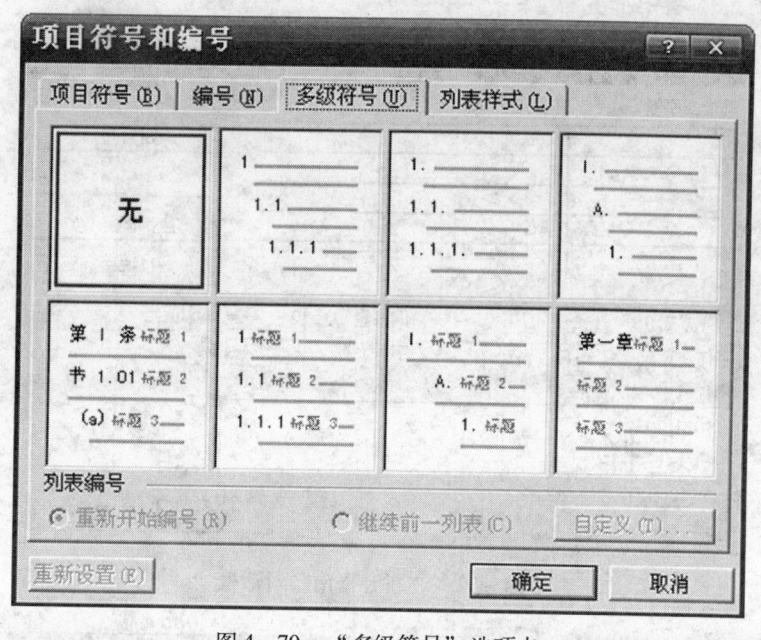

图 4 - 70　"多级符号"选项卡

4.4.4　特殊的中文版式

　　如果对文章的版式有特殊的要求，可以通过在菜单栏中选择"格式"→"中文版式"（见图 4 - 71）命令，在其中可以选择"拼音指南"（见图 4 - 72）对所选文字添加拼音，也可以选择"带圈字符"（见图 4 - 73）、"纵横混排"（见图 4 - 74）、"合并字符"（见图 4 - 75）、"双行合一"（见图 4 - 76）等为版式设置特殊的形式。

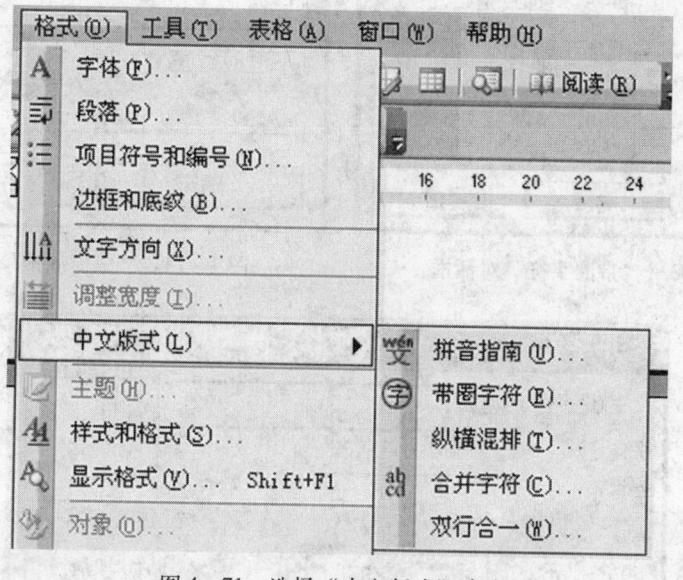

图 4 - 71　选择"中文版式"命令

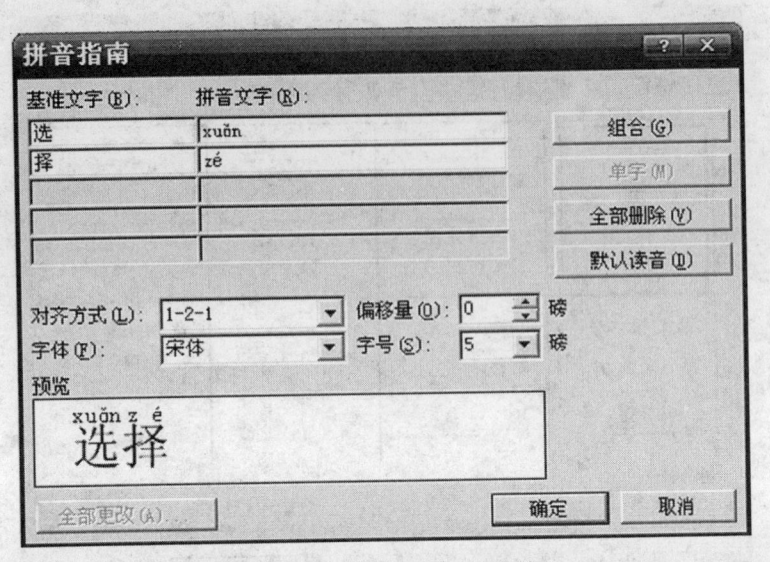

图 4-72　"拼音指南"对话框

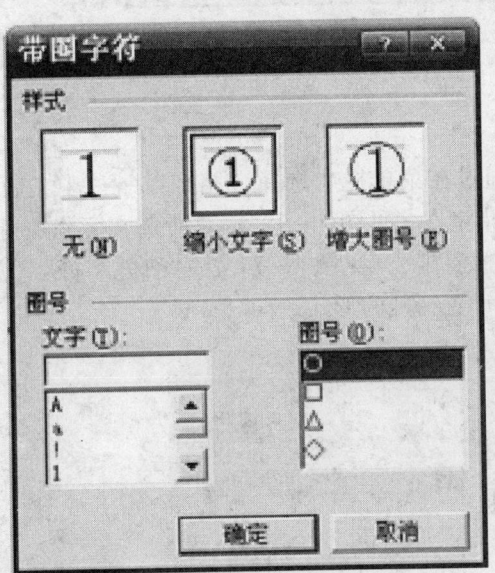

图 4-73　"带圈字符"对话框

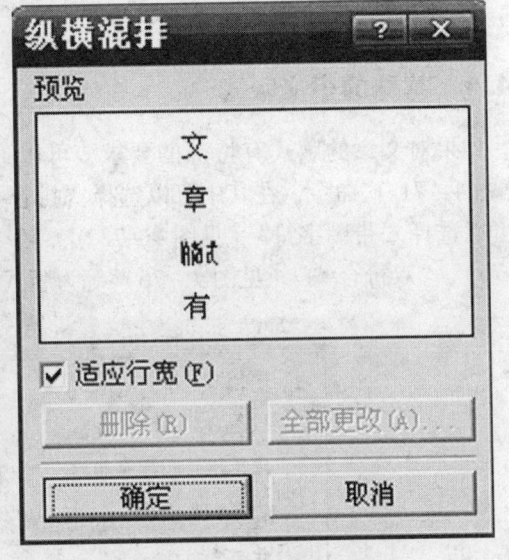

图 4-74　"纵横混排"对话框

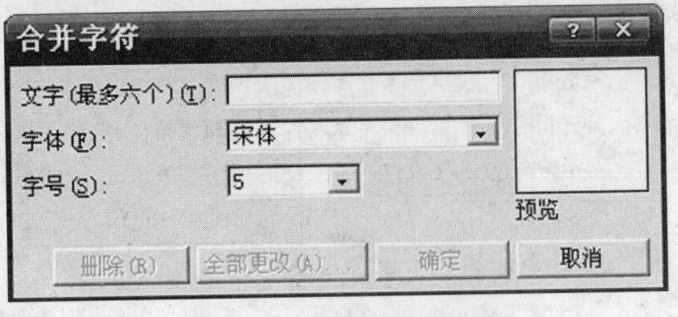

图 4-75　"合并字符"对话框

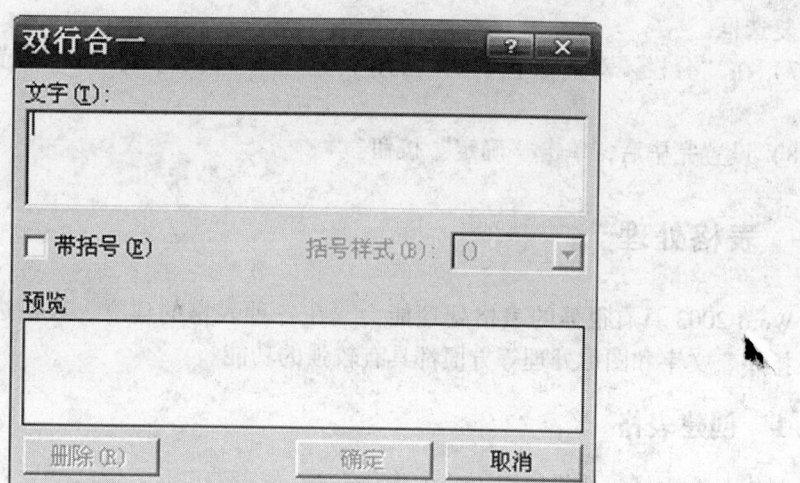

图 4-76　"双行合一"对话框

4.4.5　分栏

分栏的操作步骤如下。

1）保持在页面视图下，选中文档中需要设置为分栏格式的文本。

2）单击"格式"→"分栏"命令，如图 4-77 和图 4-78 所示。

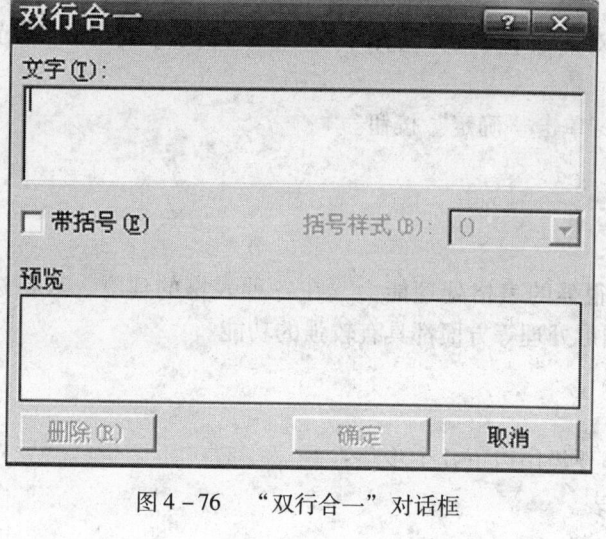

图 4-77　选择"分栏"命令　　　　图 4-78　"分栏"对话框

3）在"预设"一栏内选择要为文档分栏的数目。

4）当用户想为文档分栏的数目超过三栏时，可在"栏数"后的文本框中输入分栏数或利用微调按钮来选择所需要的分栏数。

5）在"宽度和间距"一栏内，可以设置栏宽以及栏与栏之间的距离。

6）如果用户需要在栏与栏之间使用分隔线，则可以勾选"分栏"对话框中的"分隔线"复选框。

7）在"分栏"对话框下方的"应用于"下拉列表框中确定分栏设置所应用的范围是否正确。

8）设置完毕后，单击"确定"按钮。

4.5 表格处理

Word 2003 具有很强的表格处理能力，在各种表格的建立、表格边框的处理、数据计算、排序、文字和图形处理等方面都具有较强的功能。

4.5.1 创建表格

制作一个表格，要经历以下几个步骤：

1）制作一个空表。

2）输入文字。

3）调整列宽和行高。

4）编辑排版。

一个完整的表格主要由以下几个部分组成：

1）标题：表格的名称。

2）表头：也叫标题行，是表格的第一行。

3）行：用于显示一条完整的记录。

4）列：由不同记录的同一类值组成。

5）单元格：是表格的最基本的组成部分。

6）边框：分外边框和内边框。

若一个表格中的每一行的单元格数目（或每一列的单元格数目）相等，称该表格为一个规范表格。规范表格是最简单也是最容易处理的表格，任何复杂的表格都是在规范表格的基础上通过一系列的处理得到的。下面通过制作一个规范表格，来掌握制作表格的几种方法。

1. 用菜单创建表格

1）将光标定位于需要创建表格的位置上，在菜单上单击"表格"→"插入"→"表格"命令，弹出"插入表格"对话框，如图 4-79 所示。

2）在"列数"、"行数"中输入（或通过右侧的小三角选择）表格所包含的行数和列数。

3）选择"固定列宽"单选按钮，并在右边的微调框中输入所需要的列宽。如果在微调框中选择默认的"自动"，则在设置的左、右页边界之间插入列宽相等的表格。如果选择"根据内容调整窗口"，所建表格的列宽随输入内容的变化而变化。如果选择"根据窗口调整表格"选项，则效果与选择"固定列宽"中的"自动"一样。

2. 用工具栏创建表格

使用"常用"工具栏中的"插入表格"按钮创建表格，操作步骤如下：

1）将光标定位于需要创建表格的位置上。

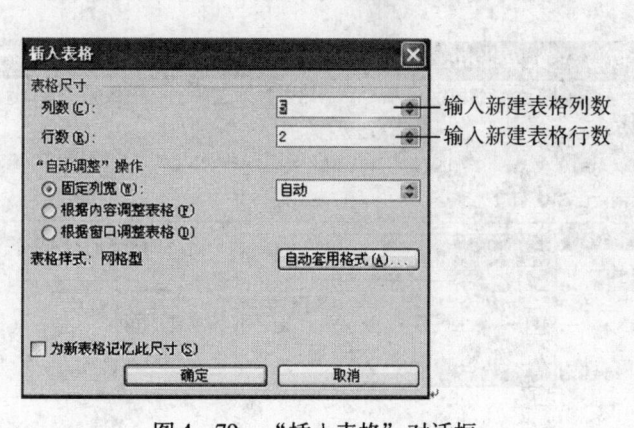

图 4 - 79　"插入表格"对话框

2）用鼠标左键单击常用工具栏中的"表格"按钮，弹出一个由 4 行 5 列表格组成的表格选择框。

3）在该表格选择框中按住鼠标左键并拖动鼠标，直到出现所需的行数和列数后，释放鼠标左键，如图 4 - 80 所示。

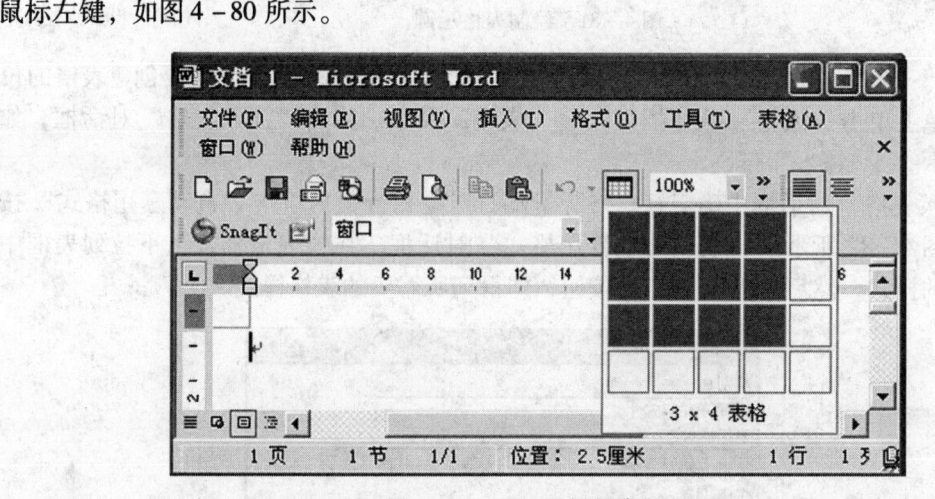

图 4 - 80　用工具栏创建表格

3. 用"绘制表格"方法创建表格

用"绘制表格"工具可以如同用笔一样在页面上随意绘制表格。

操作步骤：打开"表格和边框"工具栏，在工具栏上单击"绘制表格"（铅笔形状）按钮，文档窗口中的鼠标指针变成铅笔形状，然后可以在页面上随意绘制所需表格。在绘制表格前，可在"表格和边框"工具栏中选择所需"线型"、"线条粗细"和"边框颜色"。

如果表格中的某些线条画错了，可以单击"表格和边框"工具栏中的"擦除"（橡皮形状）按钮，用鼠标拖动"橡皮"可擦除表格线。

例：用绘制表格的方法绘制如下表格，结果如图 4 - 81 所示。

4.5.2　自动套用格式

为了提高用户的工作效率，Word 2003 提供了 45 种专业报表格式，用户可以套用这 45 种格式。

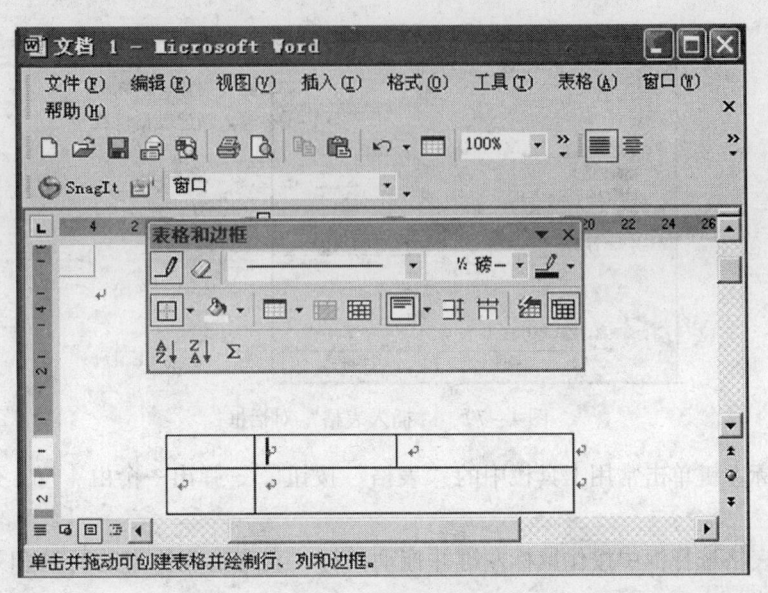

图4-81 绘制表格示例

操作步骤：如果还未创建表格，则制表后可直接套用。将光标定位于需要创建表格的位置上。在菜单上单击"表格"→"插入"→"表格"命令。弹出"插入表格"对话框，如图4-79所示。

在"插入表格"对话框中确定好表格所需要的列数和行数后单击"自动套用格式"按钮，弹出如图4-82所示的"表格自动套用格式"对话框。在"表格样式"下拉列表框中选择所需要的样式，然后单击"确定"按钮，即得到所需要的表格样式。

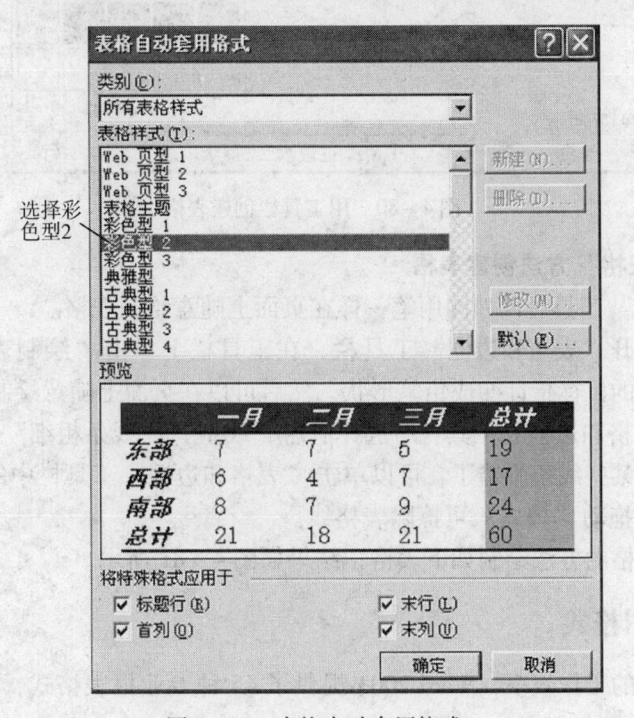

图4-82 表格自动套用格式

4.5.3 表格的编辑

实际应用中的表格是复杂多样的，不都是规范表格。因此，创建的规范表格往往要经过适当修改，才能满足实际应用的要求。

1. 表格的选取

对表格的行、列进行编辑操作前，必须先选择操作的对象。

（1）选择单个单元格 将光标移到某一个单元表格的左边，当光标变为黑色小反向箭头形状（见图 4-83）时，单击鼠标左键。

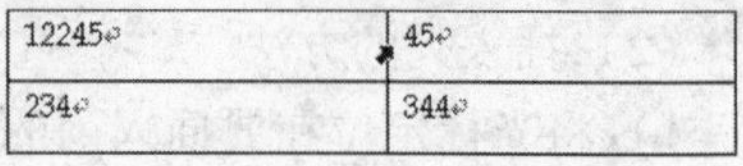

（2）选择多个单元格 选择多个连续的单元格，首先将光标定位在起始单元格，然后按下鼠标左键向终止单元格拖动鼠标即可；或选定开始单元格，然后

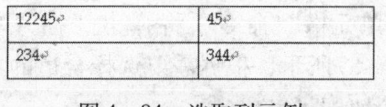

图 4-83　选取单元格示例

按住 <Shift> 键并单击结束处单元格，可选定从开始单元格到结束单元格的矩形单元格区域。

选择多个不连续的单元格的前提是用户已经选择至少一个单元格，然后按下 <Ctrl> 键不放，用鼠标单击需要选择的单元格。

（3）选取表格的一行或一列 将光标移到表格某行（列）的左边（上方），当鼠标指针变为一个向右（或向下的）黑色箭头（见图 4-84）时，单击鼠标左键。

图 4-84　选取列示例

（4）选定多行或多列表格 将鼠标指针移动到表格开始行的左边，当鼠标指针变为空心右向箭头时，按住鼠标左键并拖动，可选定拖过的表格行，如图 4-85 所示。将鼠标指针移动到表格开始列的上方，当鼠标指针变为实心向下的箭头时，按住鼠标左键并拖动，可选定拖过的表格列。

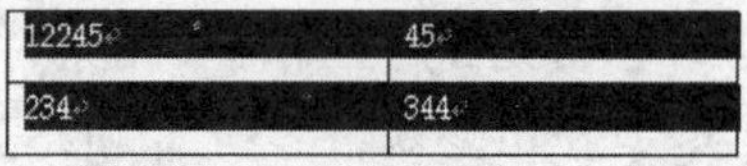

图 4-85　选取多行示例

（5）选择整个表格 将光标移到表格内，当表格左上角出现"表格移动手柄"⊞时，单击该"表格移动手柄"，可选中整个表格。

在 Word 2003 中，还可以利用单击"表格"→"选择"命令进行单元格、行、列的选择。如图 4-86 所示。

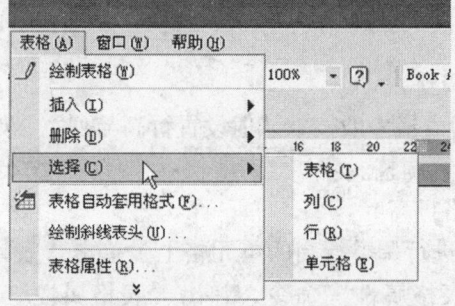

图 4-86　用菜单选定行、列、单元格示例

2. 给表格添加行、列、单元格

（1）插入行的方法

1）将光标定位在要插入行的单元格中。

2）要在所选中行的上方插入行，可选择"表格"→"插入"→"行（在上方）"命令。

3）要在所选中行的下方插入行，可选择"表格"→"插入"→"行（在下方）"命令。

（2）插入列的方法

1）将光标定位在要插入列的单元格中。

2）要在所选中列的左侧插入列，可选择"表格"→"插入"→"列（在左侧）"命令。

3）要在所选中列的右侧插入列，可选择"表格"→"插入"→"列（在右侧）"命令。

（3）插入单元格　先将光标定位于需要插入单元格的相邻的某个单元格中，然后单击"表格"→"插入"→"单元格"命令，将弹出"插入单元格"对话框，如图4-87所示，根据需要选择合适的项目，然后单击"确定"按钮即可完成。

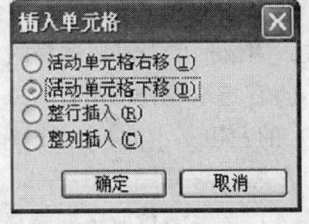

图4-87　"插入单元格"对话框

3. 删除表格的行、列及单元格

1）将光标定位于需要删除的单元格内。

2）单击"表格"→"删除"命令，弹出下一级子菜单，从中选择合适的命令。

4. 移动、复制或删除单元格中的内容。

1）选中需要移动（或复制）的单元格内容，单击"常用"工具栏中的"剪切"（或"复制"）按钮。

2）移动鼠标到目的单元格，单击"粘贴"按钮。选定内容将移动（或复制）到当前单元格。

3）清除单元格中的内容时，选定需清除的单元格中的内容后，单击"编辑"→"清除"→"内容"或按＜Delete＞键即可。

4.5.4　表格的设置

1. 表格行高和列宽的调整

在 Word 2003 中创建的表格一般按默认值设置行高与列宽，如果不符合要求，可以通过"表格属性"对话框对其进行调整。

（1）通过菜单调整表格行高

1）将光标移动到需要进行调整行高的单元格上，单击"表格"→"表格属性"命令，或单击鼠标右键，选择"表格属性"命令，弹出"表格属性"对话框，选择"行"选项卡，如图4-88所示。

2）在"行"选项卡中选中"指定高度"复选框，在"指定高度"微调框中输入需要的行高数值。在"行高值是"下拉列表框中可选"最小值"或"固定值"。

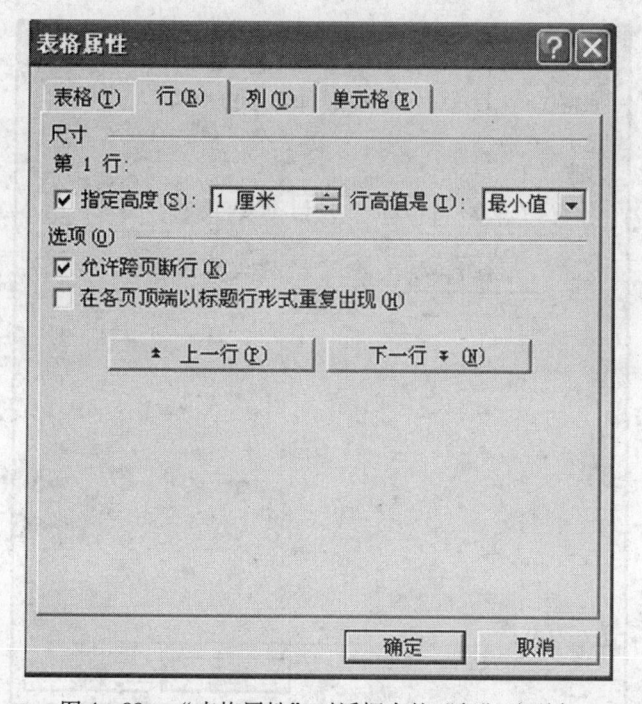

图 4 – 88　"表格属性"对话框中的"行"选项卡

3）若有其他行的行高需要调整，可单击"上一行"或"下一行"按钮。完成后，单击"确定"按钮。

（2）用菜单调整表格列宽

1）将光标移动到需要进行调整列宽的任意单元格上，单击"表格"→"表格属性"命令，或单击鼠标右键，选择"表格属性"命令，弹出"表格属性"对话框，选择"列"选项卡，如图 4 – 89 所示。

2）在"列"选项卡中选中"指定宽度"复选框，在"指定宽度"微调框中输入需要的列宽数值。在"列宽单位"下拉列表框中可选"百分比"或"厘米"。

3）若有其他列的列宽需要调整，可单击"前一列"或"后一列"按钮。完成后，单击"确定"按钮。

（3）用鼠标调整行高和列宽的方法　将鼠标指针移动到表格线上，当指针变成双垂直或双水平细线（带有左右或上下的双向箭头）时，按住鼠标左键向左右（或上下）拖动，直到宽度（或高度）合适时松开鼠标左键，则可调整表格的列宽或行高。

比较上述几种方法，用鼠标拖动的方法调整行高或列宽，简单快捷，但不精确，只能靠眼睛来判断。对于要求比较精确的表格，无法做到。这时只能用"表格属性"来进行调整。

2. 设置对齐方式

单元格中文字的对齐方式共有 9 种，即"靠上两端对齐"、"靠上居中"、"靠上右对齐"、"中部两端对齐"、"中部居中"、"中部右对齐"、"靠下两端对齐"、"靠下居中"和"靠下右对齐"，设置方法如下。

（1）通过"表格和边框"工具栏设置对齐方式

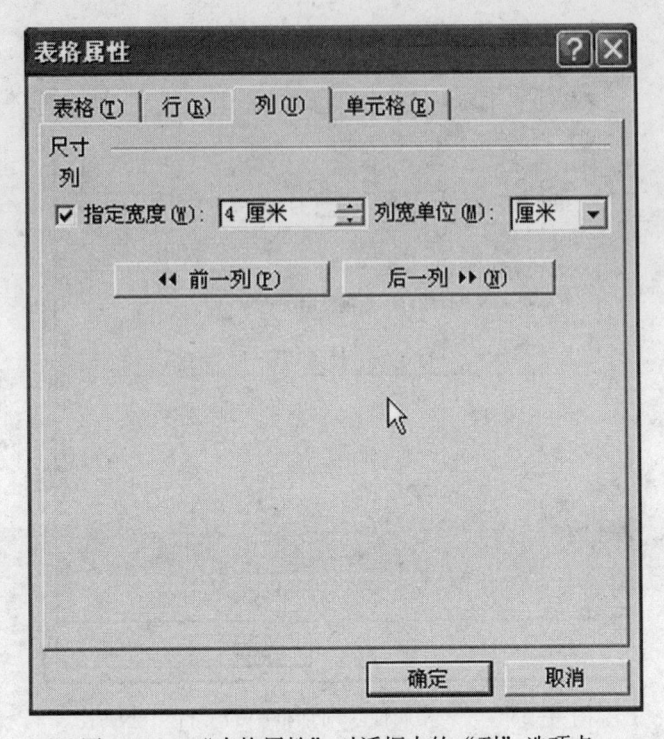

图4-89 "表格属性"对话框中的"列"选项卡

1）选定要设置文字对齐方式的单元格，可以是一个单元格，也可以是多个单元格。

2）单击常用工具栏中的"表格和边框"按钮囲，打开表格和边框工具栏，在该工具栏中单击按钮回·旁的黑色小三角，弹出对齐方式的列表框，如图4-90所示。

3）在列表框中选择一种对齐方式即可。

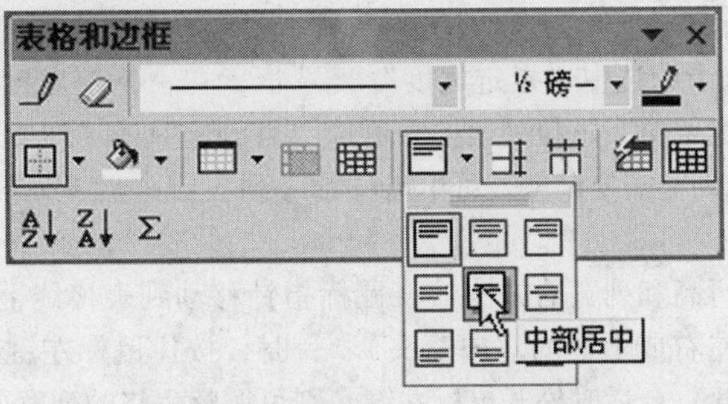

图4-90 在"表格和边框"工具栏中设置对齐方式

（2）在"表格属性"对话框中设置对齐　在"表格属性"对话框的"表格"选项卡中可以设置表格在页面中的对齐方式、表格与其周围的环绕方式、表格相对于左边界的缩进量等，如图4-91所示。表格的对齐方式有左对齐、居中、右对齐。

在"表格属性"对话框的"单元格"选项卡中可以设置单元格内容在垂直方向上的对齐方式，如图4-92所示。单元格的垂直对齐方式可以设为顶端对齐、居中、底端对齐，选中"指定宽度"复选框可设定单元格的宽度。

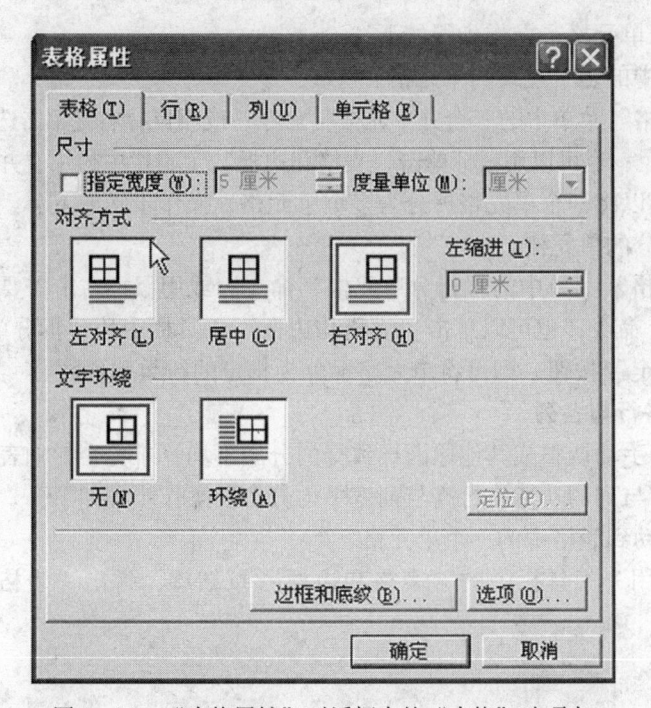

图 4 – 91　"表格属性"对话框中的"表格"选项卡

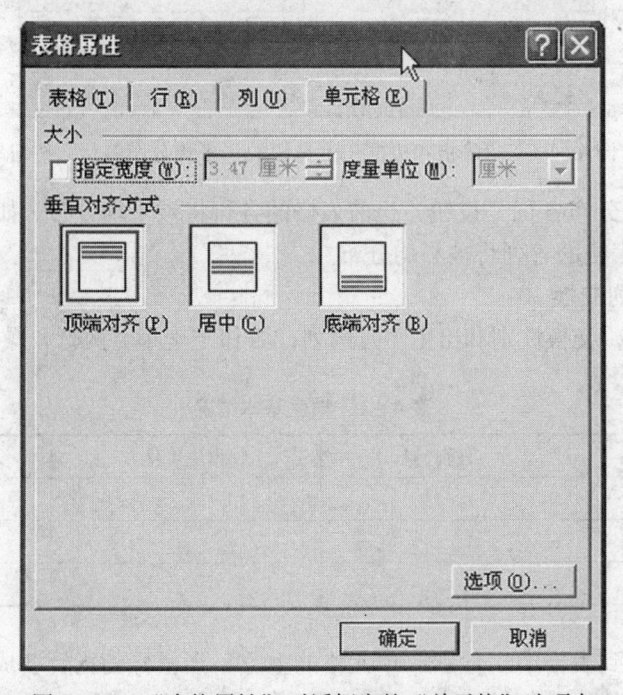

图 4 – 92　"表格属性"对话框中的"单元格"选项卡

3. 单元格的合并与拆分

在制作结构复杂的表格时，其单元格的排列并不是完全规则的，每一行、列中的单元格数目可能并不相等，因此需要将某些单元格进行合并或拆分。合并单元格就是将多个相邻的单元格合并为一个单元格，操作步骤如下：

1）选中表格中的多个连续的单元格。

2）单击"表格"菜单中的"合并单元格"命令；或用鼠标右键单击选中的单元格，选择"合并单元格"命令；也可以用鼠标单击"表格和边框"工具栏中的"合并单元格"按钮。

拆分单元格可以将一个单元格拆分为多个单元格，操作步骤如下：

1）选中要拆分的单元格。

2）执行"表格"菜单中的"拆分单元格"命令；或用鼠标右击需要拆分的单元格，选择"拆分单元格"命令；也可以单击"表格和边框"工具栏中的"拆分单元格"按钮。

3）单击"确定"按钮，即可将单元格拆分为指定的行数和列数。

4. 平均分布各行与各列

有的表格由于手动调整或其他原因导致行列分布不均，难免会影响表格的美观，这时可以通过平均分布行与列的功能将行高与列宽平均分布。操作步骤如下：

1）将光标移动到表格中的一个单元格。

2）单击"常用"工具栏中的"表格和边框"按钮⊞，弹出"表格和边框"工具栏，如图4-93所示。

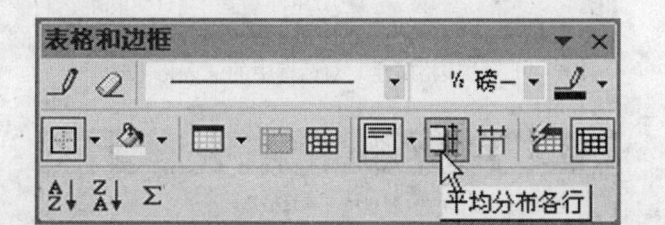

图4-93 "表格和边框"工具栏的"平均分布各行"按钮

3）单击"平均分布各行"按钮，当前表格的各行将被平均分布。如果单击"平均分布各列"按钮，当前表格的各列将被平均分布。

5. 表格的行、列交换

以表4-1为例，交换性别和出生年月两列，张伟与李小芳两行，操作如下：

表4-1 学生基本情况

姓名	性别	出生年月	家庭地址
张伟			
李小芳			
唐林			

1）将光标移动到表格中"性别"单元格的上方，当鼠标的指针变成黑色向下的实心箭头↓时，单击鼠标左键，整列被选中，单击常用工具栏中的"剪切"按钮。

2）将光标移动到表格中的家庭地址单元格，单击"常用"工具栏中的"粘贴列"按钮，实现"性别"与"出生年月"两列的交换。

3）将光标移动到表格外"张伟"行的左侧，当鼠标指针变为空心右向箭头↗时，单击鼠标左键，整行被选中，单击常用工具栏中的"剪切"按钮。

4）将光标移动到表格中的"唐林"单元格,单击"常用"工具栏中的"粘贴行"按钮。实现"张伟"与"李小芳"两行的交换。

6. 表格的边框和底纹

新创建的表格中,边框线都采用统一的粗细和线型。实际工作中,有些表格需要特殊的框线粗细和线型,这时可以通过设置表格的边框和底纹,来满足不同的需要。

(1) 使用对话框来设置表格边框的方法

1) 首先选定需要添加边框的单元格或表格。

2) 单击"表格"菜单中的"表格属性"命令,选定"表格"选项卡,(见图4-91)。

3) 单击"边框和底纹"按钮,弹出"边框和底纹"对话框,如图4-94所示。

4) 在"边框"选项卡中的"设置"一栏内选择一种边框样式。在"线型"一栏内选择一种线型。

5) 在"颜色"下拉列表框中选择所需要的表格边框的颜色。

6) 在"宽度"下拉列表框中选择需要的表格边框的宽度尺寸。

7) 在"应用于"下拉列表框中,确定选择了正确的选项。

8) 设置完毕后,单击"确定"按钮。

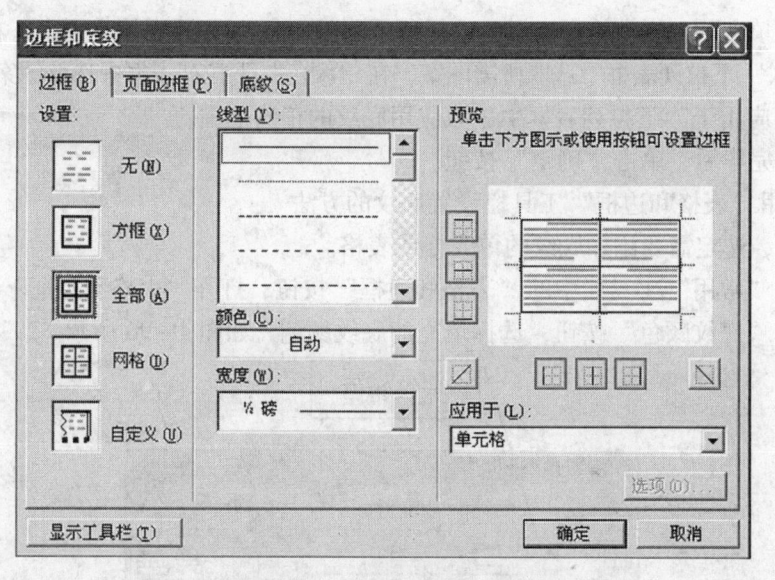

图4-94 "边框和底纹"对话框

(2) 使用"表格和边框"工具栏设置边框的方法

1) 首先选定需要添加边框的单元格或表格。

2) 单击"常用"工具栏中的"表格和边框"按钮。打开"表格和边框"工具栏,如图4-90所示。

3) 选择"线型"、"粗细"、"边框颜色",最后套用"所有边框"。

(3) 使用对话框来设置表格底纹的方法

1) 选中需要添加底纹的单元格或整个表格。

2) 单击"表格"→"表格属性"命令,单击"边框和底纹"按钮,再选中"底纹"选项卡,如图4-95所示。

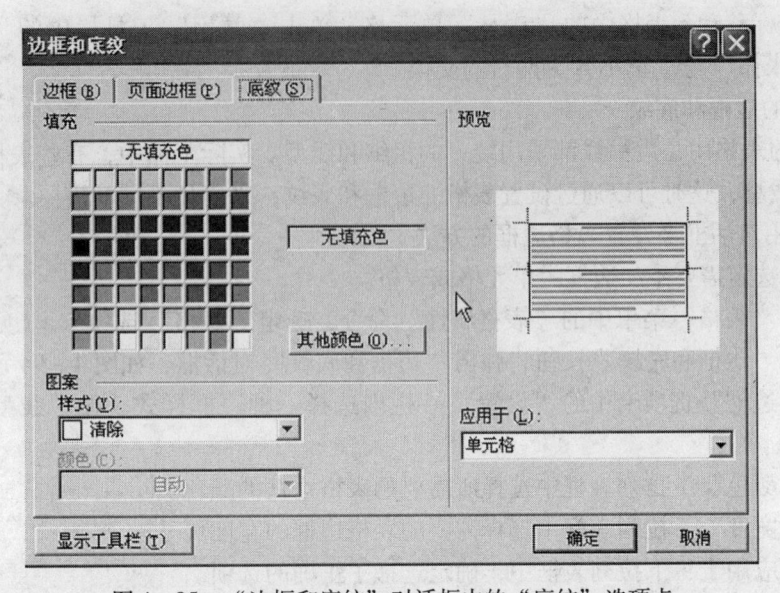

图4-95　"边框和底纹"对话框中的"底纹"选项卡

3）在"填充"一栏内的列表框中选择所需要的颜色，如果要填充图案，在"图案"一栏内的"样式"下拉列表框中选取所需图案，在"颜色"下拉列表框中选取图案所需颜色。

4）在"应用于"下拉列表框中选取应用底纹的正确范围。

5）设置完毕后，单击"确定"按钮。

（4）使用"表格和边框"工具栏设置底纹的方法

1）首先，选定需要添加底纹的单元格或表格。

2）单击"常用"工具栏中的"表格和边框"按钮，打开"表格和边框"工具栏。

3）单击"底纹颜色"按钮，选择填充的底纹颜色，如图4-96所示。

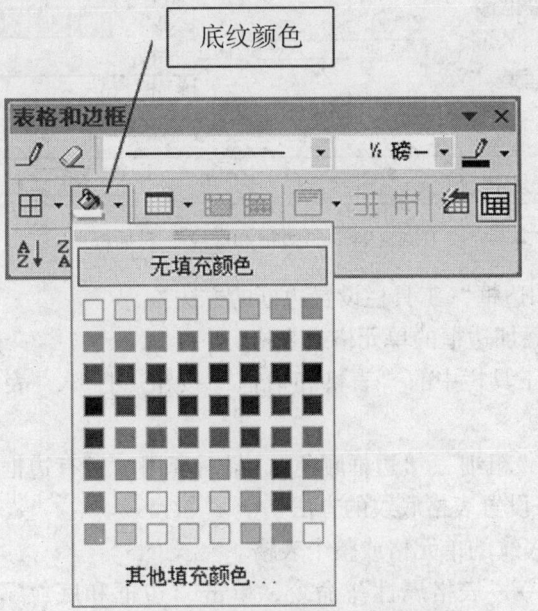

图4-96　"表格和边框"对话框

7. 插入斜线表头

在表格中常会使用斜线表头，通过斜线表头可以将一个单元格划分为多个区域。在绘制斜线表头时，应注意一定要预留出足够的表头空间，否则会因为表头的单元格太小而不能正确绘制，此时程序会弹出对话框来提示用户。

在单元格中加入斜线和文字的方法：将插入点光标移入要插入斜线的单元格，单击"表格"→"绘制斜线表头"命令，弹出"插入斜线表头"对话框，如图4-97所示，在对话框中选择表头样式为"样式二"、字体大小"五号"、行标题"星期"、数据标题"课程名"、列标题"节次"，最后单击"确定"按钮。按以上要求绘制表4-2。

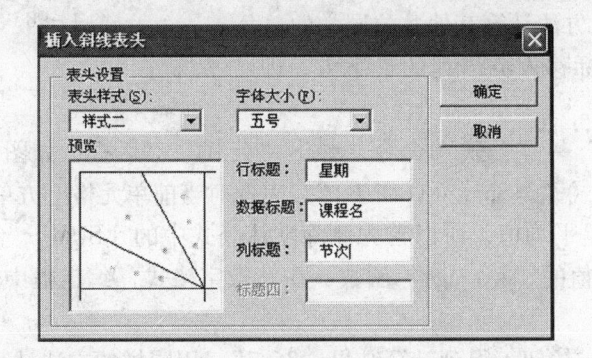

图4-97 "插入斜线表头"对话框

表4-2 课程表

星期 课程名 节次	星期一	星期二	星期三	星期四	星期五
一二节					
三四节					
五六节					

4.5.5 表格的计算与排序

1. 用公式进行计算

在表格中可以进行加、减、乘、除运算，还可以用函数进行求和、求平均值等运算。

例：如表4-3所示，分别计算英语、语文的平均分及每位同学的总分。

表4-3 考试成绩

姓 名	英语	语文	总分
李小丽	85	84	
张 勇	90	88	
王明明	85	76	
平均分			

操作步骤如下：

1）将插入点光标移入第一位学生的"总分"单元格。

2）单击"表格"→"公式"命令，弹出"公式"对话框，如图4－98所示。在公式栏中已自动填入了公式"＝Sum（LEFT）"，表示对当前单元格左边单元格的数字求和。其中"＝"是每一个计算公式必须填入的。

3）单击"确定"按钮。在当前单元格得到计算结果"169"。用同样的方法计算其他几位同学的总分。

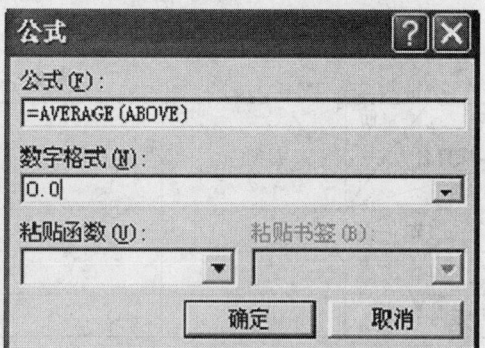

图4－98　"公式"对话框一

4）将插入点光标移入英语列的最下方，即"平均分"所对应的单元格。

5）单击"表格"→"公式"命令，弹出"公式"对话框，如图4－99所示。在公式栏中已自动填入了公式"＝Sum（ABOVE）"，表示对当前单元格上方单元格的数字求和。

6）因为要求的是平均值，所以首先删除默认公式中的"SUM"，在"粘贴函数"下拉列表框中选择求平均值的"Average"函数，在"数字格式"编辑框中输入"0.0"，最后如图4－100所示。

7）单击"确定"按钮，得到计算结果"86.7"。用同样的方法计算语文的平均分。

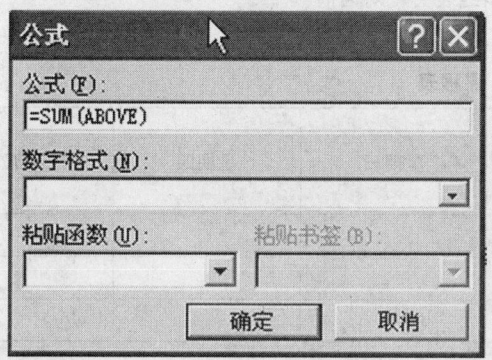

图4－99　"公式"对话框二　　　　　　　　图4－100　"公式"对话框三

2. 表格数据的排序

Word 2003支持对表格中的数据进行排序。默认情况下，文字按拼音排序，数字按大小排序。如表4－4所示，要求对成绩表按"总分"降序，总分相同的情况下按"英语"降序。

表4－4　成绩表

姓　名	英语	语文	总分
李小丽	85	84	169
张　勇	90	79	169
王明明	85	90	175
唐　伟	56	67	123

操作步骤如下：

1）首先用光标选中表格。

2）单击"表格"→"排序"命令，弹出"排序"对话框，如图 4-101 所示。

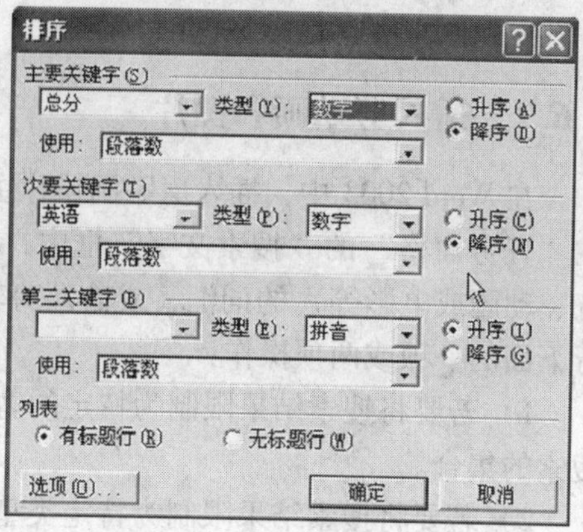

3）在对话框的"主要关键字"栏内的下拉列表框中选择"总分"。

4）在"类型"的下拉列表框中选择"数字"。

5）用鼠标左键单击其后面的排序方式，选中"降序"前的单选按钮。

6）在"次要关键字"栏内的下拉列表框中选择"英语"，在"类型"栏内的下拉列表框中选择"数字"，在排序方式中选中"降序"。

图 4-101　"排序"对话框

7）"第三关键字"下拉列表框为空。

8）在"列表"一栏中选择"有标题行"选项。单击"确定"按钮。排序结果如表 4-5。

表 4-5　成绩表排序结果

姓　名	英语	语文	总分
王明明	85	90	175
张　勇	90	79	169
李小丽	85	84	169
唐　伟	56	67	123

4.5.6　表格和文本之间的转换

（1）将文本转换为表格数据

1）打开一个文本。

2）选中要转换为表格数据的文本对象。

3）单击"表格"→"转换"→"将文字转换成表格"菜单命令。

4）在"列数"后的文本框中输入或选择需要的列数。

5）在"自动调整"栏中进行调整。

6）在"文字分隔位置"栏内，选择将文字转换成表格时用于列标记的字符。

7）单击"确定"按钮。

（2）将表格数据转换为文本

1）选中表格。

2）单击"表格"→"转换"→"表格转换成文本"命令。

3）在对话框中选中"段落标记"选项。

4）单击"确定"按钮。

4.6 图文混编

4.6.1 插入剪贴画和图片

在 Word 2003 中，插入剪贴画操作主要在"任务窗格"中进行。它们的视图略有不同。在"任务窗格"的"搜索文字"框中，输入描述所需剪辑（一个媒体文件，包含图片、声音、动画或电影等）的词汇，或输入剪辑的全部或部分文件名。若要缩小搜索范围，请执行下面的一项或两项操作：

1）若要将搜索结果限制为特定的剪辑集合，请单击"搜索范围"框中的箭头并选择要搜索的集合。

2）若要将搜索结果限制为特定类型的媒体文件，请单击"结果类型"框中的箭头并选择要查找的剪辑类型旁边的复选框。

单击"搜索"按钮，在结果框中，选择所需的剪辑将其插入。

（1）插入剪贴画

1）首先在 Word 文档中将插入点定位于需要插入图片的位置。

2）在"插入"菜单中，选择"图片"→"剪贴画"命令，如图4-102 所示。

3）在"插入剪贴画"任务窗格中的"搜索文字"框中，输入描述所需剪辑的单词或短语，或输入剪辑的完整或部分文件名。

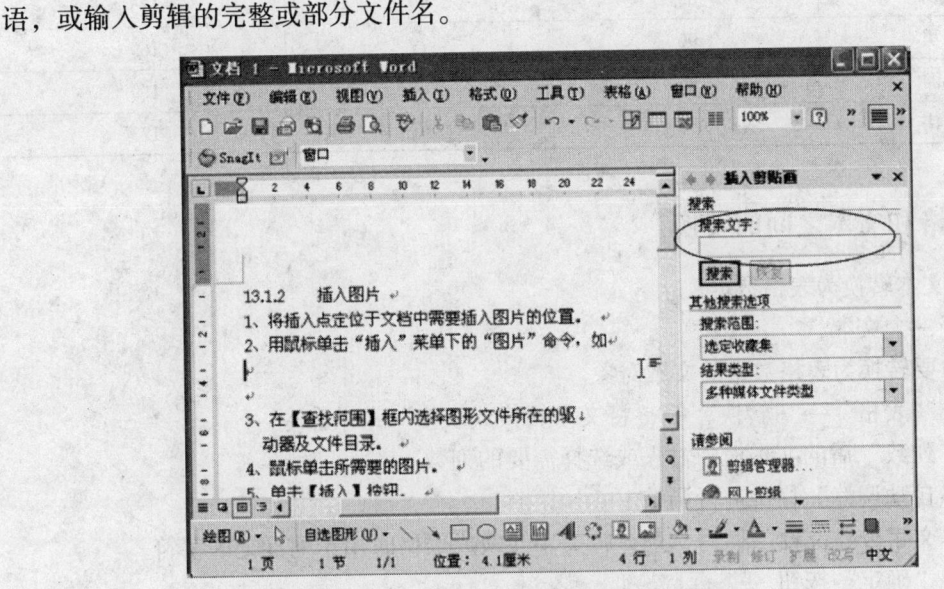

图4-102　"插入剪贴画"示意图

4）单击"搜索"按钮。

5）从搜索结果窗格中找到需要插入到文档中的剪贴画，单击它即可。完成结果如图4-103所示。

（2）插入图片

1）将插入点定位于文档中需要插入图片的位置。

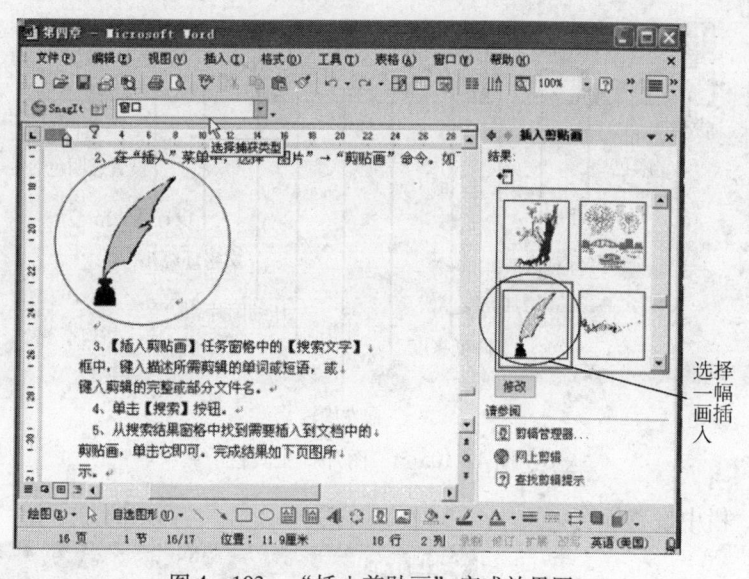

图 4 - 103　"插入剪贴画"完成效果图

2）单击"插入"→"图片"命令，如图 4 - 104 所示。

3）在"查找范围"框内选择图形文件所在的驱动器及文件目录。

4）选择需要的图片。

5）单击"插入"按钮。

图 4 - 104　"插入图片"对话框

4.6.2　图片的编辑

"图片"工具栏如图 4 - 105 所示。

1. 改变图片大小

要改变图片大小，可将鼠标指针移至图片的四个角上，当鼠标光标变为双向箭头形状时，如图 4 - 106 所示，按住鼠标拖动即可。如果要精确改变图片大小，可选择"格式"→"图片"命令，打开"设置图片格式"对话框，如图 4 - 107 所示。在"大小"选项卡下的

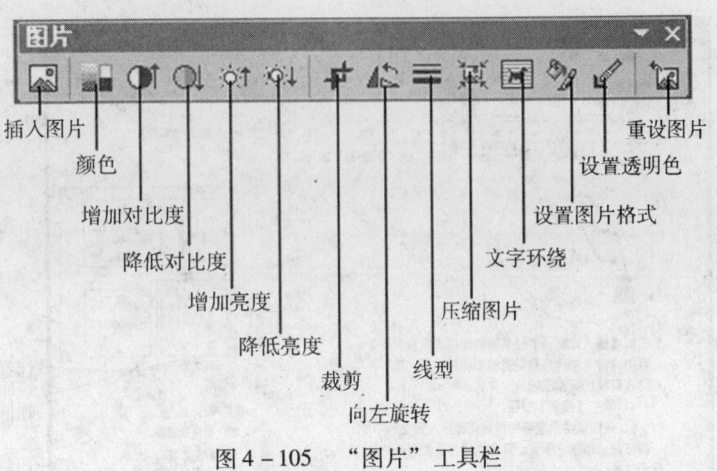

图 4 – 105　"图片"工具栏

"尺寸和旋转"栏中设置即可。

图 4 – 106　拖动改变图片大小

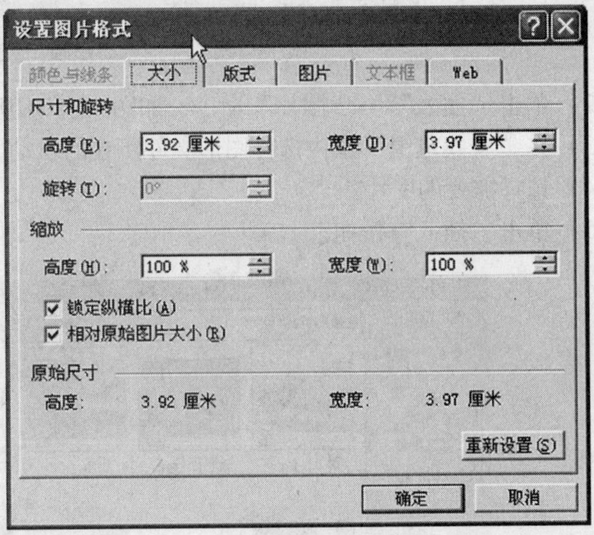

图 4 – 107　　"设置图片格式"对话框

2. 裁剪图片

裁剪图片可以保留图片中的某一部分，而将其他多余部分裁剪掉。打开需要裁剪的图片文件，如图 4 – 108 所示，然后根据需要选择下面两种方法进行图片的裁剪。

（1）工具裁剪法

1）选中需要裁剪的图片，此时系统自动弹出"图片"工具栏，如图 4 – 105 所示。

如果"图片"工具栏没有出现，单击"视图"→"工具栏"→"图片"命令即可。

2）单击其中的"裁剪"按钮，此时鼠标指针变成剪刀状。

3）将鼠标移至图片四角控制点（或各边中间控制处），按住左键推拉至合适位置后，松开鼠标即可，如图 4 – 109 所示为裁剪后的图片。

如果对裁剪的效果不满意，可以单击"图片"工具栏上的"重设图片"按钮，即可让图片恢复原状。

（2）设置裁剪法

图 4 – 108　需裁剪的图片

图 4 – 109　裁剪后的效果

1）选中需要裁剪的图片，单击"格式"→"图片"命令，弹出"设置图片格式"对话框。

2）切换到"图片"选项卡（见图 4 – 110），设置好"裁剪"选项下面的"左、右、上、下"需要裁剪掉的尺寸，单击"确定"按钮返回即可。

如果对裁剪的尺寸不满意，除了采取上述方法恢复外，再次打开"设置图片格式"对话框，在"图片"选项卡中单击"重新设置"按钮也可以重新设置裁剪尺寸。

3. 对比度与亮度的调整

通过"图片"工具栏上的 、 、 和 按钮可以很方便地调整图片的对比度与亮度。

（1）对比度的调整　单击"视图"→"工具栏"→"图片"菜单，打开"图片"工具栏，选择所需调整的图片后，单击按钮 将增加图片对比度，单击按钮 将降低对比度。

（2）亮度的调整　选择所需调整的图片，在"图片"工具栏中单击 按钮将增加图片的亮度，单击 按钮将降低图片的亮度。

4. 图文混排

文档中插入了图片后，可以制作出文字环绕图片的效果。

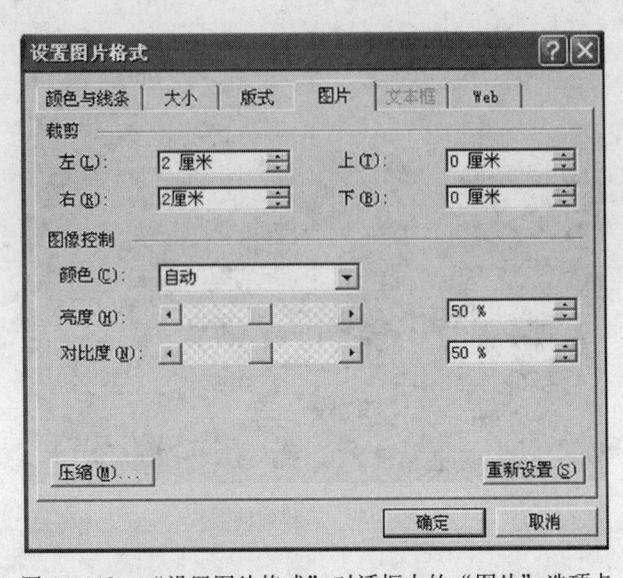

图4-110　"设置图片格式"对话框中的"图片"选项卡

1）打开需要插入图片的文档，将光标定位于需要插入图片的位置。

2）单击"插入"→"图片"→"剪贴画"命令，从"插入剪贴画"窗格中选择一个合适的图片，插入到文档中当前光标处，如图4-111所示。

3）用鼠标右键单击该图片，选择"设置图片格式"命令。

4）设置图片的环绕方式。选中"版式"选项卡，在"环绕方式"中选择"四周型"，如图4-112所示。

5）单击"高级"按钮，进行更详细的设置。

6）完成操作后，单击"确定"按钮。最后的效果如图4-113所示。

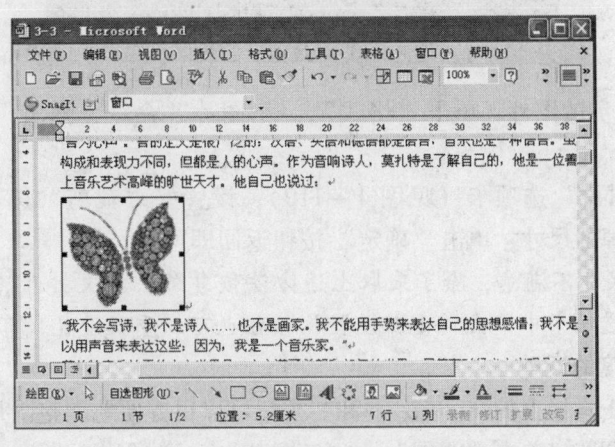

图4-111　"嵌入型"效果

4.6.3　插入艺术字

艺术字是指将普通文字经过特殊着色、变形等处理得到的艺术化的文字效果，利用Word的插入艺术字功能，可以很方便地在文档中插入和修改艺术字，使文档更丰富多彩。

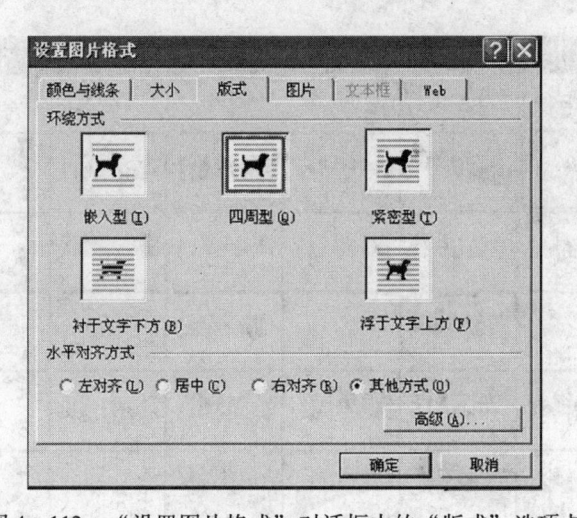

图 4 – 112　"设置图片格式"对话框中的"版式"选项卡

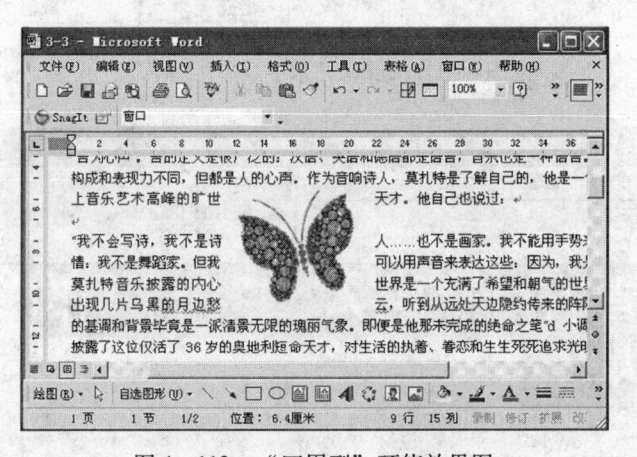

图 4 – 113　"四周型"环绕效果图

1. 插入艺术字

1）将插入点光标移动到文档中要插入艺术字的位置。

2）单击"绘图"工具栏中的"插入艺术字"按钮，如图 4 – 114 所示。

插入艺术字

图 4 – 114　利用"绘图"工具栏插入艺术字

　　或者执行"插入"→"图片"→"艺术字"命令，也可弹出"'艺术字'库"对话框，如图 4 – 115 所示。

　　3）选择一种艺术字式样，例如，选择第 3 行第 2 列式样，然后单击"确定"按钮。弹出如图 4 – 116 所示的"编辑'艺术字'文字"对话框。

　　4）选择字体为"楷体"，字号 36，加粗，在文本框中输入内容，例如，输入"插入艺术字"，单击"确定"按钮，艺术字效果如图 4 – 117 所示。

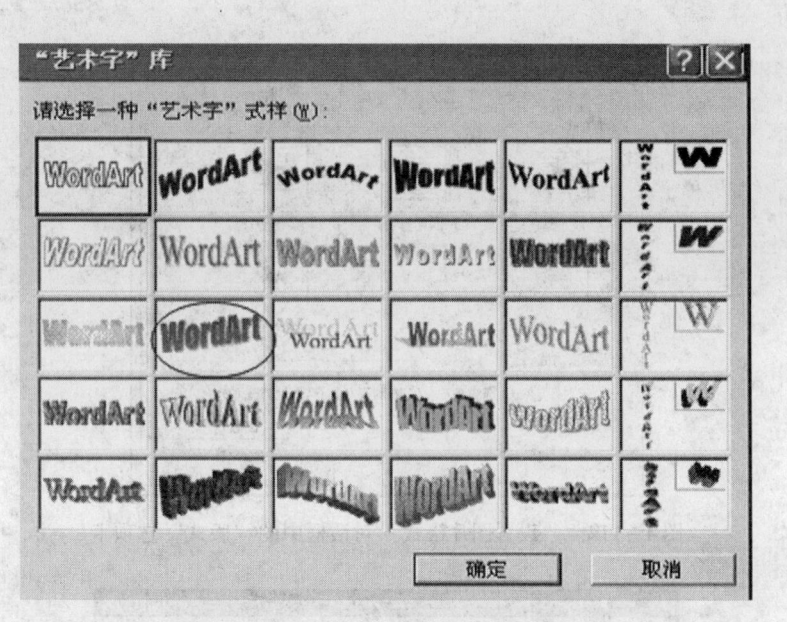

图4-115 "'艺术字'库"对话框

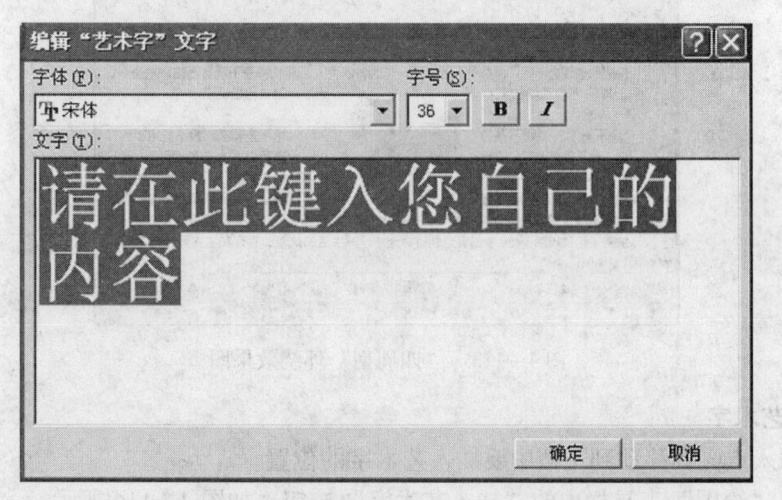

图4-116 "编辑'艺术字'文字"对话框

图4-117 艺术字效果

2. 编辑艺术字

插入艺术字后，如果文字出现错误或效果不佳，还可以进行修改。要对艺术字进行编辑，选中需修改的艺术字，自动弹出"艺术字"工具栏。如果没有弹出工具栏，可单击"视图"→"工具栏"→"艺术字"命令，打开"艺术字"工具栏，如图4-118所示。

图 4 – 118 "艺术字"工具栏

（1）修改文字 在"艺术字"工具栏中单击"编辑文字"按钮，弹出"编辑'艺术字'文字"对话框，如图 4 – 116 所示。可直接对文字进行编辑修改。最后单击"确定"按钮。

（2）修改艺术字效果 在"艺术字"工具栏中单击"艺术字库"按钮，弹出如图 4 –115所示的"'艺术字'库"对话框，选择一种式样，单击"确定"按钮。艺术字将以新的式样替代原有的式样。

（3）设置艺术字的格式 在"艺术字"工具栏中单击"设置艺术字格式"按钮，弹出"设置艺术字格式"对话框，可以对"颜色与线条"、"大小"、"版式"等分别进行设置，如图 4 –119 ~ 图 4 –121 所示。选择相应的内容进行设置，最后单击"确定"按钮。

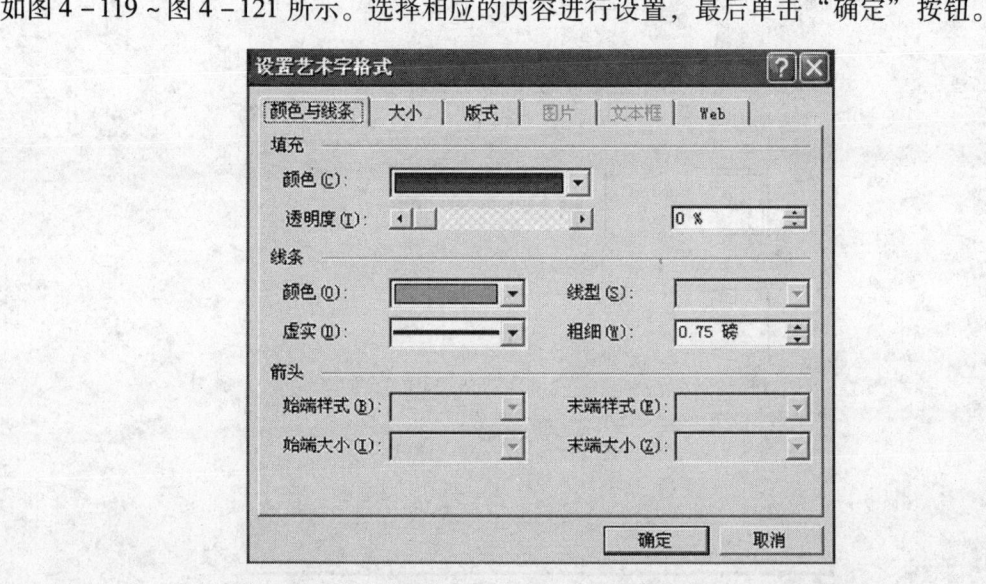

图 4 – 119 "设置艺术字格式"中的"颜色与线条"选项卡

（4）修改艺术字形状 在"艺术字"工具栏中单击"艺术字形状"按钮，弹出"设置艺术形状"对话框，有 40 种形状可选择，如图 4 – 122 所示。可任意选择一种，从而改变当前艺术字的形状。

4.6.4 文本框的使用

在 Word 2003 的文档中，可以插入文本框。文本框实际上是一个容器，可以在其中放置任何需要的文本。文本框内的文本可以进行对段落和字体的设置，也可以像图片一样放置在文档中的任何位置。用文本框可以创造特殊的版面效果，实现与页面文本的环绕、特殊的竖排文字效果。文本框通常用于进行不规则的排版。

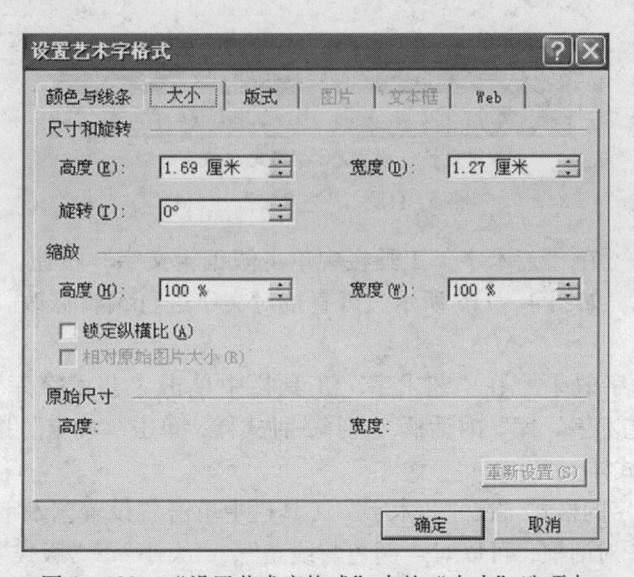

图4-120　"设置艺术字格式"中的"大小"选项卡

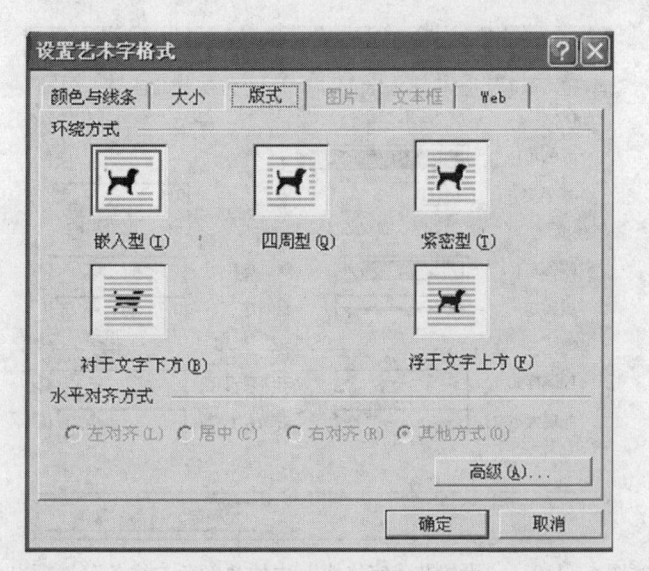

图4-121　"设置艺术字格式"中的"版式"选项卡

图4-122　设置"艺术字形状"

1. 插入文本框

1）单击"插入"→"文本框"→"横排"（或"竖排"）命令，如图 4 – 123 所示。其中，"横排"表示文本框中的文字水平排列，"竖排"表示文本框中的文字垂直排列，鼠标光标变为"＋"字形。

2）移动鼠标，将"＋"字形光标移动到文档中要插入文本框的位置，拖动鼠标指针画出矩形框，当矩形框达到所需大小时，松开鼠标左键，则插入一个文本框。

3）插入点光标停留在文本框内，在文本框中输入文字，段落之间按 < Enter > 键分开，当文字内容较多无法全部显示时，可用鼠标指针拖动文本框控点来调整文本框大小，以使所有文本都能显示出来。

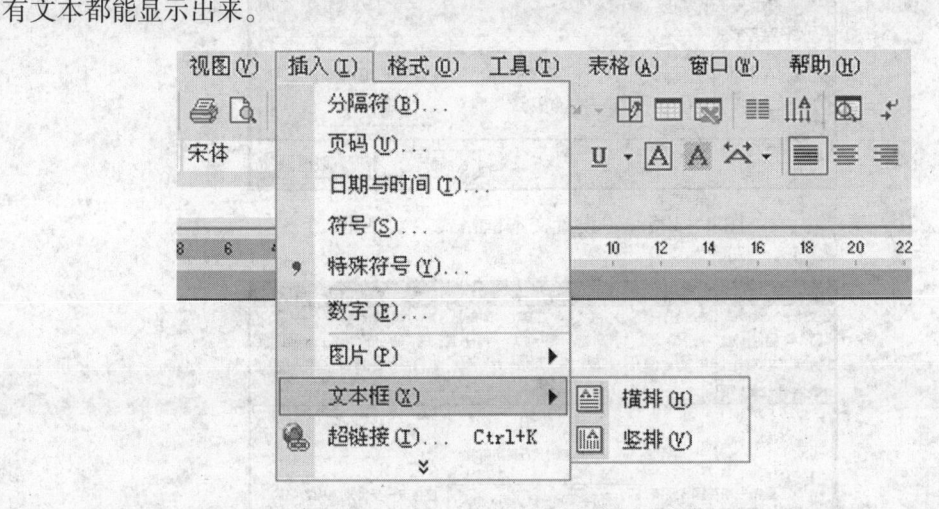

图 4 – 123 插入"文本框"操作

2. 文本框的调整与设置

（1）文本框的调整 单击文本框任意位置，选中文本框，其四周出现八个控点，如图 4 –124所示。用鼠标指针拖动这些控点，可以调整文本框的大小。将鼠标指针指向选中文本的边框，当鼠标指针变成十字形箭头时，按住鼠标左键并拖动文本框到所需的位置，松开鼠标左键，则调整文本框的位置。

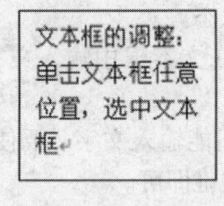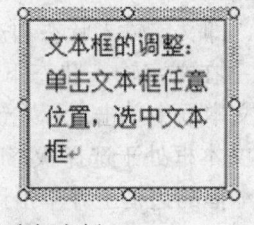

图 4 – 124 文本框实例

（2）文本框格式的设置 选中文本框，在"图片"工具栏中单击"设置文本框格式"按钮；或用鼠标右键单击文本框边框，在弹出的快捷菜单中选择"设置文本框格式"选项，弹出"设置文本框格式"对话框，如图 4 – 125 所示。"设置文本框格式"对话框与"设置图片格式"对话框类似，可以在各选项卡中设置环绕方式、对齐方式、填充方式、线条、尺寸和缩放、内部边距等。版式示例，如图 4 – 126 所示。

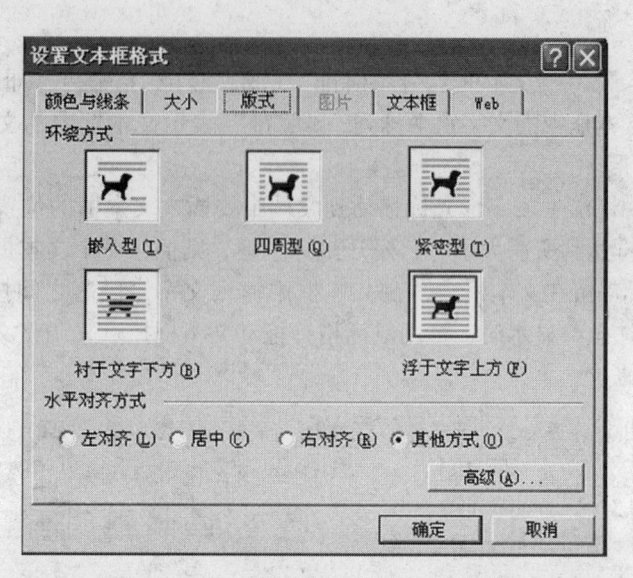

图 4 – 125　"设置文本框格式"对话框

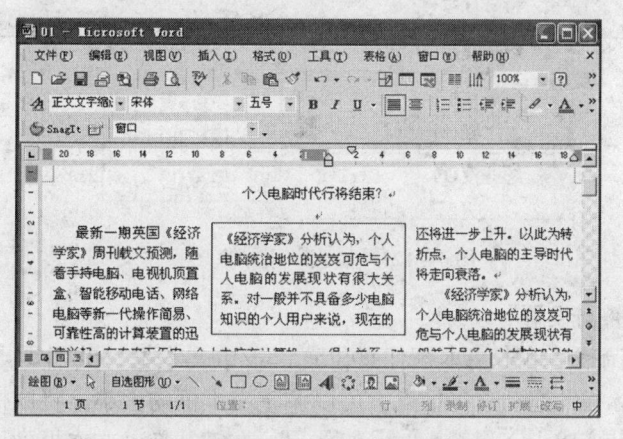

图 4 – 126　文本框的版式实例

3. 文本框的两种状态

文本框有两种状态，即文字输入状态和选择状态。

（1）文字输入状态　在文字输入状态下，可在文本框中输入文字。要从其他状态切换至文字输入状态，可在文本框中单击鼠标左键。

（2）选择状态　当文本框处于选择状态时，不能输入文字。要使文本框处于选择状态，可以将鼠标指针移至文本框的边框上并单击鼠标左键即可。

4. 文字方向的互转

横排文本框可以转为竖排文本框，同理，竖排文本框也可以转为横排文本框，实现互转的方法就是改变文字的排列方向。在文本框中单击鼠标右键，在弹出的快捷菜单中单击"文字方向"命令，弹出"文字方向–文本框"对话框，如图 4 – 127 所示。在对话框中按需要进行设置。

5. 多文本框的链接

Word 2003 支持多个文本框的链接，将文本框链接后，可以将多个文本框的内容链接到

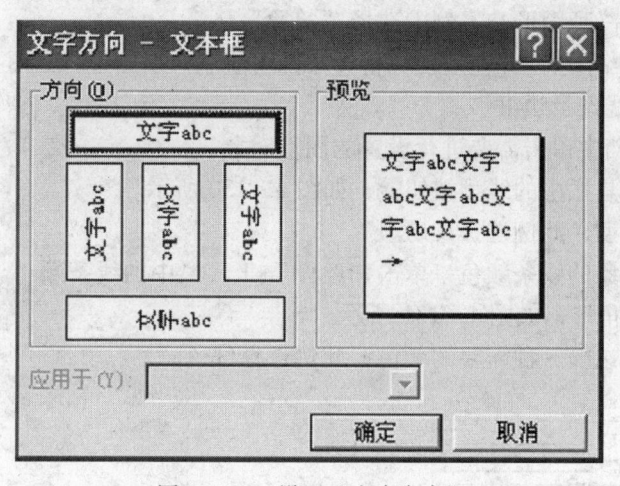

图 4 - 127　设置"文字方向"

一起，这时，若第一个文本框中的内容放不下时，会自动转到下一个文本框中。设置多文本框的链接操作如下。

1）除了第一个文本框之外，其他文本框中的内容必须为空；

2）选中第一个文本框，通过"文本框"工具栏或用鼠标右键单击边框，在弹出的菜单中单击"创建文本框链接"命令，这时鼠标指针会变成杯子状；

3）将鼠标指针移动到空白文本框中，这时鼠标指针会变成倾倒的状态，点击鼠标左键即可完成文本框的链接；

4）重复这些操作即可完成多个文本框的链接操作。

4.6.5　图形的绘制和编辑

1. 创建图形对象

1）在工具栏任意位置单击鼠标右键，或者单击"视图"→"工具栏"→"绘图"命令。

2）单击"绘图"工具栏上的"自选图形"按钮，选择"基本形状"，如图 4 - 128 所示。

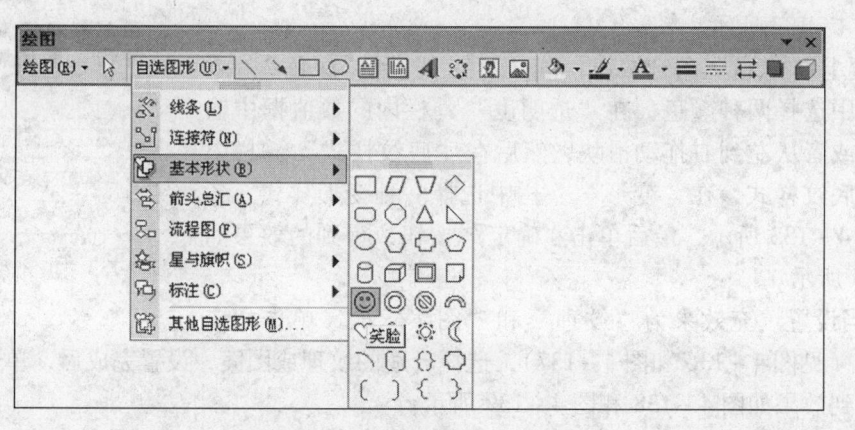

图 4 - 128　"绘图"工具栏

3）选择其中的一种图形，本例中选择"笑脸"。

4）在 Word 文档中单击并拖动鼠标指针，即可绘制一个图形，如图 4 – 129 所示。

2. 图形对象的线条及边框

1）在 Word 文档中单击需要进行设置的图形对象。

2）单击绘图工具栏中的线型按钮，如图 4 – 130 所示。

3）选择一种线型，此例选择 3 磅。

4）设置图形对象的线条颜色，单击"绘图"工具栏中的线条颜色按钮右侧的三角形，如图 4 – 131 所示。

图 4 – 129　用绘图工具绘制的笑脸

5）在颜色板中选择一种需要的颜色，此例选择红色。

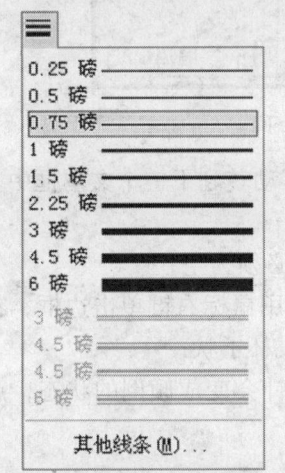

图 4 – 130　"线型"按钮　　　　　图 4 – 131　"线条颜色"按钮

3. 设置对象的填充颜色及效果

1）选定要填充颜色的图形对象，单击填充颜色按钮右侧的三角形，选择一种合适的颜色。此例选择玫瑰红，如图 4 – 132 所示。得到的效果如图 4 – 134 所示。

2）设置填充颜色的效果，可以先选定图形对象，然后单击填充颜色按钮，选择"填充效果"对话框中的"过渡"选项卡，如图 4 – 133 所示。

3）选择"双色"单选按钮，在"颜色 1"和"颜色 2"下拉列表框中选择两种颜色，在"透明度"一栏内的数值框中输入数值，或者从左到右拖动滑块，然后在"底纹样式"一栏中选择一种底纹样式，在"变形"一栏中选择一种变形样式。各数值如图 4 – 133 所示，最后单击"确定"按钮，得到的效果如图 4 – 135 所示。

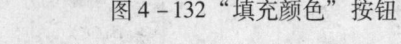

图 4 – 132　"填充颜色"按钮

4）当设置填充效果为"纹理"和"图案"时，单击相应的选项卡（见图 4 – 136 和图 4 – 137），选择合适的纹理或图案，设置完成后，单击"确定"按钮。得到效果如图 4 – 138 和图 4 – 139 所示。

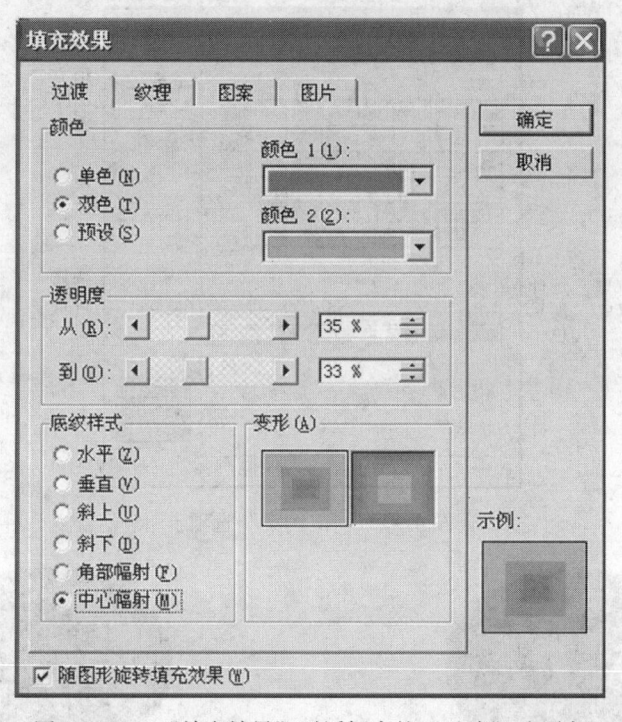

图 4－133 "填充效果"对话框中的"过渡"选项卡

图 4－134 "填充颜色"效果 图 4－135 "填充颜色"效果为"过渡"

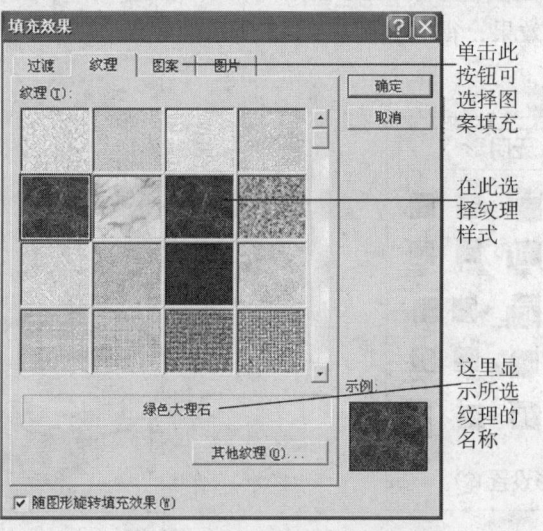

图 4－136 "纹理"选项卡

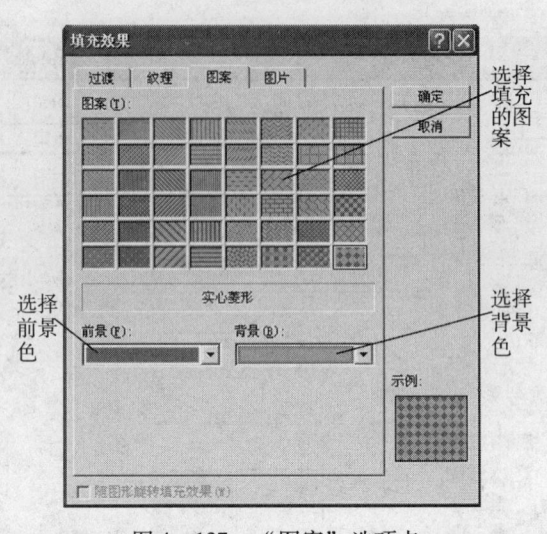

图 4 – 137 "图案"选项卡

图 4 – 138 "填充颜色"效果为"纹理"

图 4 – 139 "填充颜色"效果为"图案"

4. 设置图形对象的阴影和三维效果

1）选定要设置阴影效果的图形对象。

2）单击绘图工具栏中的"阴影样式"按钮 ，如图 4 – 140 所示。

3）选择一种阴影，得到如图 4 – 141 所示的效果。

4）单击"绘图"工具栏中的"三维效果样式"按钮 ，如图 4 – 142 所示。

5）选择一种三维效果，得到如图 4 – 143 所示的效果。

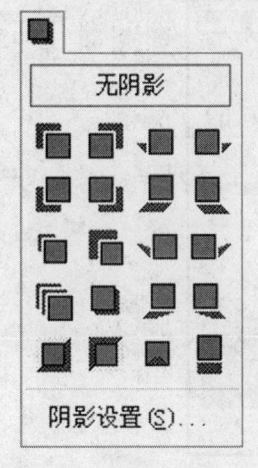

图 4 – 140 "阴影样式"按钮

图 4 – 141 "阴影样式 16"效果图

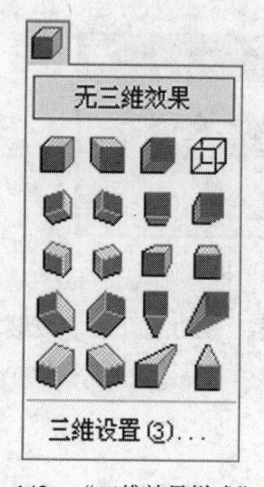

图 4-142　"三维效果样式"按钮　　　　图 4-143　"三维样式 13"效果图

4.6.6　公式编辑器

1. 加载"公式编辑器"

在默认情况下，Word 是不加载"公式编辑器"这个组件的，如果要使用这个功能，就要先加载这个组件。

启动 Word 2003，单击"视图"→"工具栏"→"自定义"命令，弹出"自定义"对话框，如图 4-144 所示。选择"命令"标签，选中"类别"列表框中的"插入"选项，在"命令"列表框中找到"公式编辑器"一项，再按住鼠标左键，将其拖到某个工具栏后松开鼠标左键，关闭该对话框返回。

单击工具栏上的"公式编辑器"按钮，弹出如图 4-145 所示的提示框，按提示操作，选择"是"即可快速加载"公式编辑器"组件。

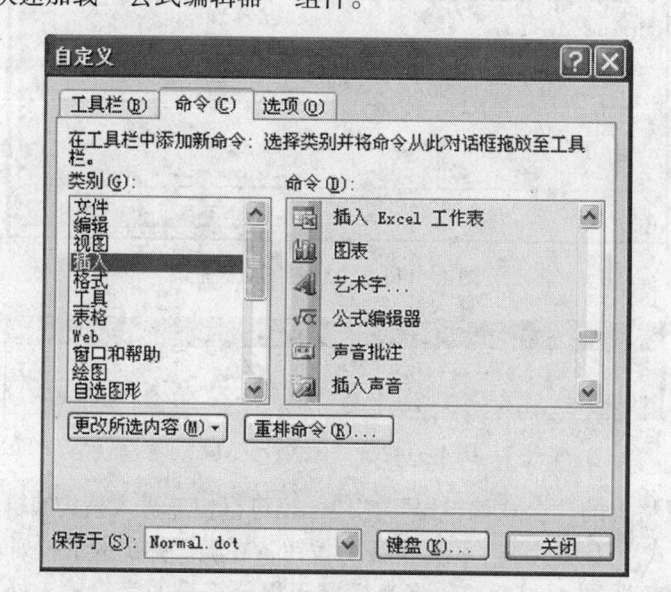

图 4-144　"自定义"对话框

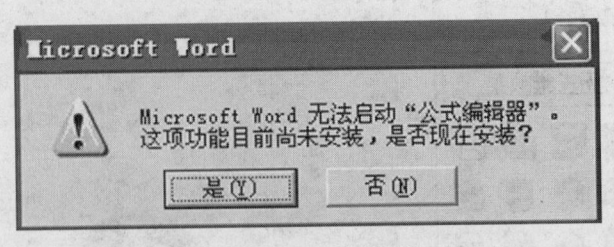

图4-145　安装"公式编辑器"提示框

还可以通过 Office 2003 安装盘中的 SETUP 进行安装，方法如下：把安装盘插入光驱中，执行 SETUP 命令，在"添加/删除"选项中选定"Office 工具"下的"Microsoft 公式 3.0"，然后单击"确定"按钮即可自动安装。

2. 在文档中插入公式

现在以下列公式为编辑目标，一起来学习具体公式的编辑和插入过程。

$$\int \frac{\cos x}{\cos^2 x} dx = \int \frac{1}{1 + \sin^2 x} dx$$

1）单击"插入"→"对象"命令，弹出"对象"对话框（见图4-146），选择"新建"选项卡。在"对象类型"列表框中选中"Microsoft 公式 3.0"选项，单击"确定"按钮，进入公式编辑状态，此时"公式"工具条随即被自动展开（见图4-147）。

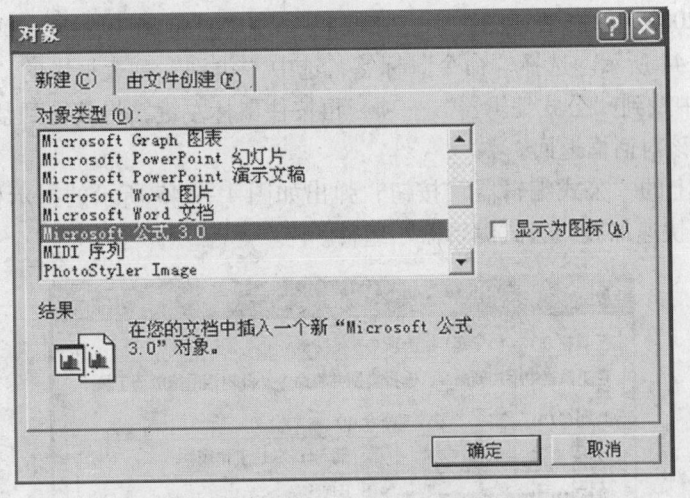

图4-146　"对象"对话框

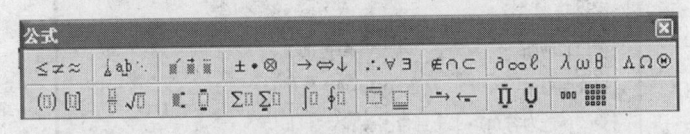

图4-147　"公式"工具栏

直接单击工具栏上的"公式编辑器"按钮，也可以快速进入公式编辑状态。

2）单击"公式"工具栏的"积分模板"按钮，在随后弹出的下拉列表中，选择一种合适的积分模板样式（见图4-148a）；将光标置于积分符号的字符输入处；再单击"公式"工具栏中的"分式和根式模板"按钮，在下拉列表中（见图4-148b）选择"分式"样式。

将光标置于"分子"上，输入字符"cosx"，再置于"分母"上，输入字符"cos"，然后再单击"上标和下标模板"（见图 4-148c），选择"上标"样式，并输入字符"2"，将光标往右下方移动，输入字符"x"；再将光标往右下方移动，在整个分式后面输入字符"dx ="。

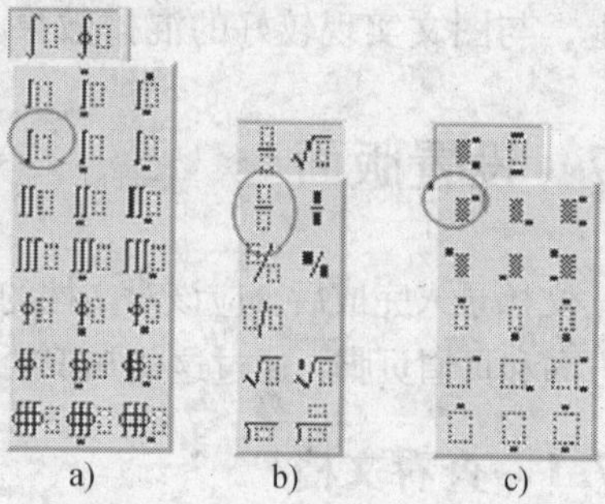

3）仿照上面的操作，完成后续公式的输入。

4）全部输入完成后，在公式编辑框外边任意区域单击一下鼠标左键，退出公式编辑状态，返回 Word 文档中。

退出公式编辑状态后，如果发现公式有错，可以双击插入的公式，再次进入公式编辑状态，对公式进行编辑修改。

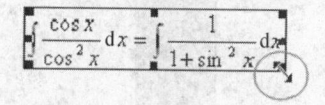

图 4-148　"公式"工具栏中的相关模板

3. 公式的排版

插入的公式，实际是一种特殊的图形格式，经过简单设置后，就可以与文章实现"图"文混排了。

（1）调整公式大小　选中公式，将鼠标指针移至公式右下角成双向对拉箭头状时（见图 4-149），按住鼠标左键拖拉，即可快速调整公式的大小。

在调整公式大小时，不要改变公式"图形"的高、宽比例，否则可能会引起公式中字符的移位，造成显示不正常。

（2）设置公式版式　默认情况下，公式是以"嵌入型"版式插入到文档中的（见图 4-150）。

$$\int \frac{\cos x}{\cos^2 x} dx = \int \frac{1}{1+\sin^2 x} dx$$

图 4-149　调整公式大小

$$\int \frac{\cos x}{\cos^2 x} dx = \int \frac{1}{1+\sin^2 x} dx$$ a)

$$\int \frac{\cos x}{\cos^2 x} dx = \int \frac{1}{1+\sin^2 x} dx$$ b)

图 4-150　"嵌入型"版式和"四周型"版式
a) 嵌入型　b) 四周型

"嵌入型"版式的对象移动很不方便，需要重新设置一下其版式：选中公式，单击"格式"→"对象"命令，弹出"设置对象格式"对话框，进入"版式"选项卡（见图4-151），选中一种非"嵌入型"版式（如"四周型"），单击"确定"按钮后返回。

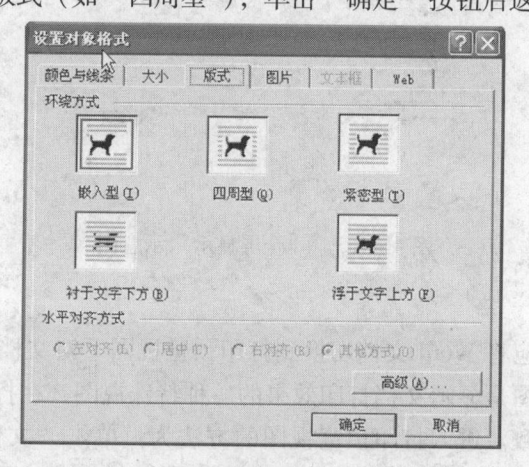

图 4-151　"设置对象格式"对话框

（3）确定公式位置　选中公式，按住鼠标左键拖动，即可将公式定位到文档的任何位置上，与图文实现较好的混排效果。

4.7　设置版面

文档录入完成后，应该对文档的打印进行设置，其中页面设置包括定义纸张的大小、设置页面方向和页眉页脚，通过这些知识的学习，可以掌握页面的设置方法及打印文档前的准备工作。

4.7.1　查看文档

查看文档是指以不同的方式显示文档，以便用户编辑和浏览文档。

1. 文档视图

文档视图指的是文档的显示方式，有页面视图、Web 版式视图、普通视图、大纲视图和阅读版式。

各视图的切换，可移动鼠标指针到屏幕的左下角，单击相应的视图显示按钮，如图 4 - 152 所示。

图 4 - 152　页面切换示例

2. 全屏显示

全屏显示的操作为：单击"视图"→"全屏显示"命令，如图 4 - 153 所示。单击"关闭全屏显示"，可恢复到正常显示。

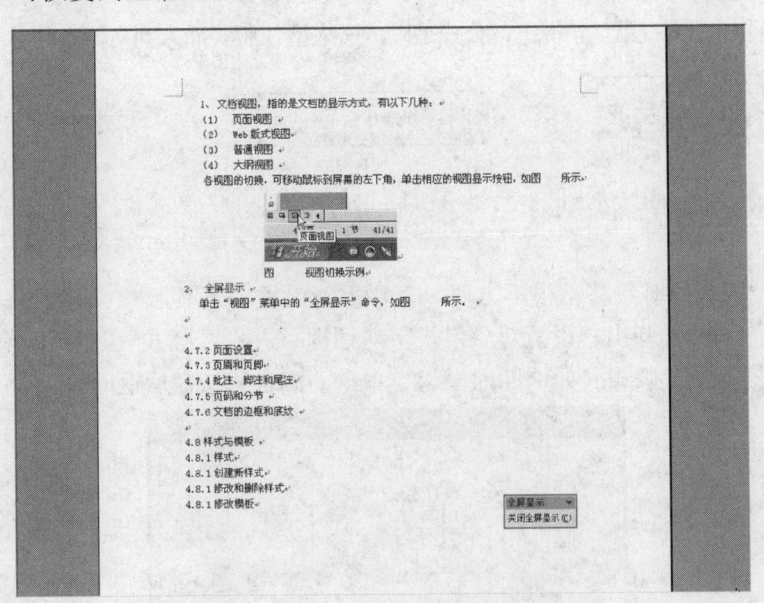

图 4 - 153　"全屏显示"示意图

3. 打印预览

在正式打印之前，应将 Word 文档切换到打印预览视图下对文档进行预览，以确保一次打印成功。打印预览视图是显示文档打印效果的一种特殊视图，在打印预览视图下，文档的显示效果与打印结果一致。进入打印预览视图的方法为：单击"文件"→"打印预览"命令或单击"常用"工具栏中的按钮 。打印预览视图如图 4 - 154 所示。

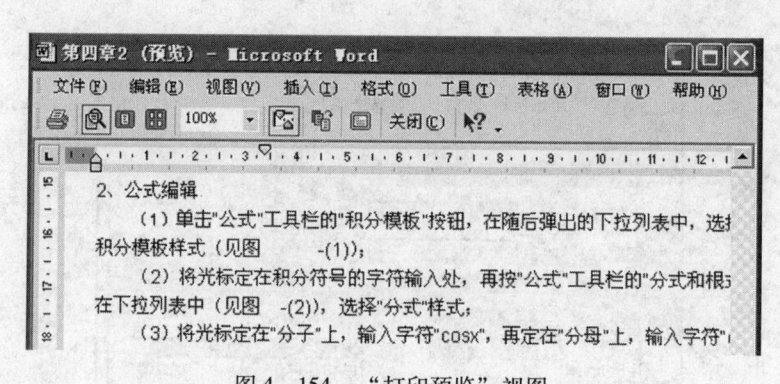

图 4 – 154　"打印预览"视图

在打印预览视图中可进行放大或缩小屏幕显示比例和设置分页预览等操作。

（1）放大或缩小预览页面　如果在打印预览状态下单击打印预览工具栏中的按钮，鼠标指针将变成形状，将鼠标指针移至预览页面上单击，会放大预览视图，此时鼠标指针将变成形状，再次在页面上单击鼠标左键即可恢复预览视图的大小。

（2）多页或单页预览　要同时预览多个页面，可在预览状态下单击"打印预览"工具栏中的按钮，然后在弹出的列表框中选择预览的页面数量。若要返回单页预览状态，则单击"打印预览"工具栏中的按钮即可。

（3）关闭预览　预览页面无误后，单击"关闭"按钮即可关闭预览视图，并返回至页面视图。

4. 显示比例

用鼠标左键单击"常用"工具栏上的按钮 100%　右侧的下拉按钮，可选择合适的显示比例。

4.7.2　页面设置

页面设置是进行 Word 编辑和排版前最重要的工作之一，在编辑和排版前必须进行页面设置。

1. 纸张设置

打印所需的纸张大小并不是一样的，如常见的打印纸张大小有 A4（210 mm×297 mm）、A5（148 mm×210 mm）和 B5（176 mm×250 mm）等。根据打印的需要，可在编辑和排版前就定义好纸张的大小，在 Word 中这一切都非常容易实现，如果需打印到特殊大小的纸张上，则在"宽度"和"高度"数值框中设置与之相匹配的数值即可。

操作方法如下：单击"文件"→"页面设置"命令，弹出如图 4 – 155 所示的"页面设置"对话框，选择"纸张"选项卡。

1）在"纸型"一栏内，选择纸张的型号。

2）如果标准型纸都不符合要求，可以选择"自定义大小"选项，然后在"宽度"和"高度"框中输入所需要的纸张的宽度和高度。

3）在"纸张来源"一栏中指定纸张位于打印机的位置。

4）可在"预览"一栏中的"应用于"下拉列表框中选择本次设置的纸型的应用范围。

5）单击"打印选项"按钮可继续设置。

6）设置完毕后，单击"确定"按钮。

2. 设置页面方向

页面方向分为横向和纵向两种，默认设置下页面是纵向摆放的，如本书的页面就是纵向

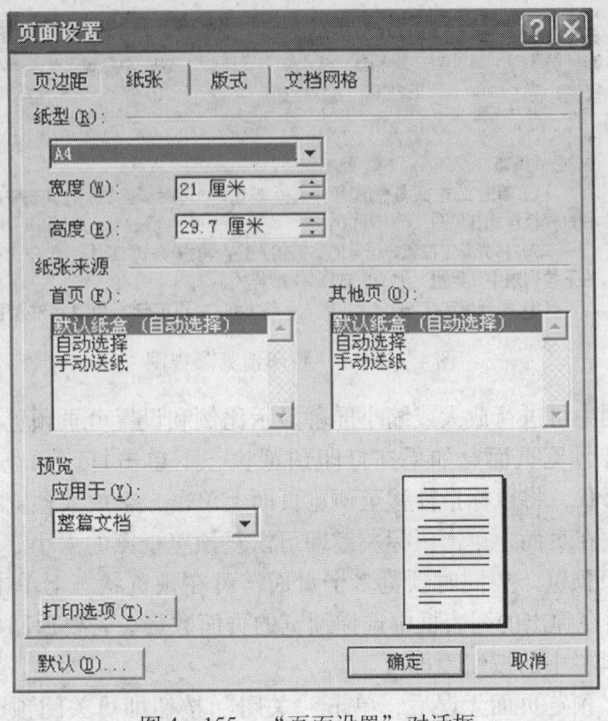

图4-155　"页面设置"对话框

的，而横向的页面是在纵向页面的基础上旋转90°。在 Word 2003 中设置页面是横向还是纵向非常简单。单击"文件"→"页面设置"命令，弹出"页面设置"对话框，选择"页边距"选项卡（见图4-156），在"方向"一栏内选择"横向"或"纵向"即可。

　　有的页面由于特殊原因，其页面方向会与其他页面的方向不一样，如在纵向排列的页面中，有一页中需要单独放置一个数据表格，由于纵向的页面宽度不够，因此需将该页面单独设置为横向，以便于放置数据表格。

3. 设置页边距

　　页边距是打印文档时，文档边缘与打印纸边缘之间的距离或间隙，默认设置下的页边距，可看出正文文档与纸张边缘有较大间隙。而当页边距被设置为0时，文档边缘与页面边缘几乎没有间隙，看上去文章像是被强迫挤压进页面的，这会使阅读者感到压抑。

　　设置合理的页边距可提高文档的美观性，也便于读者阅读。设置的具体方法如下。

　　1）单击"文件"→"页面设置"命令，如图4-156所示。

　　2）在"页边距"一栏内根据需要输入具体的边距数值。

　　3）可以在"装订线"微调框中，输入装订线边距的值。

　　4）在"方向"一栏内选择纸张的页面方向。

　　5）在"页码范围"一栏中可以为 Word 指定文档中页面所需的打印方式。

　　6）根据需要，在"预览"一栏下方的"应用于"列表框中进行选择。

　　7）应用默认的页边距，可单击"默认"按钮。

　　8）设置完毕后，单击"确定"按钮。

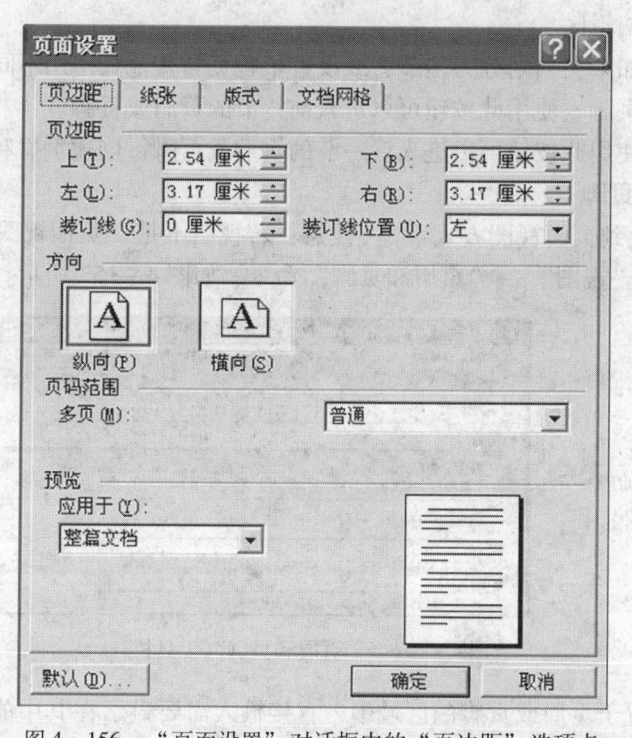

图 4 - 156　"页面设置"对话框中的"页边距"选项卡

4.7.3　页眉和页脚

页眉和页脚一般是用来显示文档的附加信息。页眉和页脚分别放置于页面的最上方和最下方。这里介绍"页眉和页脚"工具栏中的各个按钮的功能。

插入自动图文集：单击此按钮，弹出下拉菜单，其中列出了 Word 中常用于页眉和页脚的自动图文集词条。选择相应的命令将词条加入到页眉或页脚中。例如，在下拉菜单中选择"创建日期"可以把当前日期域插入，选择"第 X 页 共 Y 页"则插入当前页号和文档总的页数。

插入页码：单击此按钮，可以将当前页码插入光标处，插入的页码为自动更新的，即文档改变后页码总是连续的，详细的使用见后面关于使用页码的介绍。

插入页数：单击此按钮可以自动显示文档的页数。

设置页码格式：单击此按钮弹出"设置页码格式"对话框。

插入日期：单击此按钮，插入随时更新的日期域，插入后每次打开文档显示的都是当前的日期。

插入时间：单击此按钮，插入随时更新的时间域，插入后每次打开文档显示的都是当前的时间。

页面设置：单击此按钮，弹出"页面设置"对话框。

显示/隐藏文档文字：单击此按钮可以显示或隐藏文档中的正文。

同前：在文档划分为多节时，使用此按钮可以使当前节的页眉和页脚设置同前一节的页眉和页脚设置一致。

在页眉和页脚间切换：使用此按钮可以使光标从页眉编辑区切换到页脚编辑区或从页脚

编辑区切换到页眉编辑区。

显示前一项：如果文档划分为多节，或设置了首页与其他页使用不同页眉页脚，或是奇偶页使用不同页眉页脚，使用此按钮可以进入前一节的页眉或页脚。

显示下一项：使用此按钮可以进入后一节的页眉或页脚，创建页眉和页脚。

1. 设置页眉和页脚

1）将文档切换到页面视图方式下，（注意：若视图不是"页面视图"模式，则页眉和页脚不可见）单击"视图"→"页眉和页脚"命令，如图4-157所示。

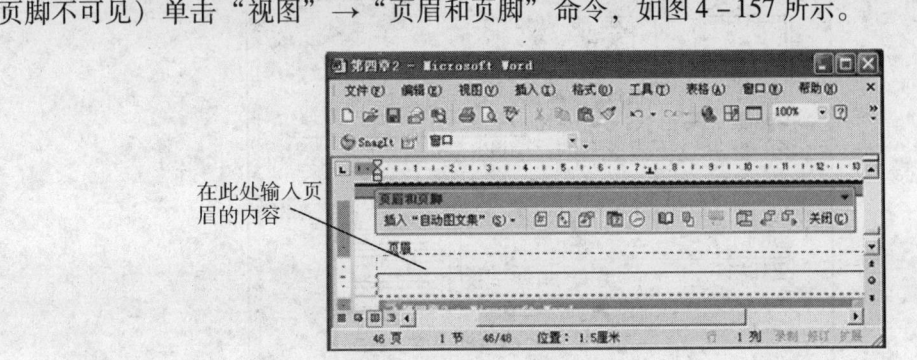

在此处输入页眉的内容

图4-157 "页眉和页脚"工具栏

2）将插入点置于页眉或页脚的区域中，直接输入需要显示在其中的内容或图形，对它进行字体或字形设置。

3）从"页眉和页脚"工具栏中单击"在页眉和页脚间切换"按钮，即可从一项跳转至下一项。

4）设置完成后，单击"页眉和页脚"工具栏中的"关闭"按钮。

2. 创建首页页眉和页脚

1）如果文档已分节，可单击需要更改的节或选取多个需要更改的节；如果文档没有分节，可在文档中任意位置单击鼠标左键。

2）单击"视图"→"页眉和页脚"命令，或双击文档中的页眉或页脚，可以进入编辑页眉和页脚的状态。

3）单击"页眉和页脚"工具栏上的按钮或按钮，移动到想要更改的页眉或页脚。

4）单击其工具栏中的按钮，如图4-158所示。勾选"首页不同"复选框。

5）单击"确定"按钮。即可单独创建其页眉、页脚。

3. 创建不同的奇偶页的页眉和页脚

1）单击"视图"→"页眉和页脚"命令。

2）单击工具栏中的按钮，勾选"首页不同"复选框，再勾选"奇偶页不同"复选框，单击"确定"按钮，如图4-158所示。

3）此时可以在"偶数页页眉"或"偶数页页脚"区域为偶数页创建页眉或页脚。在"奇数页页眉"或"奇数页页脚"区域为奇数页创建页眉或页脚。

4. 删除页眉或页脚

1）双击需要删除的页眉或页脚，进入页眉和页脚的设置状态。

2）选中需要删除的页眉或页脚，按<Delete>键即可。

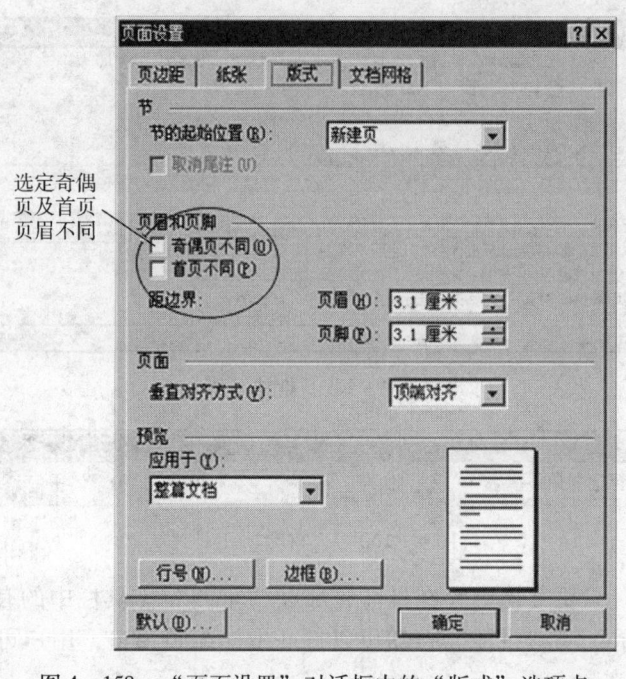

选定奇偶
页及首页
页眉不同

图 4 - 158　"页面设置"对话框中的"版式"选项卡

4.7.4　批注、脚注和尾注

1. 插入批注

批注是 Word 2003 提供给用户的一种批阅他人文档、发表个人意见的有力工具。不同的批阅人可以发表不同的见解，以便原作者对文档重新进行修改。当用户的鼠标指向加入批注的文本时，Word 会自动弹出一个小的批注窗口，用来显示批阅人及其批阅内容。用户还可以将批注随同文档一同打印输出，此时需要在"打印"对话框中进行设置。用户还可以只打印批注，此时需要在"打印"对话框的"打印内容"下拉列表框中，选择"批注"即可。插入批注的方法如下。

1）插入点定位在需要插入批注的地方或选定文本。

2）单击"插入"→"批注"命令，Word 会给选定的文本加入批注并打开审阅窗格，如图 4 - 159 所示。

3）在窗口中可以输入和编辑注释文字。阅览批注可以使用"审阅"工具栏中的"显示"按钮，在弹出的菜单中选中"批注"，则所有的批注都会列出在窗口右端。

2. 使用"审阅"工具栏

使用"审阅"工具栏可以方便地添加、修改、删除和浏览批注。使用过"插入"→"批注"命令后，"审阅"工具栏会自动出现在工具栏区中；或是单击"视图"→"工具栏"→"审阅"命令。"审阅"工具栏如图 4 - 160 所示。

（1）添加批注　将光标置于需要添加批注的位置，单击"插入批注"按钮，这时被选中的文字就会添加一个用于输入批注的编辑框，并且该编辑框和所选文字显示为红色。在编辑框中可以输入需要批注的内容。

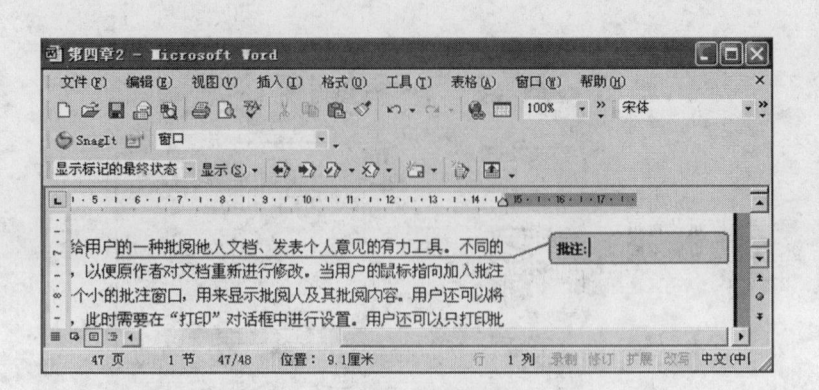

图 4-159 批注示例

图 4-160 "审阅"工具栏

（2）修改批注 只要文档中存在批注，那么"审阅"工具栏中的有关批注的按钮就会被激活。勾选"显示"→"批注"按钮可以打开批注编辑窗口，用户可以根据需要对相应的批注进行修改。

（3）删除批注 如果要删除某个批注，把光标移到批注中，单击"审阅"工具栏中按钮 右侧的三角形，单击"删除批注"即可删除该批注。

3. 插入脚注和尾注

脚注和尾注是 Word 2003 提供给用户的又一种注释文字的工具。大多数用户都会遇到下述情况：书中某页上的个别词语在本页尾部集中给出进一步的解释；用户撰写的论文在文章最后集中列出参考文献等。这就要用到脚注和尾注。脚注和尾注包含注释标记和注释文本两部分。注释标记位于文档中需要被注释的文本处。注释文本一般位于页面的底部或章节、整篇文档的末尾。人们习惯于把脚注的注释文本放在页面底部而把尾注的注释文本放在章节、整篇文档的末尾。同时 Word 的自动编号功能方便了对脚注和尾注的管理。插入脚注和尾注的操作步骤如下。

1）将插入点定位于要插入脚注和尾注标记的文本位置。

2）单击"插入"→"引用"→"脚注和尾注"命令，弹出"脚注和尾注"对话框，如图 4-161 所示。

3）在"脚注和尾注"对话框中，选择插入脚注或尾注、编号或自定义标记方式等。

4）单击"确定"按钮后，文本处出现标记符号，同时在页面底部或章节、整篇文档的末尾打开"脚注和尾注注释文本"窗口，用户可以在此输入注释的内容。

4. 移动、复制和删除脚注和尾注

移动脚注或尾注只需用鼠标选定要移动的脚注或尾注的注释标记，并将它拖动到所需的位置即可。

复制脚注或尾注要选定需要复制的脚注或尾注的注

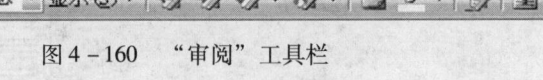

图 4-161 "脚注和尾注"对话框

释标记，然后和复制文本一样操作。

删除脚注或尾注只要选定需要删除的脚注或尾注的注释标记，然后按 < Delete > 键即可。

进行移动、复制或删除操作后，Word 都会自动重新调整脚注或尾注的编号。

5. 转换脚注和尾注

（1）转换所有的脚注和尾注

1）单击"插入"→"引用"→"脚注和尾注"命令，弹出"脚注和尾注"对话框，单击"转换"按钮。

2）弹出"转换注释"对话框，如图 4 – 162 所示，在其中选择"脚注全部转换成尾注"、"尾注全部转换成脚注"或"脚注和尾注相互转换"，单击"确定"按钮完成操作。

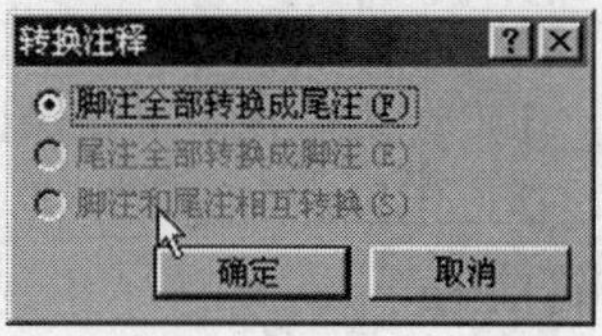

图 4 – 162　　"转换注释"对话框

（2）转换一条脚注或尾注

1）切换到"普通"视图。

2）进入脚注或尾注编辑窗口。

3）选择"全部脚注"或"全部尾注"。

4）在下面列出的脚注或尾注中选择一条后单击鼠标右键，在弹出的菜单中选择"转换至尾注"或"转换至脚注"。

4.7.5　页码和分节

1. 设置页码

1）单击"插入"→"页码"命令，弹出"页码"对话框，如图 4 – 163 所示。

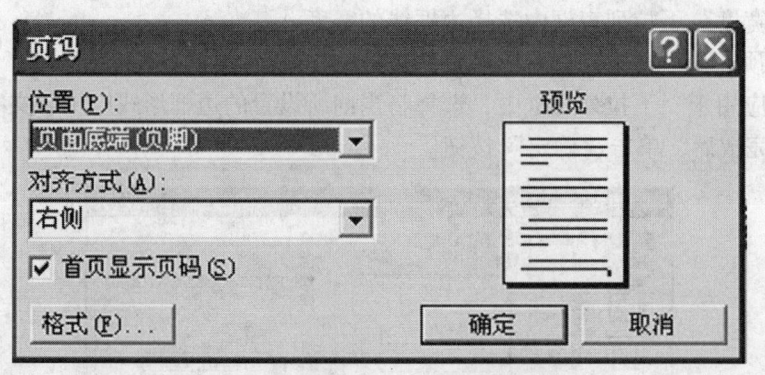

图 4 – 163　　"页码"对话框

2）在"位置"下拉列表框中选择页码插入到文档中的位置。

3）在"对齐方式"下拉列表框中可以选择页码的对齐方式。

4）如果选中"首页显示页码"复选框，则表示从文档的第一页显示页码。

5）如果需要设置页码的格式，可以单击"格式"按钮，根据需要进行设置。"页码格式"设置完成后单击"确定"按钮，返回到"页码"对话框。

6）设置完成后，单击"确定"按钮。

2. 分节的插入

1）将文档切换到页面视图。

2）将光标置于需要在文档中插入分节符的位置。

3）单击"插入"→"分隔符"命令，弹出"分隔符"对话框，如图4-164所示。

4）在"分隔符类型"一栏中选中"分页符"单选项。

5）然后在"分节符类型"一栏中选择一种分节符类型。

6）单击"确定"按钮。

3. 删除分节符

1）在页面视图下，保证文档中显示分节符。

2）用鼠标左键单击需要删除的分节符，则光标会在该分节符前闪烁。

3）按＜Delete＞键，则可删除当前的分节符。

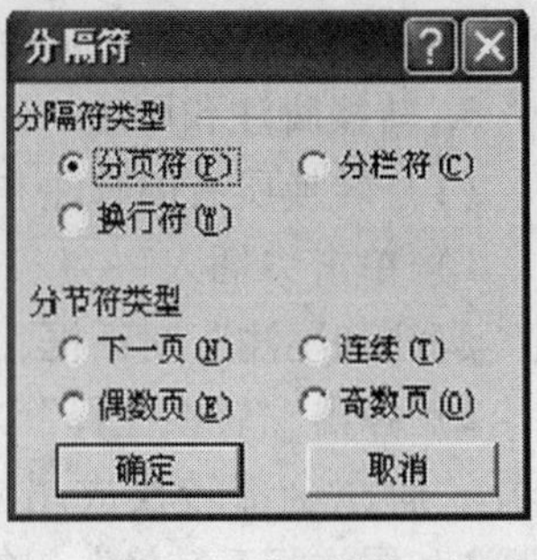

图4-164　"分隔符"对话框

4.7.6　文档的边框和底纹

为了美化打印出来的文档的效果，可以为文档添加边框和底纹。

1. 为文档添加边框

1）选中需要添加边框的文档。

2）单击"格式"→"边框和底纹"命令，弹出"边框和底纹"对话框，切换到"边框"选项卡，如图4-165所示。

3）在"设置"一栏中可以根据需要选择所需的边框类型。

4）在"线型"下拉列表框中选择一种边框的线型。

5）在"颜色"下拉列表框中设置边框线条的颜色。

6）在"宽度"下拉列表框中选择边框线的宽度。

7）在"预览"一栏中，查看所设置的边框的样式。

8）在"应用于"下拉列表框中，选择将当前所设置的边框形式应用于文字或段落。

9）设置完成后，单击"确定"按钮。

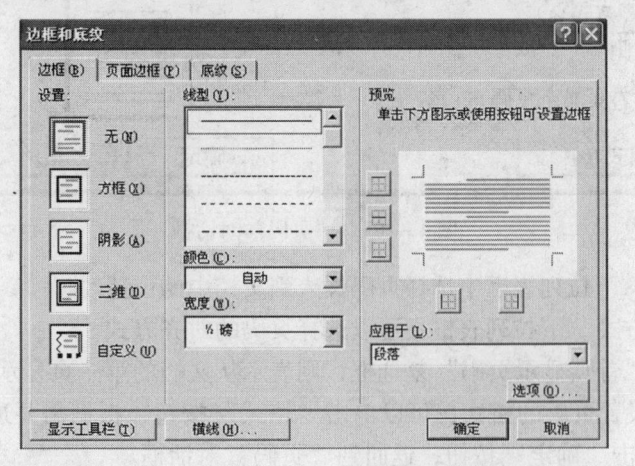

图4-165　"边框和底纹"对话框中的"边框"选项卡

2. 为文档添加页面边框

1）打开要添加页面边框的文档。

2）从弹出的"边框和底纹"对话框中选择"页面边框"选项卡，如图 4 – 166 所示。

3）设置页面边框的具体选项同添加边框的步骤。

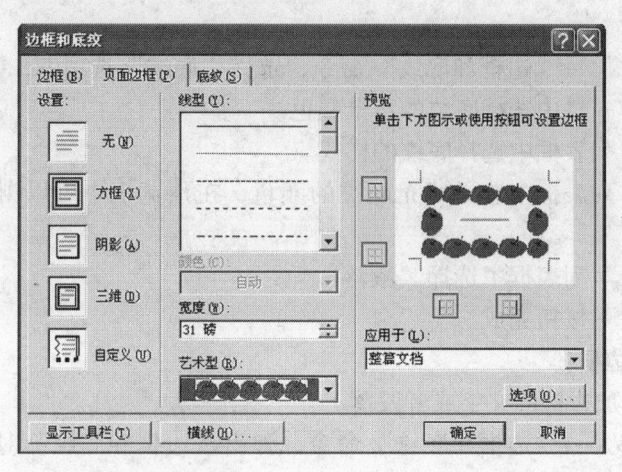

图 4 – 166 "边框和底纹"对话框中的"页面边框"选项卡

3. 为文档添加艺术边框

1）单击"格式"→"边框和底纹"命令，选择"页面边框"选项卡。

2）在艺术型下拉列表框中选择一种形状，再用鼠标左键在"预览"框中单击需要该形式边框的位置或相应按钮，如图 4 – 166 所示。

3）设置完成后，单击"确定"按钮。

4. 为文档添加底纹

1）首先选中需要添加底纹的文本。

2）在"边框和底纹"对话框中选择"底纹"选项卡，如图 4 – 167 所示。

3）在"填充"栏中为底纹选择填充色。

4）在"图案"栏中可以为底纹增加图案。

5）从"应用于"列表框中选择"文字"，单击"确定"按钮。

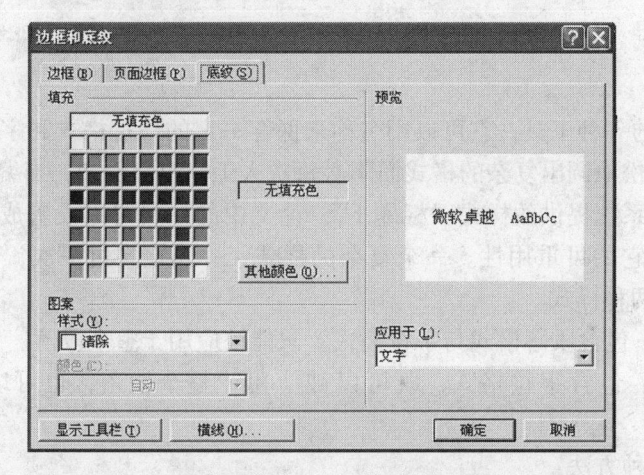

图 4 – 167 "边框和底纹"对话框中的"底纹"选项卡

5. 给段落添加底纹

1）选定要添加底纹的段落，如果只给一段添加底纹，可以把插入点移动到该段中的任意位置。

2）单击"格式"→"边框和底纹"命令，选择"底纹"选项卡，如图4-167所示。

3）在"填充"一栏中选择底纹的背景颜色。

4）在"样式"列表框中选择底纹的样式。

5）在"颜色"列表框中选择填充底纹的颜色，在预览框中可以浏览到添加颜色后的效果。

6）从"应用于"列表框中选择"段落"。

7）单击"确定"按钮完成。

6. 删除添加的边框

1）选定已经添加边框的文字或者段落。

2）单击"格式"→"边框和底纹"命令，弹出"边框和底纹"对话框，切换到"边框"选项卡。

3）在"边框"一栏内选择"无"。

4）单击"确定"按钮完成。

7. 删除添加的底纹

1）选定已经添加底纹的文字或者段落。

2）单击"格式"→"边框和底纹"命令，打开"边框和底纹"对话框，并切换到"底纹"选项卡。

3）在"填充"一栏中选择"无填充色"选项。

4）在"样式"列表中选择"清除"选项。

5）单击"确定"按钮完成。

4.8 样式与模板

4.8.1 样式

样式是Word的一种工具，它可以用名称来保存一定的段落格式和字符格式。使每次应用样式时，能够轻松地调出复杂的格式而不必每次人工修改。例如，当编辑一篇论文时，论文标题可以设置成系统提供的样式"标题1"，论文中的栏目可以设置成"标题2"等。使用样式的好处在于它的可重用性。一个复杂的样式，一旦定义过一次，便可以多次重复使用。Word 2003有两种样式。

1）段落样式：包含段落格式与字符格式，只能被应用于整个段落。

2）字符样式：包含字符格式，既可以被应用于整个段落，也可以被应用于选定的文本。

应用样式的几种方法：

1）将鼠标指针指向"格式"工具栏中的"样式框"稍停几秒钟，会出现"样式"字样。用鼠标左键单击其右侧的下拉按钮，选择需要的样式。

2）单击"格式"工具栏中的"格式窗格"按钮。

3）单击"格式"→"样式和格式"命令。

4.8.2　创建新样式

建立样式的目的是为了方便地使用一套格式。例如，当用户想用"黑体"、"二号"、"段落居中"的格式作为标题文字时，为了在文稿中多次使用，可以将它定义为个人的样式。使用如下方法新建一个样式：

1）单击"格式"工具栏中的☑按钮或单击"格式"→"样式和格式"命令，打开"样式和格式"任务窗格，单击"新样式"按钮，如图 4 - 168 所示。

2）在"属性"一栏内的"名称"文本框中根据自己的需要另起一个名称。

3）在"样式类型"下拉列表框中选择新建样式的应用范围。

4）在"样式基于"下拉列表框中可以选择一种最贴近需要的样式。

5）在"后续段落样式"下拉列表框中可以选择一种样式。

6）在"格式"一栏中对新建样式的格式进行设置。

7）选中该对话框下方的"添加到模板"复选框。

8）如果选中了对话框中的"自动更新"复选框，Word 会更新活动文档中用此样式设置格式的所有段落。

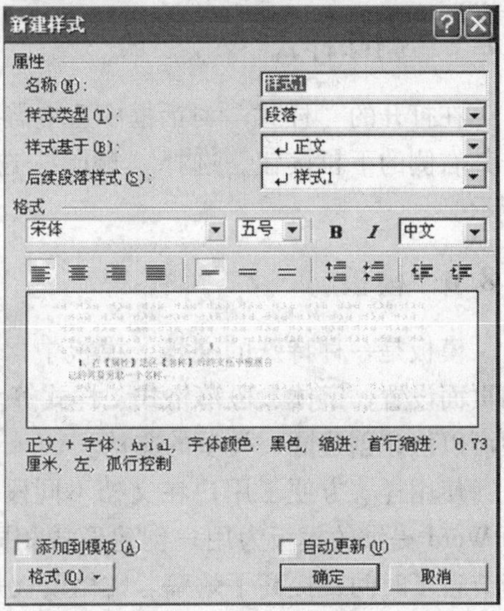

9）完成全部设置后，单击"确定"按钮。

图 4 - 168　"新建样式"对话框

4.8.3　应用样式

使用系统提供的样式或根据个人爱好创建的样式都能提高工作效率。如前面提到应用系统样式"标题 2"建立的论文栏目，当用户修改其中一个栏目的样式后，其他栏目样式自动更新。由此可以避免许多重复的工作，节省了许多宝贵时间，应用样式的方法如下。

1）要使用段落样式时，首先选中一个或一组段落。要使用字符样式时，首先选中文本。

2）单击"格式"工具栏的"样式框"，选择某个样式，或者单击"格式"→"格式和样式"命令，选择某个样式名。

4.8.4　修改样式

样式总是在使用中不断地变化，通常只要在原有样式中进行小的修改就能满足要求。修改样式的方法是利用"格式"→"格式和样式"命令。

修改样式操作步骤：

1）用鼠标左键单击格式工具栏中的"格式窗格"按钮，打开"样式和格式"任务窗格。

2）在"显示"下拉列表框中选择要修改样式的可能的类型。

3）在"请选择要应用的格式"下拉列表框中找到需要进行修改的样式，用鼠标左键单击它右侧的下拉按钮，如图4-169所示。

4）单击"修改"命令。

5）修改完毕后，单击"确定"按钮。

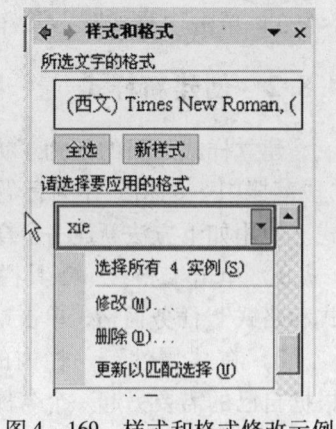

4.8.5 删除样式

在打开的"样式"对话框中选中需要删除的样式，然后单击其右侧的下拉按钮，选择"删除"选项即可，如图4-170所示。

图4-169 样式和格式修改示例

4.8.6 模板

模板是一种特殊的文档。模板中保存了许多文档的格式，如页面设置、字体、段落格式、样式等。利用模板作为文档模型可以快速创建同一类型的文档。

使用样式方便了用户在文档不同段落中应用相同的格式，而 Word 提供的模板为用户创建形式相同、具体内容不同的文档节省了时间，提高了效率。文档模板是一种特殊的文档，扩展名为 .dot，在这种文件下存放某一类文档所共有的初始信息。例如，"现代型传真"模板，包括发送传真的内容框架，调用该模板时，传真样式已经确定，用户只需填写收件人、传真号码等内容信息，就可以完成传真的创建过程。

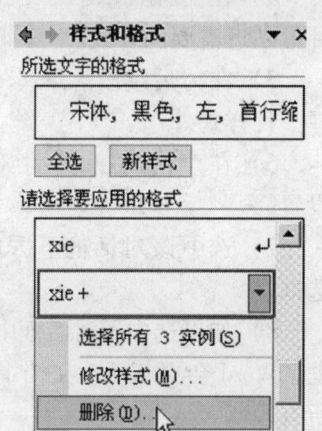

图4-170 删除样式示例

1. 利用模板创建新文档

新建文档时，若不选其他模板，系统将默认以共用模板Normal. dot 作为新文档的模板。Word 提供了许多类型的文档模板，如"论文"、"手册"、"日历向导"等。利用已有的模板能快速创建各种类型文档。操作方法如下：

1）单击"文件"→"新建"命令，打开"新建文档"任务窗格。

2）在任务窗格中单击"本机上的模板"，打开"模板"对话框。其中的"常用"指Normal 模板，如图4-171 所示。选取其中的一个模板，如选"出版物"选项卡中的"论文"模板，在"新建"一栏中选"文档"单选项，然后单击"确定"按钮，便可进入文档编辑窗口编辑文档，编辑完毕后将文档保存。需新建一个"论文"文档，如图4-172所示。

2. 创建模板

日常工作中，为使某类文档保持一致的外观、格式等属性，可创建用户自定义模板并应用于文档中。创建模板的方法有两种：

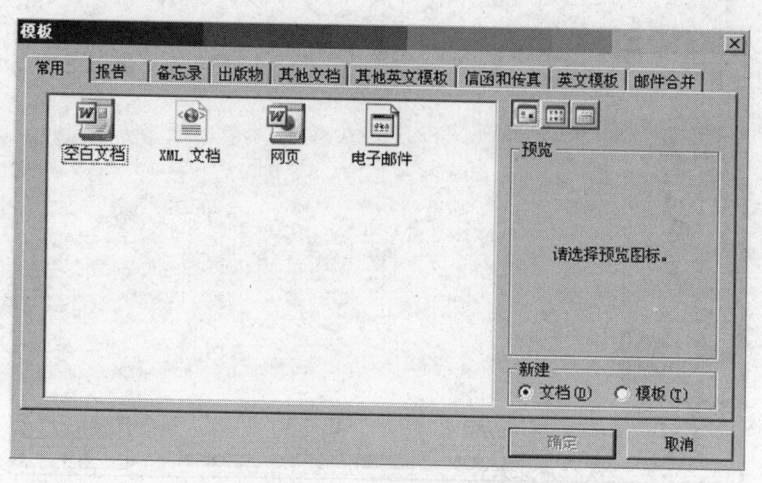

图 4 – 171　"模板"对话框

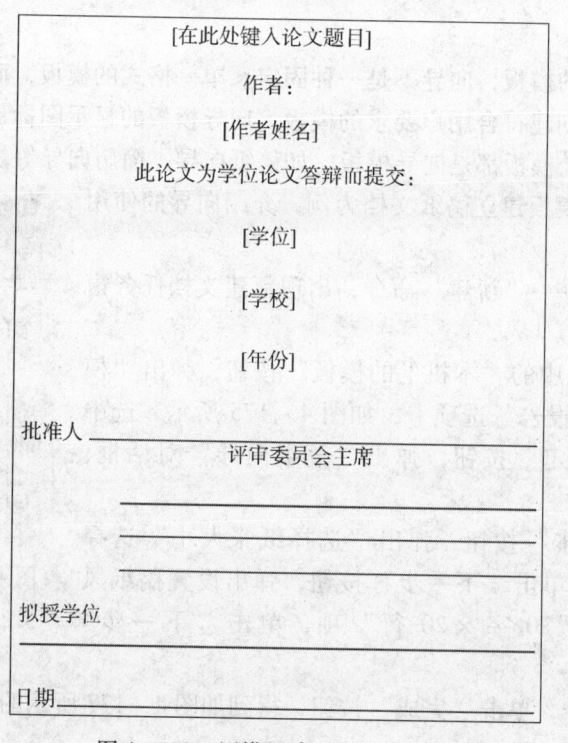

图 4 – 172　用模板建立的论文文档

（1）利用文档创建新模板　新建一文档，使文档具有一些通用格式或内容，如页眉、页脚、称谓、日期、页面设置等，然后单击"保存"→"另存为"命令，在"另存为"对话框中以 . dot 为文件扩展名，保存类型选择文档模板，保存至文件夹" \Templates"中。如图 4 – 173 所示。

（2）通过修改已有模板创建新模板　在文件夹中打开某一模板文件并进行修改，然后"保存"或"另存为"其他模板文件。

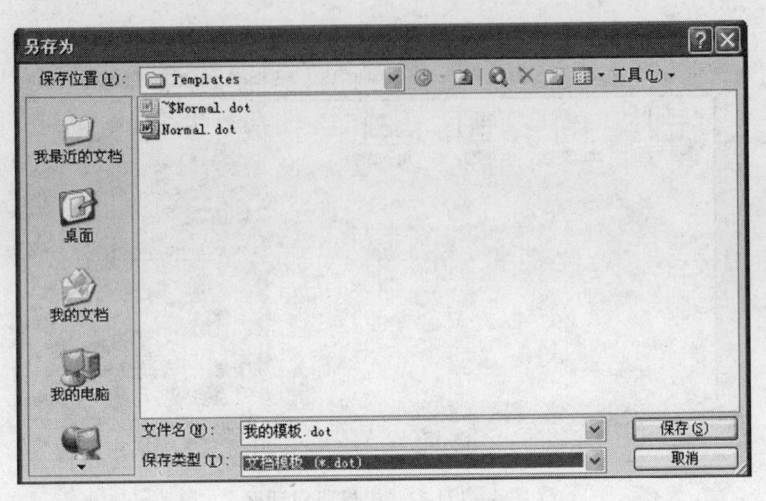

图4-173　创建文档模板

3. 模板向导

向导是一种特殊的模板，向导不是一种固定、单一格式的模板，而是一种可以根据用户在创建文档时的回答创建符合用户要求的模板。向导模板的显示图标也不同于普通图标，在模板对话框中所有的  模板都是向导模板，如稿纸向导、简历向导等。

下面以稿纸向导模板建立稿纸文档为例，介绍向导的使用方法。

1）单击"文件"→"新建"命令，出现新建文档任务窗格，如图4-174所示。

2）单击任务窗格中的"本机上的模板"按钮，弹出"模板"对话框，选择"报告"选项卡，如图4-175所示，选中稿纸向导，单击"确定"按钮，弹出"稿纸向导"对话框，如图4-176所示。

3）单击"下一步"按钮，弹出"选择纸张大小"选择项，选择"A4"后，单击"下一步"按钮，弹出设置稿纸风格的对话框，选择"20字×20行"项，单击"下一步"按钮。

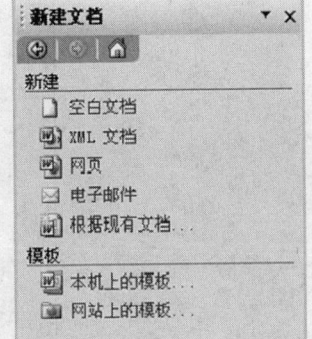

图4-174　新建文档示例

4）到达最后一步，单击"完成"按钮，得到如图4-177所示的网格。

4.9　Word 2003 工具的使用

4.9.1　邮件合并

邮件合并是用户在需要创建大量相同或相似的信函时，所使用的一种快捷、高效的方式。由于此类信函所需要的信息往往都被存放在数据库中，因此，利用邮件合并功能，可以直接从数据库中获取数据，并合并到信函中，从而提高工作效率。

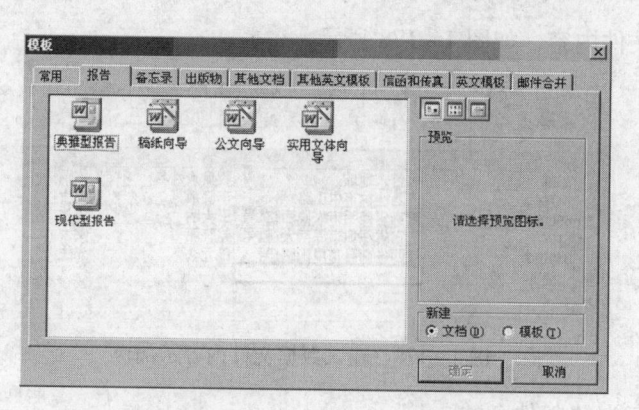

图 4 – 175 "模板"对话框中的"报告"选项卡

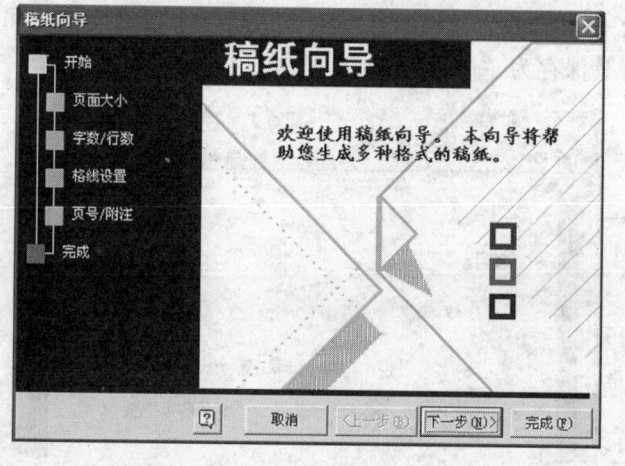

图 4 – 176 "稿纸向导"对话框

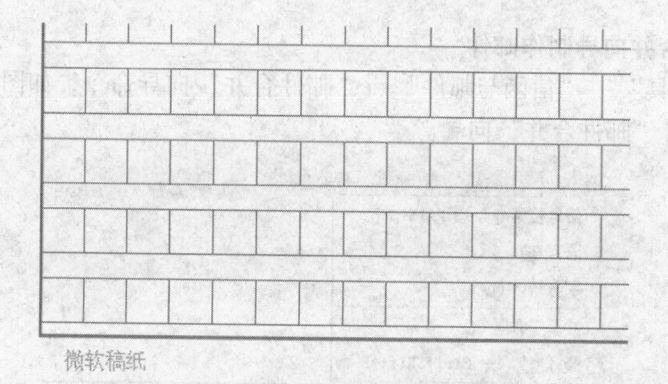

图 4 – 177 通过模板向导建立的稿纸一角

1. 建立数据源文件

要使用邮件合并功能,首先要创建相关的数据源文件。在邮件合并中可以使用任何的数据源,比如 Microsoft Outlook 联系人列表、Access 数据库、Word 和 Excel 文档等。下面以 Excel 文档为例建立数据源。

1)新建一个空白 Excel 文档。

2）输入数据文件内容，如图4-178所示。

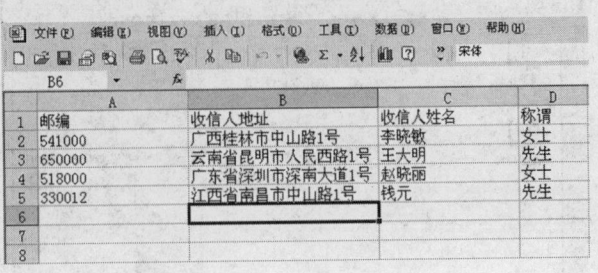

图4-178　输入数据文件内容示例

3）将文件保存为"邮件合并.xls"。

2. 建立主文档

主文档中包含了邮件合并后文档的基本内容，是一个普通文档。如图4-179所示，建立Word主文档后将其保存为"邮件合并.doc"

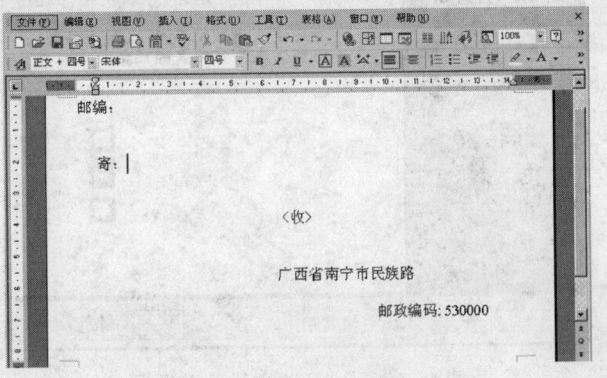

图4-179　建立主文档示例

3. 使用邮件合并向导制作邮件

1）单击"工具"→"信函与邮件"→"邮件合并"向导命令，如图4-180所示，并在文档的右侧弹出"邮件合并"向导。

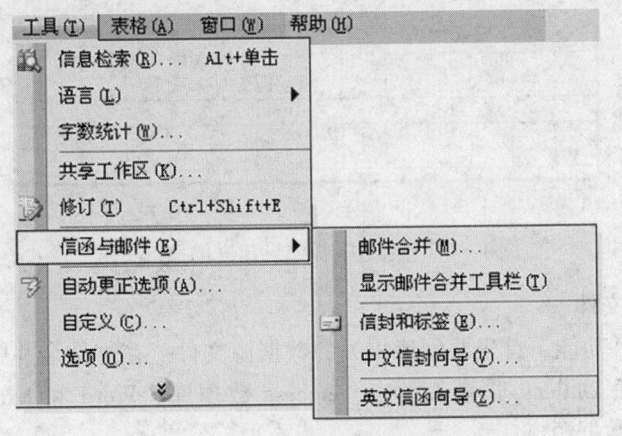

图4-180　选择"邮件合并"向导命令

2）在向导的"选择文档类型"的选项中选择所使用的合并文档的类型，如图 4 - 181 所示，然后单击"下一步"。

3）在向导的"选择开始文档"的选项中选择所使用的开始文档的设置类型，如图 4 - 182 所示，然后单击"下一步"。

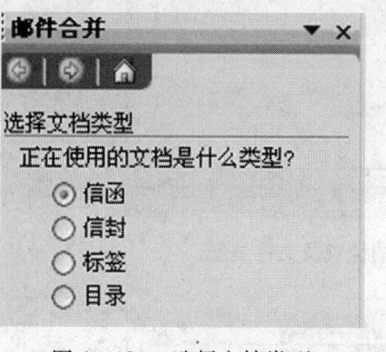

图 4 - 181　选择文档类型

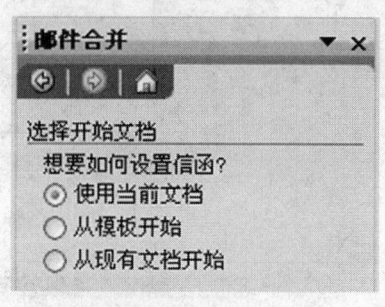

图 4 - 182　选择开始文档

4）在"选择收件人"的选项中，选择收件人所使用的信息数据，如图 4 - 183 所示。然后选择"浏览"（见图 4 - 184），弹出"选取数据源"对话框（见图 4 - 185），在对话框中选择数据源放置的位置和文件类型（见图 4 - 186），打开数据源，弹出"选择表格"对话框（见图 4 - 187），选择所使用的表格，然后单击"确定"按钮；弹出"邮件合并收件人"对话框（见图 4 - 188），选择需要的数据，然后单击"确定"按钮，并单击"下一步"。

图 4 - 183　选择收件人

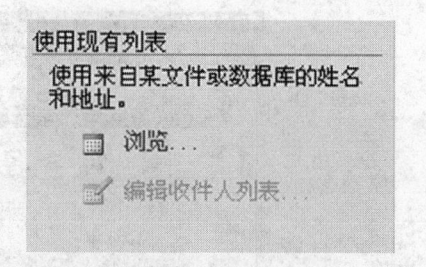

图 4 - 184　选择"浏览"

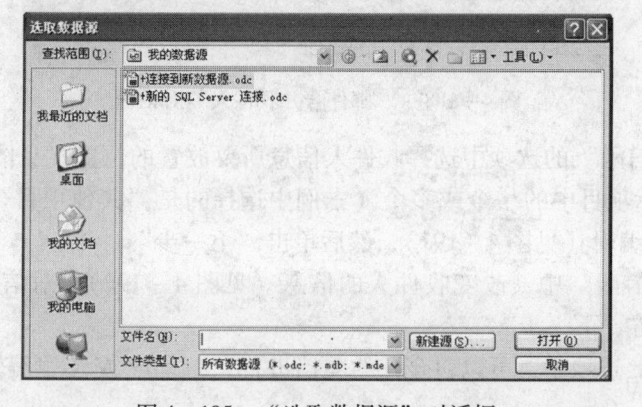

图 4 - 185　"选取数据源"对话框

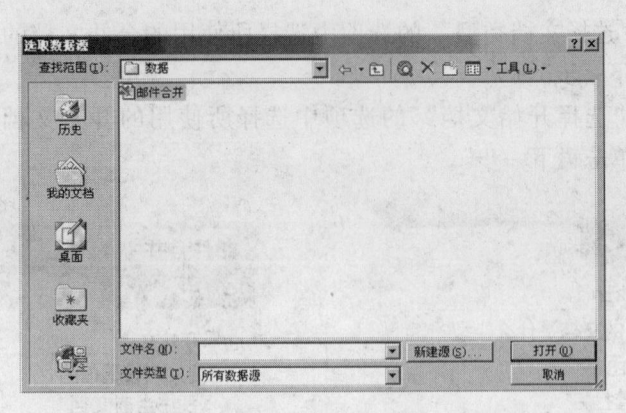

图4-186　选择数据源的位置及文件类型

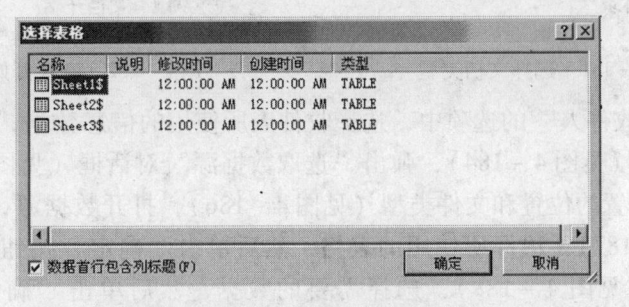

图4-187　"选择表格"对话框

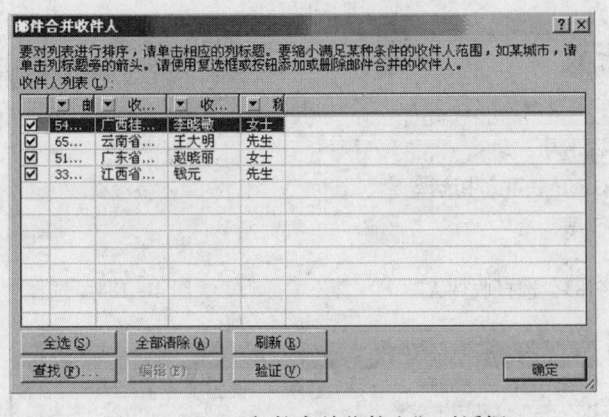

图4-188　"邮件合并收件人"对话框

5）在"撰写信函"的选项中选择收件人信息所要放置的位置（见图4-189），然后选择如图4-190所示项目中的一个或多个（本例中选择的是"其他项目"选项），根据内容在适当的位置进行编辑（见图4-191），然后单击"下一步"。

6）在"预览信函"中，改变收件人的信息（见图4-192），对信函进行预览（见图4-193），然后单击"下一步"。

7）在"合并"选项中，可以对合并的文档进行"打印"或者"编辑个人信函"，（如图4-194）所示。

选择"编辑个人信函"弹出"合并到新文档"对话框（见图4-195），并根据具体要求对所要显示的记录进行设置，单击"确定"将信函合并到新的文档中。

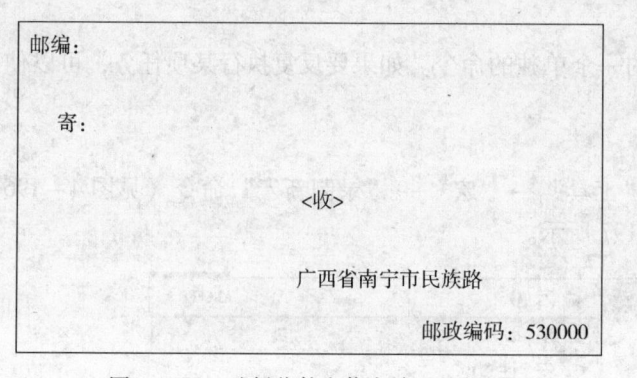

图 4-189 选择收件人信息放置的位置

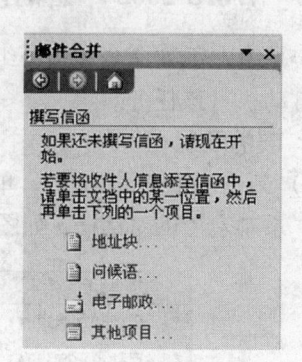

图 4-190 "撰写信函"选项

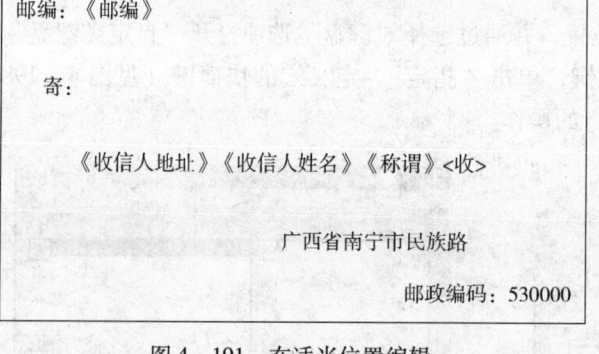

图 4-191 在适当位置编辑

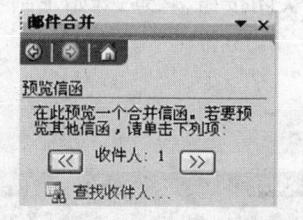

图 4-192 "预览信函"选项

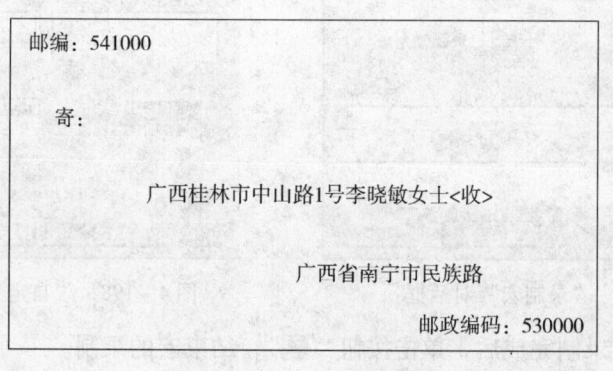

图 4-193 信函预览结果

图 4-194 "合并"选项

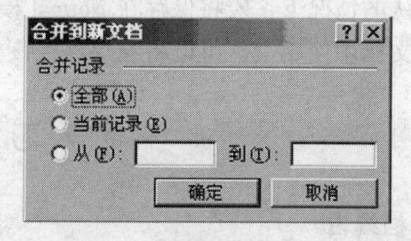

图 4-195 "合并到新文档"对话框

4.9.2 Word 2003 中宏的使用

宏是由一系列命令和指令组成的一个单独的命令。如果要反复执行某项任务，可以使用宏来自动执行该任务。

1. 宏的录制

1）新建一个 Word 文档，单击"工具"→"宏"→"录制新宏"命令（见图 4 – 196），出现"录制宏"的对话框，如图 4 – 197 所示。

图 4 – 196　"录制新宏"命令

2）在对话框中定义宏名、保存的位置，并通过选择"键盘"选项打开"自定义键盘"对话框，并在键盘上选择所要定义的快捷键，单击"指定"，定义宏的快捷键（见图 4 – 198），单击关闭按钮，然后开始录制宏所要执行的操作。

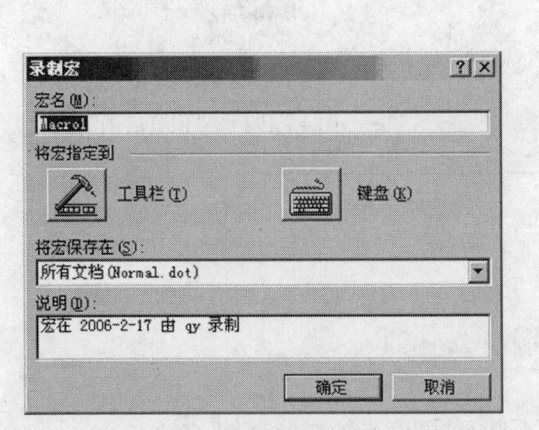

图 4 – 197　"录制宏"对话框

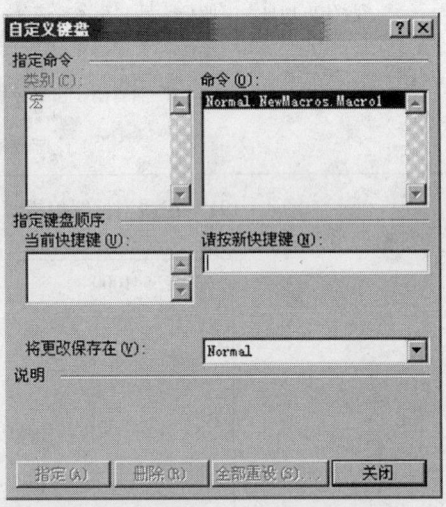

图 4 – 198　"自定义键盘"对话框

3）将定义的宏录制完成后，单击按钮"■"，结束宏的录制。

2. 保存宏

在默认的情况下，宏将保存在 Normal 模板中，以便所有的文档都能够使用。如果需要在单独的文档中使用宏，可以将宏保存在该文档中。

习　题

1. 文档编辑

（1）按要求编辑文档

1）字体：第一行标题为华文行楷；正文第一段幼圆；正文第二段为楷体；最后一行为华文细黑。

2）设置字号：第一行标题的"对计算机基础课程的思考"为小一、正文为小四。

3）设置字形：正文第二段的第一句加波浪下画线；正文第二段的最后一句加着重号；最后一行倾斜。

4）设置对齐方式：第一行标题居中；最后一行右对齐。

5）设置段落缩进：正文各段左右各缩进 1 字符，首行缩进 2 字符。

6）设置行（段落）间距：正文段前、段后各 1 行，正文行距为 1.5 倍行距。

【文档1】

对计算机基础课程的思考

随着中小学教改的深入，计算机基础知识逐步成为中小学教学内容的一部分。也就是说，在新入学的大学生中，已经掌握计算机基本操作知识甚至已经通过各种计算机等级考试的人数，几年内会有相当大的增长；另一方面，由于各地经济发展水平的差距和各学校计算机普及程度的不一致，大学新生中，没有或很少接触计算机的人数虽会逐渐减少，但不会在近几年消失。大学新生中计算机应用水平将出现层次上差距很大的混乱局面。

随着多媒体和信息高速公路技术的迅速发展，计算机的功能越来越多，软件的结构越来越复杂，但学习的内容越来越丰富，操作性越来越强，对学生计算机应用能力的要求与以往有很大的改变。知识的掌握与操作技能的掌握之间的比重越来越倾向于后者。

摘自《计算机报》

（2）按要求编辑文档

1）设置字体：第一行标题为隶书；正文第一段为华文新魏；正文第二段为华文细黑；正文第三段为楷体；最后一行为黑体。

2）设置字号：第一行标题为一号；正文第一段和第三段为小四。

3）设置字形：第一行标题倾斜；正文第一段加下画线；正文第三段加粗、加着重号。

4）设置对齐方式：第一行标题居中；最后一行右对齐。

5）设置段落缩进：正文首行缩进 2 字符；全文左、右各缩进 3 字符。

6）设置行（段落）间距：全文段前、段后各 0.5 行；正文第二段和第三段行距为固定值 18 磅。

【文档2】

个人计算机时代行将结束?

最新一期的英国《经济学家》周刊载文预测，随着手持计算机、电视机顶盒、智能移动电话、网络计算机等新一代操作简易、可靠性高的计算装置的迅速兴起。

在未来五年中，个人计算机在计算机产业中的比重将不断下降，计算机发展史上个人计算机占主导地位的时代将结束。

该杂志引用国际数据公司最近发表的一份预测报告称，虽然目前新一代计算装置的销量与个人计算机相比还微不足道，但其销售速度在今后几年内将迅猛增长，在 2003 年左右其销量就会与个人计算机基本持平，此后还将进一步上升。以此为转折点，个人计算机的主导时代将走向衰落。

摘自《电脑世界》

2. 表格制作

（1）

商品				金额							
名称	单位	数量	单价	十	万	千	百	十	元	角	分
总计金额				拾	万	仟	佰	拾	元	角	分

（2）

公司名称	公交发展公司			负责人	李四
联络人	李小姐	职称	副经理	性别	女
基本数据					
地址	漓江路6号				
区域	东区		邮政编码		123456
电话	0123 – 1234567	分机	101	传真	

（3）

星期 ＼ 课程 ＼ 节次	星期一	星期二	星期三	星期四	星期五
第一节	语文	外语	化学	计算机	数学
第二节	数学	数学	物理	自然	语文
第三节	计算机	美术	外语	语文	体育
第四节	体育	劳技	音乐	物理	地理
第五节	化学	语文	政治	数学	化学
第六节	自然	物理	历史	自修	政治

3. 表格操作

（1）

1）创建表格并自动套用格式：将光标置于文档第一行，创建一个3行3列的表格；为新创建的表格自动套用"精巧型1"的格式。

2）表格行和列的操作：删除表格中"不合格品"一列右侧的一列（空列）；将"第四车间"一行移至"第五车间"一行的上方；表格各行平均分布。

3）合并或拆分单元格：将表中"生产车间"单元格与右侧的单元格合并为一个单元格。

4）表格格式：将表中各数值单元格的对齐方式设置为中部居中；第一行设置为青绿色底纹，其余设为浅黄色底纹。

5）表格边框：将表格边框设置为红色双实线；网格横线设置为蓝色点画线；网格竖线设置为粉红细实线。

【表格1】

生产车间	总数/件	不合格品/件		合格率
第一车间	4532	10		99.78%
第四车间	4643	36		99.22%
第二车间	1234	8		99.35%
第三车间	7654	125		98.37%
第五车间	32145	31		99.90%

（2）

1）创建表格并自动套用格式：将光标设置于文档第一行，创建一个3行4列的表格；为新创建的表格自动套用"Web 型 1"的格式。

　　2）表格行和列的操作：删除表格最下方的一行（空行）；将"2003 年"与"2005 年"两列位置互换；调整第一行的高度为 2cm。

　　3）合并或拆分单元格：将"教学"右侧的单元格拆分为 3 行 1 列；分别输入"委培、短训、进修"。

　　4）表格格式：将表格中各单元格的对齐方式设置为中部居中；将表格中的标题的底纹设置为棕黄色，第 2、3、4、5、6 列的底纹设置为黄色。

　　5）表格边框：将表格外边框线设置为 1.5 磅的三实线，网格线设为红色双点画线。

【表格 2】

年份 委培	2001 年	2003 年	2005 年	2004 年	2003 年
教学	34	40	43	50	52
	40	34	39	36	30
	20	30	43	41	35
科研	40	60	71	69	65

4. 按要求输入下列艺术字

1）输入反白字。

　　2）设置艺术字样式为第 1 行第 1 列；字体为宋体；形状为普通文字；填充效果为过渡单色，底纹样式垂直，线条颜色黑色，粗线 0.75 磅。

　　3）设置艺术字样式为第 4 行第 4 列；字体为楷体；形状为波形 2。

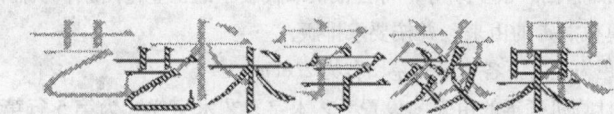

　　4）设置艺术字样式为第 1 行第 1 列；字体为宋体；形状为普通文字；填充效果图案，前景蓝色，背景白色。阴影样式 10，阴影颜色红色。

　　5）设置艺术字样式为第 5 行第 4 列；字体为宋体；形状为正梯形；适当调整大小。

5. 公式输入

(1) $y = \sqrt{\log_{\frac{1}{2}} x^2}$

(2) $\sin^2 \alpha + \cos^2 \alpha = 1$

(3) $\dfrac{\sin\alpha}{\cos\alpha} = -3$

(4) $y = \sum\limits_{x=1}^{8} x^2$

(5) $4HNO_3 \xrightarrow[\text{或光照}]{\triangle} NO_2\uparrow + O_2\uparrow + HNO_2\uparrow$

(6) $\sin(\alpha \pm \beta) = \sin\alpha\cos\beta \pm \cos\alpha\sin\beta$

(7) $x = \dfrac{-b \pm \sqrt{b^2 - 4ac}}{2a}$

(8) $\int x^2 \mathrm{d}x = \dfrac{x^{n+1}}{n+1}$

6. 综合排版

(1) 输入文本"互联网的应用"并按要求排版

1) 页面设置：设置页边距上、下各2cm，左、右各3cm。

2) 艺术字：标题"互联网的应用"设置为艺术字，艺术字样式为第2行第3列；字体为华文行楷，字号为44；形状为桥形；填充效果为过渡效果，预设雨后初晴；线条为粉红色实线；文字环境方式为嵌入型。

3) 分栏：将正文除第一段外，其余各段设置为两栏格式，栏间距为3个字符，加分隔线。

4) 边框和底纹：为正文最后一段设置底纹，图案样式为10%，最后一段加双波浪形边框。

5) 脚注和尾注：为第三行"因特网"三个字插入尾注"因特网（Internet）又称国际计算机互联网，是目前世界上影响最大的国际性计算机网络。"

6) 页眉和页脚：添加页眉文字为"计算机知识"。

【文本1】

互联网的应用

互联网行业最近发布的一项调查显示，美国使用因特网的人数仍然超过其他国家；同时，世界各地的上网冲浪者也在日益增加。

1997年，54%的因特网使用者是美国居民，他们利用因特网进行商务活动、教育活动和居家办公。这一百分比与1991年相比有大幅下降，那时美国因特网使用人数占全世界的80%。预计到2000年时，美国因特网使用人数所占百分比会降到40%。

排在前10名的国家还有日本、英国、加拿大、德国、澳大利亚、荷兰、瑞典、芬兰和法国。这项调查预计，人口较多的国家，如中国、俄罗斯等，将会很快取代较小的工业化国家，从而改变现有排名。

(2) 输入文本"计算机病毒的由来"并按要求排版

1) 页面设置：页边距为上、下各2cm，左、右为2.8cm。

2) 艺术字：标题"计算机病毒的由来"设置为艺术字，艺术字样式为第5行第4列、字体为华文彩云；形状为波形1；阴影为阴影样式17；环绕方式为四周型。

3) 分栏：将正文第二段，第三段设置为两栏式，栏间距为1.5cm，加分隔线。

4) 边框和底纹：为正文第四段添加底纹，颜色为"灰色－10%"。

5) 脚注和尾注：为正文第一段第一行"病毒"添加双下画线，插入尾注"指编制或者在计算机程序中插入的破坏计算机功能或者破坏数据的程序"。

6) 页眉和页脚：添加页脚文字为"计算机基本知识"。

【文本 2】

计算机病毒的由来

计算机病毒的发源地在美国。早在 1949 年计算机研究的先驱者纽曼说过，有人会编制异想天开的程序，甚至不正当地使用他们。今天的计算机病毒实际上就属于这样一类程序。

在 1977 年夏天，Thomas J. Ryan 出版了一本科幻小说，名叫《The Adolescence of P – 1》。书的作者幻想出世界上第一个计算机病毒。这种病毒从一个计算机到另一个计算机传染流行，它感染了 7000 多台计算机的操作系统。人类社会的许多现行科学技术，都是先有幻想之后才成为现实的，也许在这本书问世之后，有些对计算机系统非常熟悉，具有极为高超的编程技巧的人顿开茅塞，发现计算机病毒的可能性，从而设计出了计算机病毒。

1983 年获得美国计算机协会计算机图灵奖的汤普生公布了这种计算机病毒存在和它的程序编制方法。《科普美国人》1984 年 5 月还发表了介绍磁心大战的文章，而且只要 2 美元就可获得指导编制病毒程序的复印材料。很快，计算机病毒就在大学里迅速扩散。

各种新的病毒不断被炮制出来。据有些资料介绍：计算机病毒的产生是由一些搞恶作剧的人引起的。这些人或是要显示一下自己在计算机方面的天资，或是要报复一下别人或公司（学校）。前者主观愿望是无恶意的，无非为了炫耀自己的才华。后者却不然，是恶意的，力图在损失一方的痛苦中取乐。

7. 邮件合并

在 Word 中新建主文档，文件名为 "HB – 1. doc"（见图 4 – 199）。选择文档类型为 "信函"，以下列工作表（见图 4 – 200）为数据源，进行邮件合并，结果如图 4 – 201 所示，并将邮件合并结果保存至新文档中，文件名为 "HB – 2. doc"（见图 4 – 202）。

移动费用缴纳通知

您好：

您的移动电话　　　，现已欠费金额　　元，希望您尽快到附近移动公司营业厅缴纳话费，否则将做停机处理。

谢谢合作！

移动通信公司

20/3/2006

图 4 – 199　主文档文件

姓名	电话号码	欠费金额
李祥	1380×××5896	560
杨芳	1360×××5892	420
刘云	1357×××8794	235
董进	1395×××6575	630
陈香	1367×××7514	532

图 4 – 200　工作表

移动费用缴纳通知

您好：《姓名》

您的移动电话《电话号码》，现已欠费金额《欠费金额》元，希望您尽快到附近移动公司营业厅缴纳话费，否则将做停机处理。

谢谢合作！

移动通信公司

20/3/2006

图 4 – 201　邮件合并结果

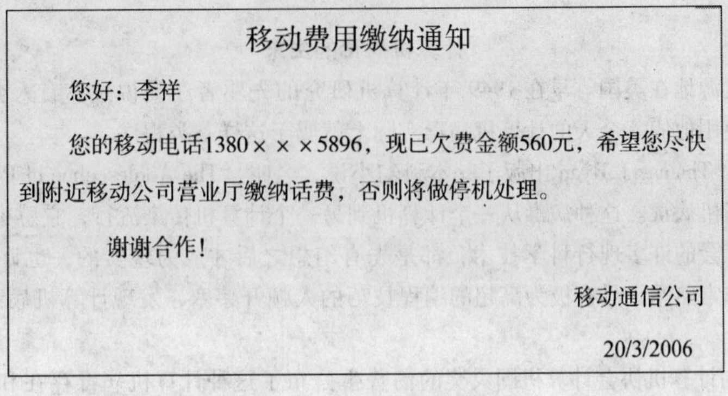

移动费用缴纳通知

您好：李祥

您的移动电话1380××××5896，现已欠费金额560元，希望您尽快到附近移动公司营业厅缴纳话费，否则将做停机处理。

谢谢合作！

移动通信公司

20/3/2006

图4-202　邮件合并预览

第 5 章 电子表格软件 Excel 2003

Excel 2003 是 Microsoft 公司发行的 Microsoft Office 2003 软件系统的一部分，是一种电子表格处理软件。利用 Excel 电子表格处理软件，不仅可以完成电子表格的制作和表格的计算功能，还能完成复杂的数据库管理功能，对数据进行分析和管理，利用图表功能，还可以使表格数据图形化。

本章以 Excel 2003 中文版为例，介绍 Excel 的主要功能及基本操作方法。

5.1 Excel 2003 的基础知识

5.1.1 Excel 2003 的启动和退出

启动 Excel 2003 与其他应用程序一样，在安装完 Office 2003 后，各应用程序的快捷方式会自动加入到"开始"菜单的"所有程序"中。在"所有程序"中单击"Microsoft Office Excel 2003"，便可启动 Excel 2003。

1. Excel 2003 的启动

启动 Excel 2003 通常采用以下几种方法：

（1）使用开始菜单　单击"开始"菜单，选择"所有程序"菜单中的"Microsoft Office Excel 2003"选项。

（2）使用快捷方式　双击桌面上 Excel 2003 的快捷方式图标，便可启动 Excel 2003。

（3）使用已有的 Excel 2003 文档　单击"开始"菜单，选择"打开 Office 文档"，这时弹出"打开 Office 文档"对话框，在查找范围中选择盘符，再选择需要打开的工作簿。

2. Excel 2003 的退出

退出 Excel 2003 通常采用以下几种方法：

（1）使用文件菜单　使用"文件"菜单，单击"文件"→"退出"命令。

（2）使用关闭按钮　单击标题栏右上角的关闭按钮。

（3）使用系统控制菜单　单击标题栏左上角的图标，在弹出的下拉菜单中，单击"关闭"按钮。

（4）使用快捷键　同时按下键盘上的 < Alt + F4 > 组合键。

5.1.2 Excel 2003 的工作界面

启动 Excel 2003 后，屏幕上会显示 Excel 应用程序窗口，如图 5 - 1 所示。它主要由标题栏、菜单栏、常用工具栏、格式工具栏、格式工具栏、编辑栏、工作区、状态栏这几部分组成。

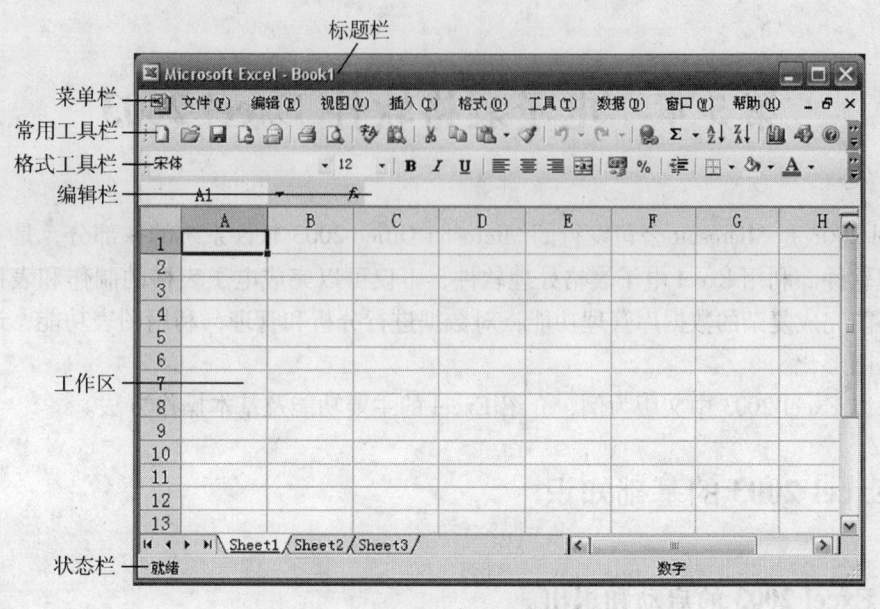

图 5-1 Excel 应用程序窗口

1. 标题栏

标题栏位于工作区的顶部，用来显示应用程序名字和当前使用的工作簿名字等，当工作簿窗口最大化时，应用程序名字与工作簿标题栏合并在一起。如果没有对工作簿进行命名和存盘，则 Book1 将出现在标题栏中，如图 5-2 所示。

图 5-2 默认的标题栏

2. 菜单栏

菜单栏列出了 Excel 提供给用户进行各种操作的菜单选项，单击某个菜单选项，将弹出该菜单的下拉菜单，它包括以下九组菜单命令，如图 5-3 所示。

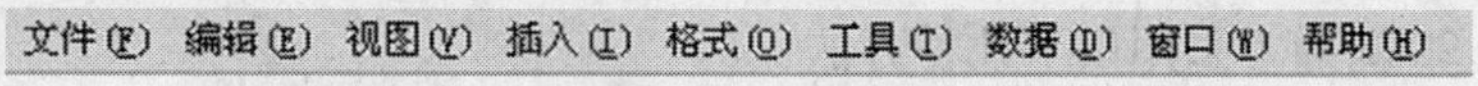

图 5-3 菜单栏

3. 常用工具栏

常用工具栏中有许多按钮，如图 5-4 所示，这些按钮中的大部分都可以在菜单中找到相应的命令。

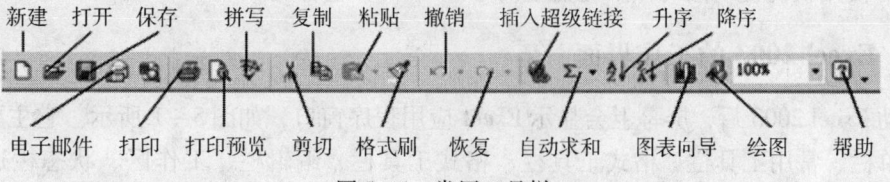

图 5-4 常用工具栏

4. 格式工具栏

格式工具栏中有许多按钮，用于对工作表中的内容进行所需的各种格式化操作，如图 5-5所示。

图 5-5 格式工具栏

5. 编辑栏

编辑栏也称公式栏，可用来输入和修改数据。如图 5-6 所示，位于编辑栏左边的是名称框，名称框中显示当前单元格或图表、图片的名字。

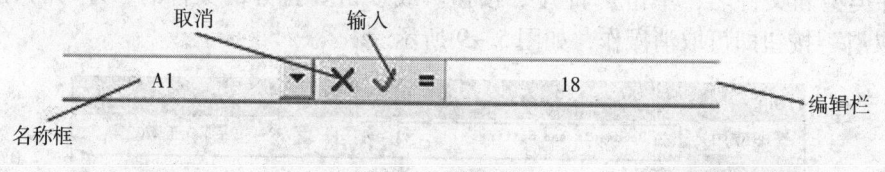

图 5-6 编辑栏

6. 工作区

工作区就是一个工作簿窗口，它是进行数据处理、绘图等工作的区域，如图 5-7 所示。

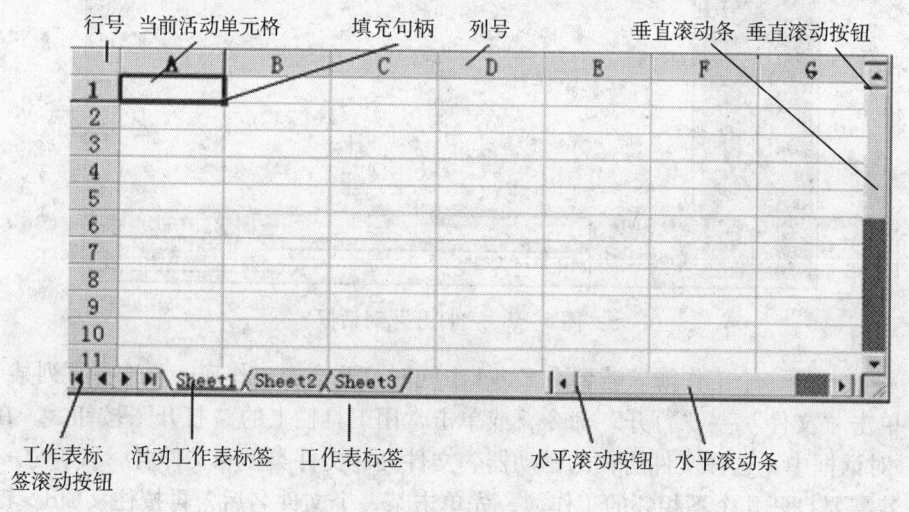

图 5-7 工作区

7. 状态栏

状态栏在屏幕的底部，显示当前工作区的状态信息。状态栏的左边是信息栏，显示与当前命令相关的信息，大多数情况下，信息栏显示"就绪"，表明工作表正在准备接收信息。状态栏的右边是键盘信息栏，如图 5-8 所示。

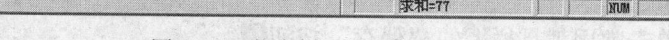

图 5-8 状态栏

5.1.3 工作簿、工作表和单元格

1. 工作簿

工作簿是 Excel 用于处理和存储数据的文件。一个工作簿最多可以有 255 个不同类型的工作表，可以将相同的数据以不同的工作表存放在同一个工作簿中。

（1）工作簿文件的建立　单击"文件→新建"命令，在"新建工作簿"模板上，选择"空白工作簿"；或单击常用工具栏上的"新建"按钮□；或按组合键 < Ctrl + N >，也可新建一个工作簿。

（2）工作簿文件的打开

1）打开一个工作簿。单击"文件"→"打开"命令，或按组合键 < Ctrl + O >，或单击常用工具栏上的"打开"按钮☛，弹出"打开"对话框，选择文件所在的驱动器、文件夹、文件类型和文件名，单击"打开"按钮。或双击要打开的文件名，即可打开该文件。单击"取消"按钮即可取消操作，如图 5 - 9 所示。

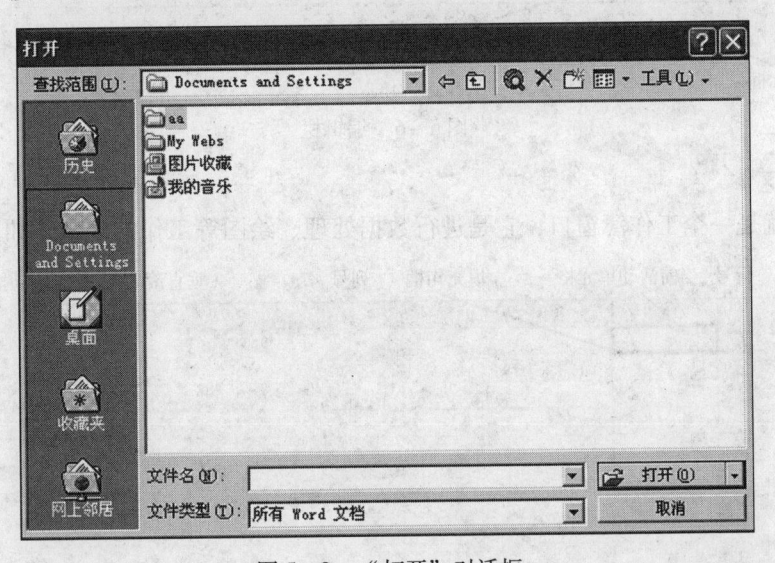

图 5 - 9　"打开"对话框

2）一次打开多个工作簿。若要在 Excel 中同时打开多个工作簿，可选择下列某一操作。

① 单击"文件"→"打开"命令，或单击常用工具栏上的"打开"按钮☛。在弹出的"打开"对话框中，选择文件所在的驱动器、文件夹、文件类型和文件名。

② 若需要打开几个不相邻的工作簿，先单击某一个文件名后，再按住 < Ctrl > 键，单击其余文件名，便同时打开多个文件，如图 5 - 10 所示。

③ 若需要打开几个相邻的工作簿，先单击第一个文件名后，再按住 < Shift > 键，单击最后一个文件名，便同时打开多个文件，如图 5 - 11 所示。

（3）工作簿文件的保存　当完成对一个工作簿的建立和编辑后，需要将文件进行保存，可以采用以下几种方式进行。

1）单击"文件"→"保存"命令。

2）单击常用工具栏上的"保存"按钮🖫。

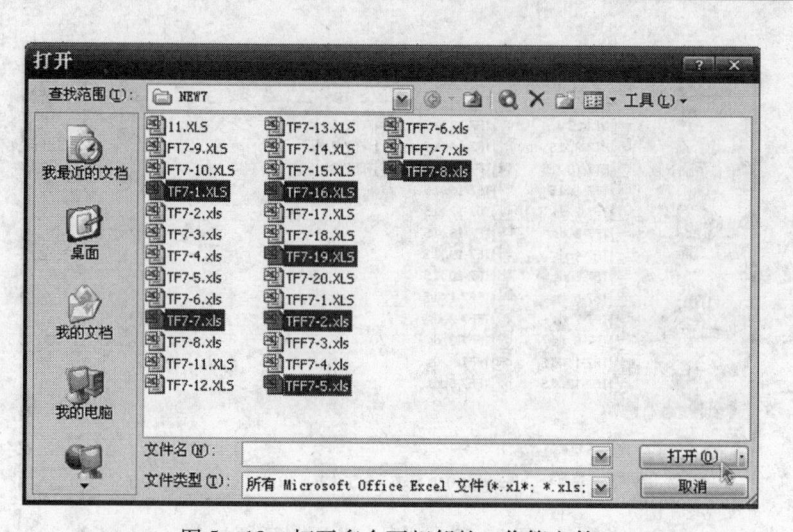

图 5-10　打开多个不相邻的工作簿文件

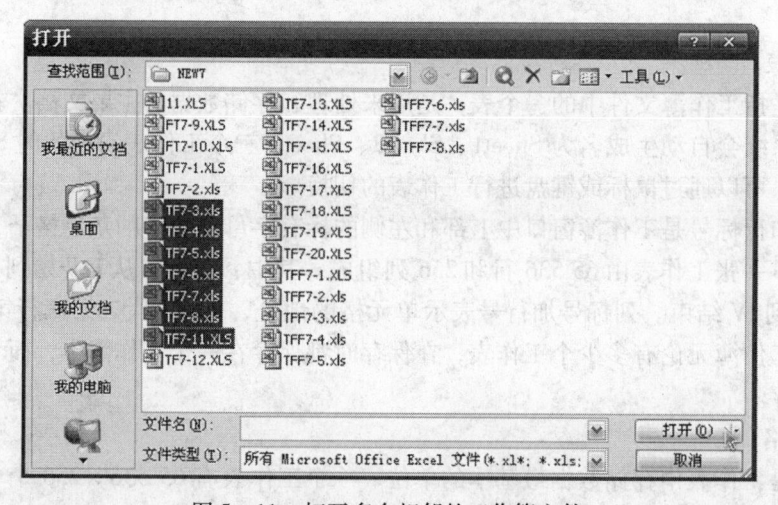

图 5-11　打开多个相邻的工作簿文件

3）按组合键 < Ctrl + S >，对当前工作簿进行保存。

若当前工作簿是未命名的，则系统会自动弹出"另存为"对话框。

若当前工作簿已命名，系统会自动保存，若对当前工作簿使用新文件名时，应单击"文件→另存为"命令，此时，弹出"另存为"对话框，输入新文件名，便可将当前工作簿换名保存，如图 5-12 所示。

（4）关闭工作簿文件　单击"文件"→"关闭"命令，或单击工作簿窗口右上角的关闭按钮✕，或单击菜单栏图标✕，选择"关闭"选项，或双击工作簿窗口左上角的图标✕，就可以关闭工作簿窗口。

若当前工作簿是新建的，或对原有工作簿还未保存，则在关闭工作簿时，系统会提示是否要存盘，若选择"是"，则将当前工作簿存盘后关闭；若选择"否"，则放弃存盘并关闭当前工作簿；若选择"取消"，则返回原来的工作簿。

（5）系统的退出　在退出系统之前，应先关闭所有已打开的工作簿，再单击"文件→

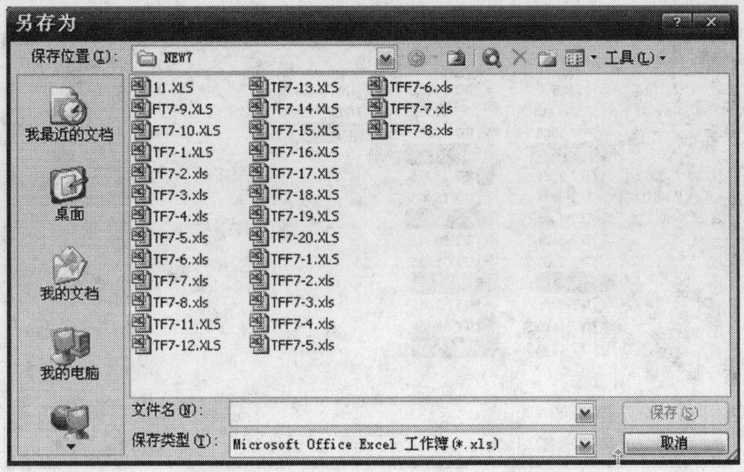

图 5 - 12   "另存为"对话框

退出"命令。

2. 工作表

工作表是指工作簿文件中的一个表，是用来处理和存储数据的主要文档。新建一个空白工作簿后，系统会自动生成名为 Sheet1、Sheet2、Sheet3 三个工作表，初始时 Sheet1 是当前活动工作表，可以通过鼠标或键盘进行工作表的切换。

列标号和行标号是工作簿窗口中上部和左侧的标有字母和数字的灰色格子，用于定位和引用单元格。一张工作表由 65 536 行和 256 列组成。其中，行标号从 1 开始到 65 536，列标号从 A 开始到 IV 结束。列标号加行号表示单元格的地址，如 A3 代表第三行第 A 列处的单元格。一个工作簿无论有多少个工作表，在保存时都保存在一个工作簿中，而不是在单个工作表进行保存。

3. 单元格

单元格是工作表中存储数据最基本的单位。一个工作表有 65 536 × 256 个单元格，每个单元格命名由该单元格所在的行和列组成。如 "A1" 表示第一行与第一列相交位置上的单元格。每个单元格最多可以容纳 32 000 个字符，一张工作表同时只能有一个单元格是活动的，用户只能向活动单元格中输入数据。

活动单元格即为当前选定的一个或多个单元格区域。当前单元格被选定后其外面有一个黑色的边框。初始时工作表的 A1 单元格是活动单元格，活动单元格边框加粗显示。

单元格的选定包括以下几种类型。

1）选择一个单元格。单击要选择的单元格，或用键盘的方向键（←↑→↓）移动光标。

2）选择多个不相邻的单元格。单击第一个要选择的单元格，再按住 < Ctrl > 键，再单击其余的单元格。

3）选择多个相邻的单元格。用鼠标选择活动单元区域（如将 "A1：C5" 定义为活动单元格，先用鼠标指针指向 A1 单元格，再按住鼠标左键，拖动鼠标至 C5 单元格）或用 < Shift > 键选择活动单元区域（如将 "A1：C5" 定义为活动单元格，先选中 A1 单元格，按住 < Shift > 键再单击 C5 单元格）。

4）单行、单列的选择。单击行标或列标就可以选择单行或单列。

5）多行或多列的选择。利用 < Shift > 和 < Ctrl > 键可选择多行或多列。

6）全选。单击工作区左上角的"全选"按钮或拖动鼠标指针选中所有单元格。

5.2 Excel 2003 的基础操作与编辑

5.2.1 数据的输入

1. 数据的输入

在 Excel 2003 中输入的数据可以是多种类型的，它包括数值、字符、时间、日期、公式、函数等。当向单元格中输入数据时，用户一般不需要特别指明输入的是什么类型的数据，Excel 会自动默认其数据类型。

在单元格内输入数据通常可采用以下几种方法：单击要输入数据的单元格，然后直接在该单元格内输入数据；或双击单元格，在光标后输入数据；或单击单元格，使其成为活动单元格，然后在编辑栏中输入数据。

在单元格内输入数据时编辑栏左边将会显示出"× √ ="符号，选择"×"表示放弃本次数据的输入（或按 < Backspace > 键也可删除数据），选择"√"表示将编辑栏中输入的数据放到单元格内（或按 < Enter > 键）。

选定好一个单元格区域，在活动单元格内输入完数据后，按 < Enter > 或 < Tab > 键，可以快速地改变当前单元格，以便数据的输入。

按 < Enter > 键：向下移动一个单元格，如果到达选定区域的最后一行，会自动移至下一列的第一行。按 < Tab > 键：向右移动一个单元格，如果达到选定区域的最右列时，会自动换到下一行的第一列。

（1）文本的输入 文本通常指所有字符串以及字符串与数字的组合。当在单元格内输入的是文本时，会自动左对齐，在一个单元格内最多可存放 32 000 个字符。

对于全部由数字组成的文本，可直接输入，系统会默认该数据为数据值，因此在输入数据之前应添加单引号（´），如：要在 A1 单元格内输入 1234，可在编辑栏内输入´1234。

（2）数字的输入 数字一般由下列数字字符或字符的合法组合组成。

数字字符：0 1 2 3 4 5 6 7 8 9

特殊符号：+ - ( ), / $ %. E e

如果单元格里包含有其他字符（如空格），Excel 就会将输入的数据视为文本数据。

在单元格中输入数字时，应注意以下几点。

1）数字前面的正号"+"被忽略。

2）数字项中的单个"."视为小数点。

3）负数在前面添加"-"，或将其放在括号内（）。

输入数字时，在系统默认情况下单元格中的数字靠右对齐，当输入的数值超过单元格的宽度时（数字项最多只能有 15 位数字），系统会使用科学计数法来表示输入的数据。

例如当输入 1234500000000000 时，Excel 2003 会在单元格中用 1.2345E + 16 来显示。

（3）时间和日期的输入 若输入一个时间或日期，Excel 会将其转换为一个序数列。当在单元格中输入系统可识别的时间和日期数据时，单元格的格式会自动从"通用"转换成时间或日期格式。Excel 2003 提供可识别的时间和日期，如图 5 - 13 所示。

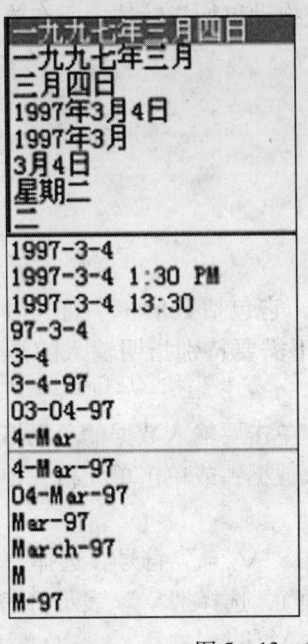

图 5 - 13　系统可识别的时间和日期

（4）公式的输入　工作表中不仅可以输入数字、文本、日期和时间，还可以输入对工作表中的数据进行计算的公式，Excel 的公式是一个等式，它是由数值、运算符、单元格引用、函数组成的序列，通常以符号"＝"开头。输入公式时，首先要选定活动单元格，然后再输入。

如将单元格 A1、B1、C1 中的数据进行相加，结果放在 D1 中。操作方法如下：

将 D1 单元格选定为活动单元格，在单元格中键入公式"＝A1 + B1 + C1"，然后按 <Enter> 键，即可将结果计算出来。

具体的应用将在后面详细介绍。

（5）同时对多个单元格中输入相同数据　按住 <Ctrl> 键，选取需要输入相同内容的单元格，然后输入需要输入的内容，输入完毕后，同时按下 <Ctrl> 和 <Enter> 键，这时在选定的单元格内就出现相同的数据。

（6）输入序列　在输入数据时，经常会遇到一些序列数字。如表格中的序号序列 1，2，3，4，5，6…如日期序列星期一、星期二等，这些数据都有一定的特殊规律，可以通过使用填充功能来提高输入速度。

输入序列的方法有两种：一是使用菜单命令，二是使用鼠标拖动。

1）使用菜单命令。选定当前单元格区域，单击"编辑"→"填充"→"序列"命令来实现数据的自动填充。步骤如下：

在第一个单元格中输入起始值，如 1，选取要填充的单元格区域，单击"编辑"→"填充"→"序列"命令，如图 5 - 14 所示，在弹出的"序列"对话框中，选择"序列产生在"一栏内的"行"或"列"，如果选择"列"，在"类型"一栏中选择所需的序列类型，如"等

差序列", 在"步长值"一栏中输入步长值, 如 1, 单击"确定"按钮, 如图 5-15 所示。

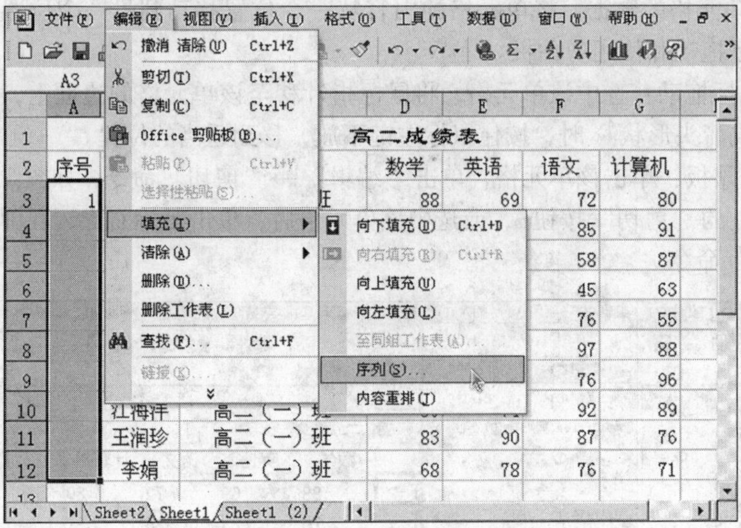

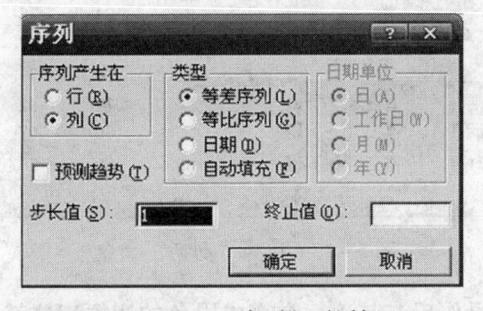

图 5-14　选择"序列"命令

图 5-15　"序列"对话框

2) 使用鼠标拖动。若要产生一个日期序列, 需要在单元格中输入标准日期, 如星期一, 将鼠标指针指向单元格右下角的填充柄, 当指针变成十字形后, 沿着填充方向进行填充。若要填充的是数字, 则在第一个单元格中输入 1, 第二个单元格中输入 4, 并选择这两个单元格, 将鼠标指针指向单元格右下角的填充柄, 当指针变成十字形后, 沿着填充方向进行填充, 拖到适当位置后松开鼠标后, 数据就会自动填到区域中, 如图 5-16 所示。

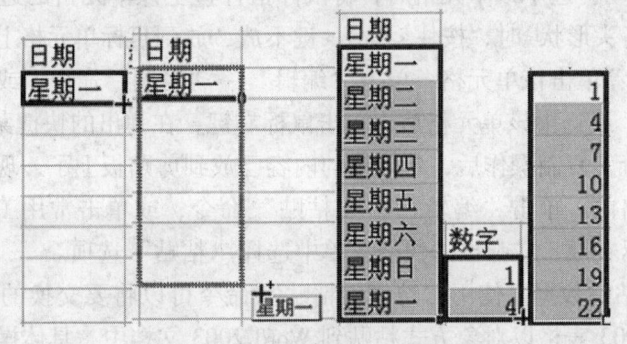

图 5-16　鼠标拖动填充数据序列

2. 数据的编辑

（1）移动单元格的数据　将单元格的内容从一个位置移动到另一个位置，可采用两种方法：使用鼠标拖动和使用剪贴板。

1）使用鼠标拖动：选中该单元格，将鼠标指针移至该单元格的边框上，当鼠标指针由十字形状✥变成箭头形状ϟ时，按住鼠标左键不放，移到适当的位置。

2）使用剪贴板：单击该单元格，单击"编辑"→"剪切"命令，如图5-17所示；单击常用工具栏上的"剪切"按钮✄，或选中该单元格后，单击鼠标右键，在弹出的快捷菜单中选择"剪切"命令。

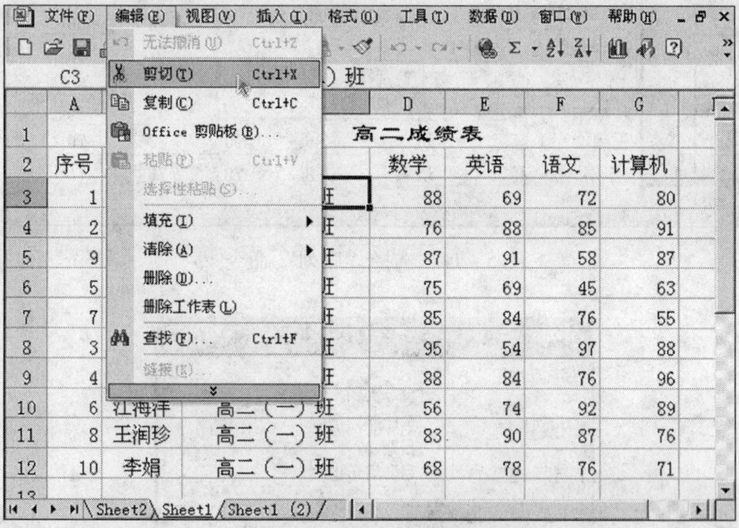

图5-17　选择"剪切"命令

该单元格执行了剪切操作后，其边框会变成黑色的边框，这就表示单元格的内容已经放到剪贴板上了，现只需将剪贴板上的内容放到目标单元格内。

单击"编辑"→"粘贴"命令或单击常用工具栏上的"粘贴"按钮🖻或单击鼠标右键，在弹出的快捷菜单中选择"粘贴"命令，就可以将单元格的数据移动到需要的位置。

（2）复制单元格的数据　将单元格的内容从一个位置复制到另一个位置，可采用两种方法：使用鼠标拖动和使用剪贴板。

1）使用鼠标拖动：选中该单元格后，将鼠标指针移至该单元格的边框上，当鼠标指针由十字形状✥变为箭头形状ϟ时，按住＜Ctrl＞键不放，放到目标单元格上。

2）使用剪贴板：单击该单元格，单击"编辑"→"复制"命令，或单击常用工具栏上的"复制"按钮🖻，或选中该单元格后，单击鼠标右键，在弹出的快捷菜单中选择"复制"命令。该单元格执行了复制操作后，单元格的内容已放到剪贴板上了，现只需将剪贴板上的内容放到目标单元格内。单击"编辑"→"粘贴"命令，或单击常用工具栏上的"粘贴"按钮🖻；或单击鼠标右键，在弹出的快捷菜单中选择"粘贴"选项。

（3）有选择性粘贴数据　使用"选择性粘贴"命令可以将要交换的数据作为对象进行传递。如将Excel 2003表格以对象方式粘贴到Word 2003文档中，具体操作如下。

在Excel 2003环境下选取表格，单击"常用工具栏"上的"复制"按钮，或者选择

"编辑"菜单栏中的"复制"命令。

从 Excel 2003 切换到 Word 2003 环境下，打开一个要粘贴的文档，并将插入点移到目标地址。然后单击"编辑"→"选择性粘贴"命令，在弹出的"选择性粘贴"对话框中，选择"粘贴"单选按钮，在"形式"下拉列表框中选择"Microsoft Excel 工作表对象"，如图 5－18 所示。单击"确定"按钮，即可以将 Excel 2003 中选取的表格作为一个对象粘贴到 Word 2003 文档中。

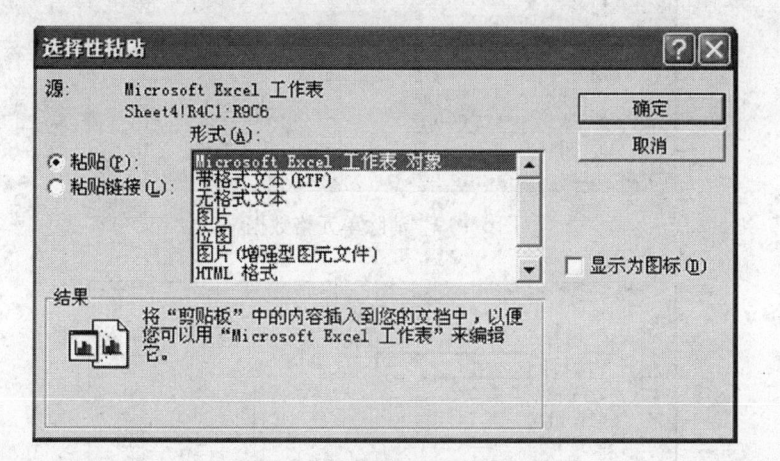

图 5－18　"选择性粘贴"对话框

（4）修改单元格的数据　若单元格内的数据有错，针对错误的数据进行修改，可以在编辑栏中进行，也可在单元格中进行。

1）在编辑栏中进行修改。若要在编辑栏中修改单元格中的数据，首先要选中该单元格，然后再单击编辑栏，在编辑栏中进行数据的修改，修改完毕后按 < Enter > 键即可。

如果想要修改单元格 A2 中的数据，可以先单击 A2 单元格为当前活动单元格，然后将光标停留在编辑栏中要修改的地方，就可以对数据进行修改了，或者使用方向键←↑→↓也可修改数据。

2）在单元格中进行修改。若要在单元格中进行修改，双击该单元格，这时光标会停留在单元格内，移动鼠标指针，可对单元格的数据进行修改，修改完毕后，按 < Enter > 键或选择其他单元格。

在单元格内修改数据时，方向键只能在单元格中移动光标，若要在不同单元格之间进行移动，按 < Enter > 键就可以移动到下一个单元格了。

（5）清除单元格的数据　若要清除某个单元格或某个单元区域的数据，可采用以下几种方法：

1）选中该单元格后，按 < Delete > 键。

2）单击"编辑"→"清除"→"内容"命令，如图 5－19 所示。

3）选中要删除的区域后，单击鼠标右键，在弹出的快捷菜单中选择"清除内容"命令，如图 5－20 所示。

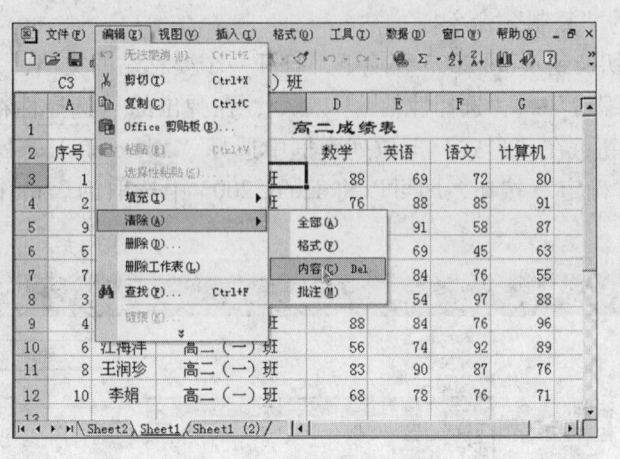

图 5-19　清除单元格数据

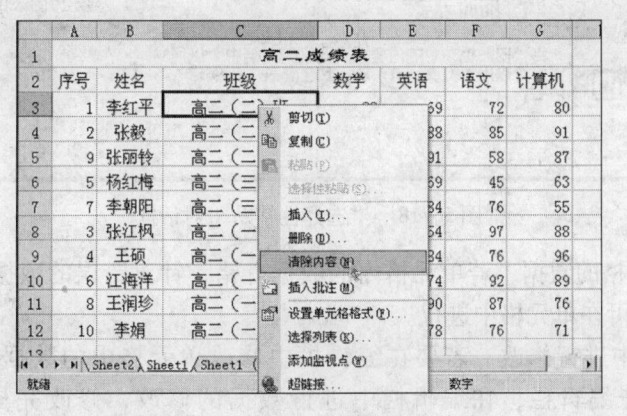

图 5-20　选择"清除内容"命令

5.2.2　工作表的编辑

1. 单元格的编辑

（1）选定单元格　对单元格进行插入、复制、移动、删除、格式设置时，首先要选定单元格。若要选择一个单元格，将鼠标指针指向该单元格并且单击它即可；若要选中一个连续的单元区域，可将鼠标移动到欲选取范围的任意一个角上的单元格，然后单击并拖动到选取范围的对角单元格，选定后的单元格区域呈蓝色反显，或者单击欲选取范围的任意一个角上的单元格，然后按住 <Shift> 键，再单击选择范围内的最后一个单元格即可；若要选择不相邻的多个单元格，可以先选中第一个单元格，再按住 <Ctrl> 键，选择其他的单元格。

（2）插入单元格　如果在输入或编辑数据时发生错误，就需要在适当的位置添加单元格。操作方法为：选定要插入单元格的区域，单击"插入"→"单元格"命令，如图 5-21 所示。或单击鼠标右键，在弹出的"插入"对话框中选择"活动单元格下移"单选按钮，然后单击"确定"按钮。

图 5-21　"插入"对话框

（3）插入行和列　对于一个已编辑好的表格，往往需要插入一行或一列，来编辑新增加的数据。

选定要插入行或列的位置，然后单击"插入"→"整行"或"整列"选项，系统会自动插入一行或一列。当插入行或列时，后面的行或者列会自动向下或向右移动。

（4）删除单元格、行或列　若要删除单元格，首先要选中该单元格，然后单击鼠标右键，在弹出的对话框中选择要删除的方式，然后单击"确定"按钮。若要删除某行或某列，先要选中该行或该列，单击鼠标右键，在弹出的对话框中选择删除"整行"或"整列"的删除方式，然后单击"确定"按钮。

（5）单元格的命名　单击"插入"→"名称"→"定义"命令，如图 5 – 22 所示。在弹出的"定义名称"对话框（见图 5 – 23）中，输入要定义的名字，单击"添加"按钮，即可完成单元格的命名。

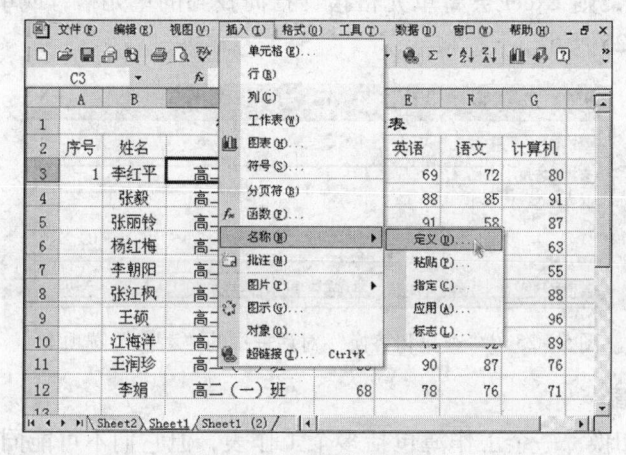

图 5 – 22　命名单元格

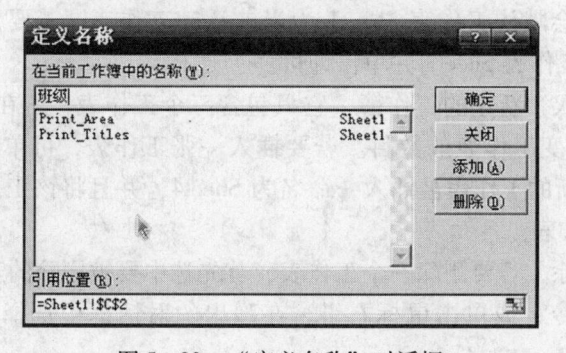

图 5 – 23　"定义名称"对话框

（6）查找与替换　查找与替换功能可以帮助用户在工作表中快速地查找某一个内容或替换某些内容。在查找或替换内容之前应当先选中要查找或替换的区域。若只选定一个单元格，则对当前工作表进行搜索，若选定一个区域，则对这个区域进行搜索。

1）查找。单击"编辑"→"查找"命令，或按 < Ctrl + F > 键，在"查找"选项卡中，输入要查找的内容，然后单击"选项"按钮，指定搜索方式和搜索范围，最后单击"查找下一个"按钮，就可以开始查找，如图 5 – 24 所示。

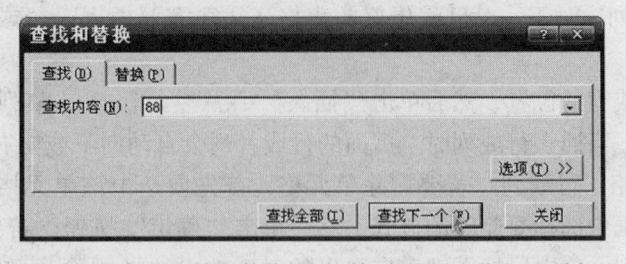

图 5 - 24   "查找和替换"对话框中的"查找"选项卡

2）替换。替换是指将查找到的字符串以新的字符串进行替换。

单击"编辑"→"替换"命令，或按 < Ctrl + H > 键，在"替换"选项卡的"查找内容"编辑框中输入要查找的字符串，然后在"替换为"编辑框中输入要替换的内容，单击"查找下一个"按钮，则 Excel 会将单元格指针指向找到的单元格，或单击"替换"按钮，即可替换，如图 5 -25 所示。

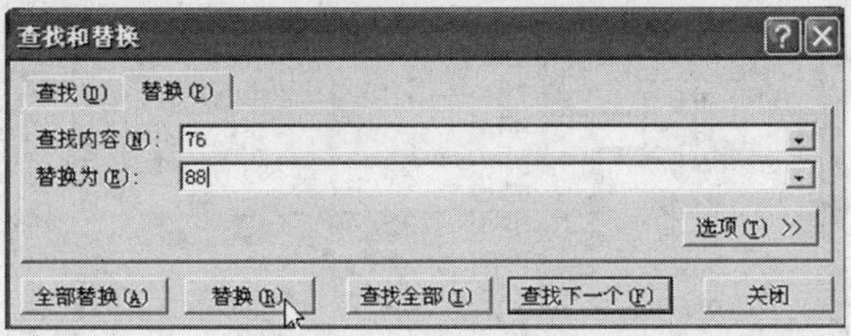

图 5 - 25   "查找和替换"对话框中的"替换"选项卡

2. 工作表的编辑

（1）工作表的切换   一个工作簿包括多个工作表，但它们不可能同时打开，这就需要进行工作表间的切换。新建一个空白工作簿，会自动生成三个工作表，它们分别为 Sheet1、Sheet2、Sheet3，系统会默认工作表 Sheet1 为当前活动工作表，若要切换到工作表 Sheet3，只需将鼠标指针指到工作表 Sheet3 并单击即可。

（2）工作表的插入   新建的工作簿，它只包含三个工作表，若在实际工作中需要更多的工作表，Excel 可改变工作表的数目。若要插入一张工作表，可单击"插入"→"工作表"命令。这时一张新的工作表被插入，命名为 Sheet4，并且将该工作表变成当前工作表，最多可插入 255 个工作表。

（3）工作表的删除   若要删除一个工作表，首先选中要被删除的工作表，单击"编辑"→"删除工作表"命令；或单击鼠标右键，在弹出的对话框中选择"删除"命令，单击"确定"即可。

（4）工作表的复制   若要复制工作表，首先要选定需要复制的工作表，然后按住 < Ctrl > 键，沿着工作表标签行拖动到新的位置即可，并且将该工作表命名为原工作表的名字加"（2）"，如图 5 -26 所示。

若要将工作表复制到其他工作表中，在源工作簿中单击选中的工作表，单击"编辑"→"移动或复制工作表"命令；或单击鼠标右键，在弹出的对话框中选择"移动或复制工作表"命令，如图 5 -27 所示，在"工作簿"下拉列表框中选择目标工作簿，选中"建立副本"选项，单击"确定"按钮即可。

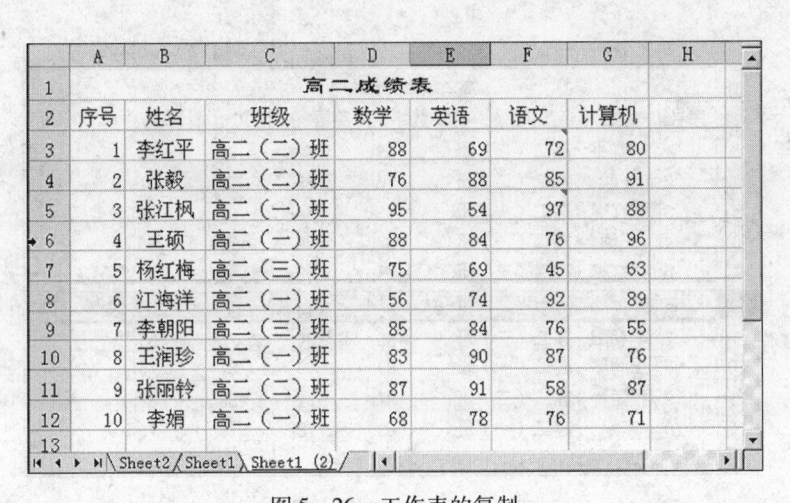

图 5-26　工作表的复制

（5）工作表的移动　若要调整工作表的位置，只需在工作表标签行上选中该工作表，按住鼠标左键，沿着工作表标签行拖动到目标位置即可。在拖动过程中，鼠标指针变成"⿰"形状，并且出现一个黑色三角形，用来指示工作表要插入的位置。

（6）工作表的命名　为了便于工作表的管理，可将工作表进行命名，改变工作表的名字可采用使用鼠标和菜单两种方法。

1）使用鼠标：双击要命名的工作表标签，则该工作表标签呈反黑显示，在反黑显示的工作表标签中输入工作表名字，并按 <Enter> 键即可。

2）使用菜单：选中要命名的工作表，单击"格式"→"工件表"→"重命名"命令，在反黑显示的工作表标签中输入工作表名字，并按 <Enter> 键即可。

图 5-27　"移动或复制
工作表"对话框

（7）工作表的隐藏与撤销

1）若要将暂时不用的工作表进行隐藏，需选定要隐藏的工作表，然后单击"格式"→"工作表"→"隐藏"命令。

2）若要将已隐藏工作表显示出来，单击"格式"→"工作表"→"取消隐藏"命令，在弹出的"取消隐藏"对话框中，从"重新显示隐藏工作表"列表框中选择要恢复的工作表，单击"确定"按钮即可。

（8）工作表的拆分　在编辑较大的工作表时，为了能同时看见表格的其他部分，需要将表格进行拆分，系统提供了拆分表格的功能，可以将表格沿水平、垂直方向进行拆分。

1）工作表的水平拆分。将鼠标指针指向工作表水平分隔线上，当鼠标指针变成⬌形状后，按住鼠标左键并向下拖动，直到拖动到目标位置为止，这时原工作表就被分成上下两个窗口，或者选定要拆分成上下两个窗口所在的行，单击"窗口"→"拆分"命令。分别拖动上下两个窗口的垂直滚动条，就可以调整这两个窗口了，如图 5-28 所示。

拆分后的工作表还是一张工作表，当对任何一个窗口进行编辑时，另一窗口的数据也会跟着发生变化。

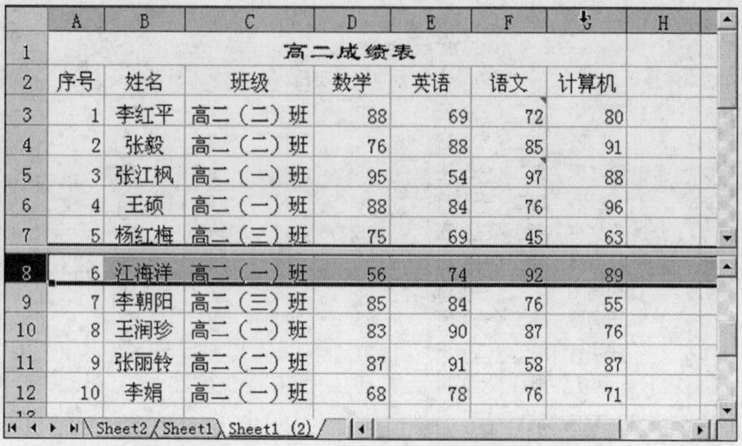

	A	B	C	D	E	F	G	H	
1			高二成绩表						
2	序号	姓名	班级	数学	英语	语文	计算机		
3	1	李红平	高二（二）班	88	69	72	80		
4	2	张毅	高二（二）班	76	88	85	91		
5	3	张江枫	高二（一）班	95	54	97	88		
6	4	王硕	高二（一）班	88	84	76	96		
7	5	杨红梅	高二（三）班	75	69	45	63		
8	6	江海洋	高二（一）班	56	74	92	89		
9	7	李朝阳	高二（三）班	85	84	76	55		
10	8	王润珍	高二（一）班	83	90	87	76		
11	9	张丽铃	高二（二）班	87	91	58	87		
12	10	李娟	高二（一）班	68	78	76	71		

Sheet2 / Sheet1 / Sheet1 (2)

图 5-28　工作表的水平拆分

将鼠标指针置于水平分隔线上，如图 5-29 所示，并且双击，就可取消拆分。或者单击"窗口"→"撤销拆分窗口"命令，也可取消拆分窗口。

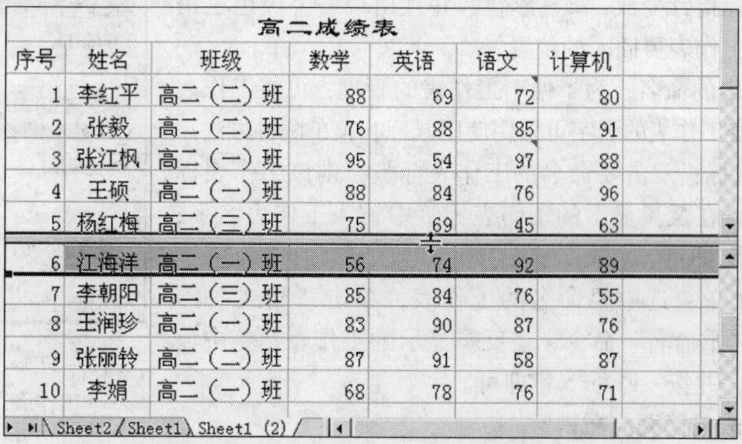

高二成绩表						
序号	姓名	班级	数学	英语	语文	计算机
1	李红平	高二（二）班	88	69	72	80
2	张毅	高二（二）班	76	88	85	91
3	张江枫	高二（一）班	95	54	97	88
4	王硕	高二（一）班	88	84	76	96
5	杨红梅	高二（三）班	75	69	45	63
6	江海洋	高二（一）班	56	74	92	89
7	李朝阳	高二（三）班	85	84	76	55
8	王润珍	高二（一）班	83	90	87	76
9	张丽铃	高二（二）班	87	91	58	87
10	李娟	高二（一）班	68	78	76	71

Sheet2 / Sheet1 / Sheet1 (2)

图 5-29　工作表水平拆分的撤销

2）工作表的垂直拆分。将鼠标指针置于工作表垂直分隔线上，当鼠标指针变成 ╫ 形状后，如图 5-30 所示。按住鼠标左键并向左拖动，直到拖动到目标位置为止，这时原工作表就被分成左右两个窗口，分别拖动左右两个窗口的水平滚动条，就可调整这两个窗口。

撤销垂直拆分的方法和撤销水平拆分的方法类似。

5.2.3　工作表的格式化

Excel 2003 为用户提供了强有力的格式化命令，利用这些命令，可以完成对数据的编辑，如文本的对齐方式、字体、字号、字形、框线、颜色、图案等设置，使用户能够制作出各种美观的表格。

1. 设置字体、字号、字形、颜色

Excel 2003 对于单元格中文本的修饰可以在输入前设定，也可以在输入完毕后再设定，改变字体的方法可使用菜单栏也可使用格式工具。

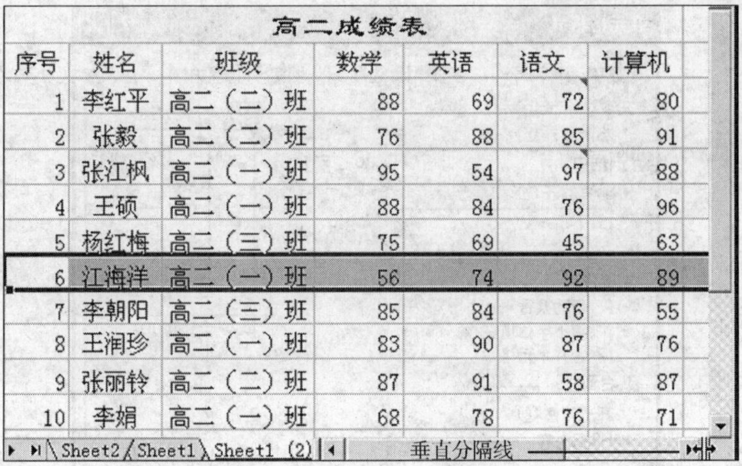

高二成绩表						
序号	姓名	班级	数学	英语	语文	计算机
1	李红平	高二（二）班	88	69	72	80
2	张毅	高二（二）班	76	88	85	91
3	张江枫	高二（一）班	95	54	97	88
4	王硕	高二（一）班	88	84	76	96
5	杨红梅	高二（三）班	75	69	45	63
6	江海洋	高二（一）班	56	74	92	89
7	李朝阳	高二（三）班	85	84	76	55
8	王润珍	高二（一）班	83	90	87	76
9	张丽铃	高二（二）班	87	91	58	87
10	李娟	高二（一）班	68	78	76	71

▶ ▶▍\ Sheet2 ⧸ Sheet1 \ Sheet1 (2) ⧸ ◀　　　垂直分隔线

图 5 - 30　工作表的垂直拆分

选定要改变字体的单元格或单元格区域，单击"格式"→"单元格"命令，在弹出的"单元格格式"对话框中，选择"字体"选项卡，设置字体、字形、字号、下画线、颜色等单击"确定"按钮完成设置，如图 5 - 31 所示。使用格式工具，也可修改字体、字形、字号、颜色。

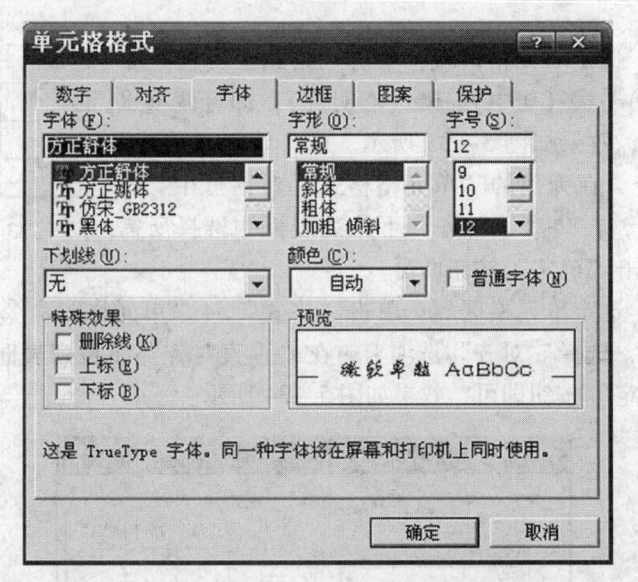

图 5 - 31　设置字体、字号、字形和颜色

2. 设置对齐方式

改变文本的对齐方式可使用菜单栏设置也可使用格式工具进行设置。

（1）合并及居中　合并及居中的方法有以下两种。

1）选取要合并的单元格，单击格式工具中的"合并及居中"按钮▣。

2）选取要合并的单元格，单击"格式"→"单元格"命令，在弹出的"单元格格式"对话框中，选择"对齐"选项卡，在"水平对齐"下拉列表框中选择"居中"，在"垂直对齐"下拉列表框中选择"靠下"，在"文本控制"一栏内勾选"合并单元格"选项，单击"确定"按钮即可，如图 5 - 32 所示。

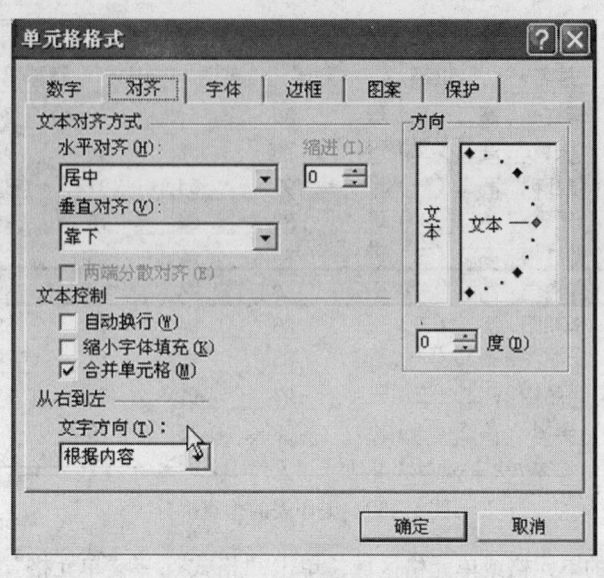

图 5-32　设置合并及居中

（2）单元格内容的对齐　单元格内容的对齐包括水平对齐、垂直对齐、文本的旋转和自动换行。

1）水平对齐。选定单元格区域，单击"格式工具栏"中的按钮▤（左对齐）、▤（居中）、▤（右对齐），即可调整水平方向的对齐方式，效果如图 5-33 所示。或者单击"格式"→"单元格"命令，在弹出的"单元格格式"对话框中，选择"对齐"选项卡，在"水平对齐"下拉列表框中选择所需要的对齐方式，单击"确定"按钮即可。

语文	数学	英语
92	87	74
76	67	90
72	75	69

图 5-33　水平对齐格式效果

2）垂直对齐。选定单元格区域，单击"格式"→"单元格"命令，在弹出的"单元格格式"对话框中，选择"对齐"选项卡，在"垂直对齐"下拉列表框中选择所需要的对齐方式，单击"确定"按钮即可，效果如图 5-34 所示。

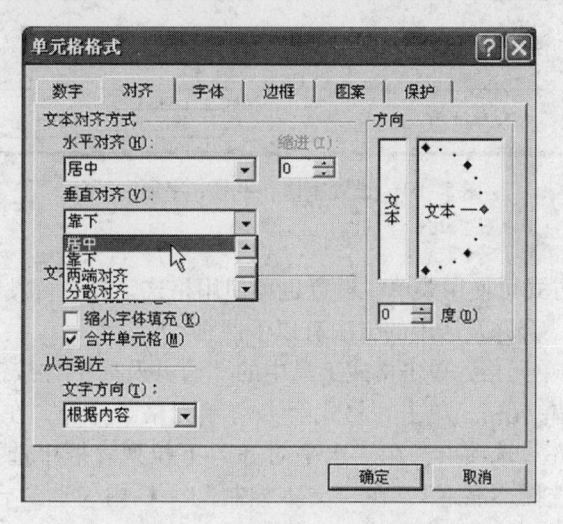

图 5-34　设置单元格垂直对齐

3）文本的旋转和自动换行。选定要旋转或要换行的文本所在的单元格区域，单击"格式"→"单元格"命令，在弹出的"单元格格式"对话框中，选择"对齐"选项卡，在"方向"编辑框中，拖动红色的按钮到目标角度，或者在"文本控制"一栏中勾选"自动换行"选项，单击"确定"按钮即可，如图 5-35 所示。

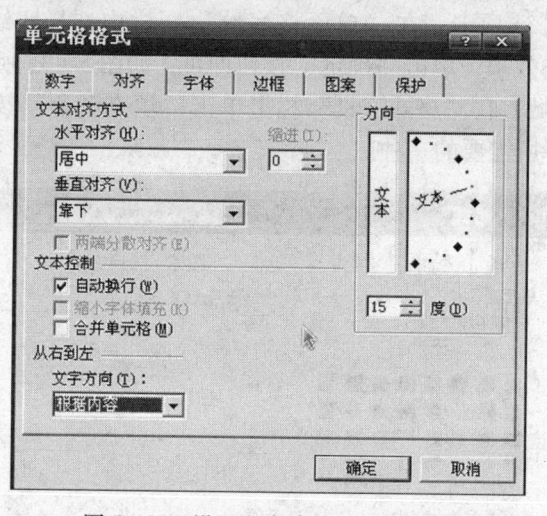

图 5-35　设置文本旋转和自动换行

3. 设置表格的边框、底纹

在工作表中给单元格添加不同类型的边框线和底纹，可以制作出不同风格的工作表。

（1）设置表格边框线　设置表格边框线有以下两种方法。

1）选定单元格区域，单击"格式"→"单元格"命令，在弹出的"单元格格式"对话框中，选择"边框"选项卡，在"预置"一栏内选择边框的样式，在"边框"一栏内选择添加边框的位置，在"线条"编辑框内设置线型和颜色，单击"确定"按钮即可，如图 5-36 所示。

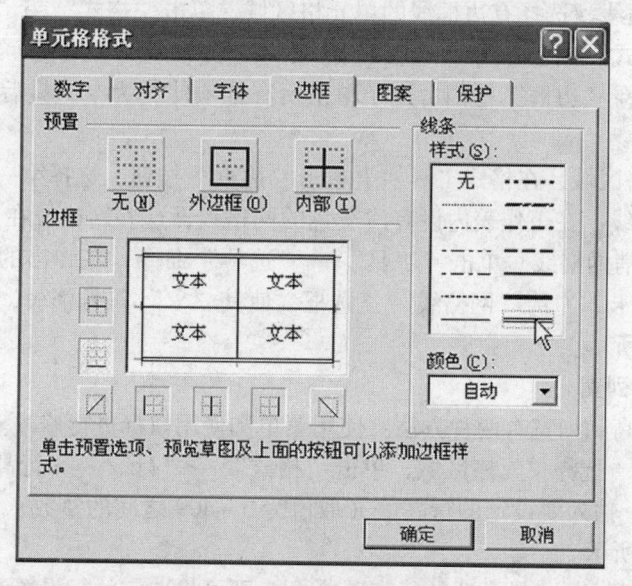

图 5-36　设置表格边框

2）选定单元格区域，单击"格式工具"→"边框"命令，会弹出12种不同类型的边框线，从中选择所需要的一种。

（2）设置单元格颜色和图案　设置单元格颜色和图案有以下两种方法。

1）选定单元格区域，单击"格式"→"单元格"命令，在弹出的"单元格格式"对话框中，选择"图案"选项卡，在"单元格底纹"一栏内选择底纹颜色和图案，在"示例"一栏内预览设置的效果，单击"确定"按钮即可，如图5－37所示。

2）选定单元格区域，在"格式工具"栏上单击"填充颜色"按钮，会弹出各种颜色的列表框，从中选择所需要的一种。

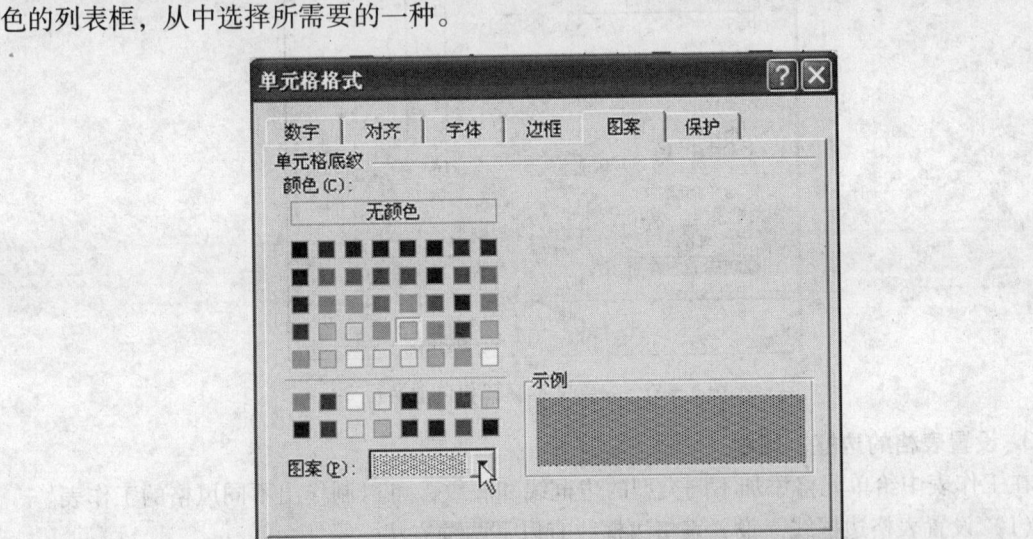

图5－37　设置单元格颜色和图案

（3）删除边框线　删除边框线有以下几种方法。

1）要删除边框线，选择有边框线的单元格区域，单击"格式"→"单元格"命令，在弹出的"单元格格式"对话框中，选择"边框"选项卡，在"预置"框内选择"无边框线"的样式，或者在"边框"框内，逐个单击所有选项使其为空，最后单击"确定"按钮即可。

2）选定单元格区域，在格式工具栏上单击"边框"按钮，选择第一种边框线。

（4）取消网格线　在工作表内设有浅灰色的网格线，这些网格线在预览时是看不见的，如果不需要可以取消网格线。单击"工具"→"选项"命令，在弹出的"选项"对话框中选择"视图"选项卡，勾选"网格线"复选框，使其"√"符号消失，单击"确定"按钮即可，如图5－38所示。

4. 设置行高和列宽

改变工作表行高和列宽有两种方法：使用菜单和使用鼠标进行修改。

（1）设置行高　选择单元格区域，单击"格式"→"行"→"行高"命令，在弹出的"行高"对话框中，输入要设定的行高值（取值为0～409之间的整数），单击"确定"按钮即可，如图5－39所示。

1）若单击"行"→"最合适的行高"命令，则可将选定的行设置为最佳行高。

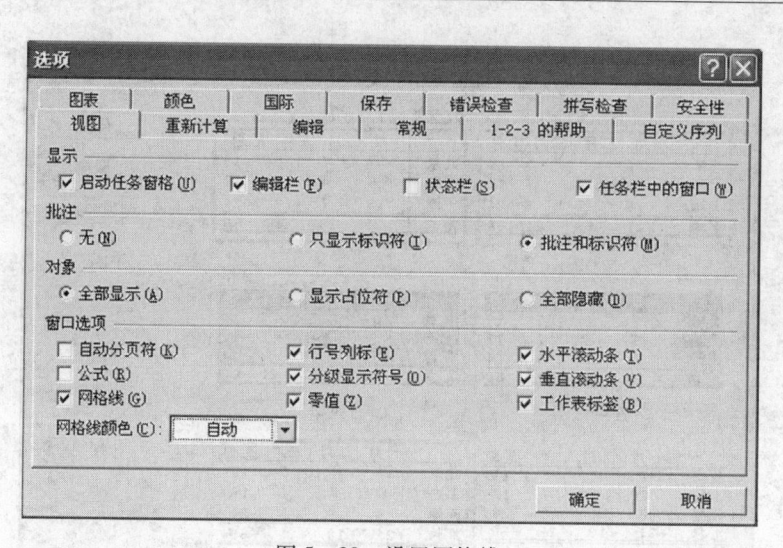

图 5 - 38　设置网格线

2）将鼠标指针指向要改变行高的行编号的格线上，当鼠标指针变成╬形状时，按下鼠标左键时会显示当前行的行高，按住鼠标左键拖动，可调整行高。

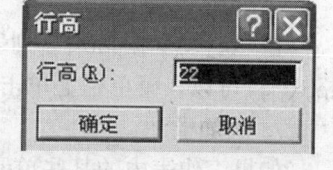

（2）设置列宽　设置列宽包括三种方式。

1）选择单元格区域，单击"格式"→"列"→"列宽"命令，在弹出的"列宽"对话框中，输入要设定的列宽值（取值为 0 ～ 255 个字符），单击"确定"按钮即可，如图 5 - 40 所示。

图 5 - 39　设置"行高"

2）若单击"格式"→"列"→"最合适的列宽"命令，则系统会自动默认单元格宽度为 8.38 个字符。

3）将鼠标指针指向要改变列宽的列编号的格线上，当鼠标指针变成╬形状时，按下鼠标左键时会显示当前列的列宽，按住鼠标左键拖动，可调整列宽。

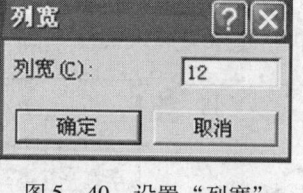

5. 隐藏行和列

当工作表太大时，需要对某些不用的行或列进行隐藏。

图 5 - 40　设置"列宽"

1）隐藏行和列。选择要隐藏的行或列，单击"格式"→"行"或者"列"→"隐藏"命令，则需要被隐藏的行或列就隐藏起来了。

2）恢复隐藏的行和列。行或者列被隐藏后，如果想将它们重新显示出来，只需单击"格式"→"行"或者"列"→"取消隐藏"命令，则被隐藏的行或列将显示出来。或者将鼠标指针指向已被隐藏了的行或列编号的格线上，当鼠标指针变成╬或╬形状时，双击鼠标左键即可将隐藏的行或列显示出来。

6. 自动套用表格格式

系统设置了多种报表格式，用户可以选择其中一种格式，运用到工作表的单元格区域中。设置自动套用格式方法如下：选定要套用自动格式的单元格区域，单击"格式"→"自动套用格式"命令，弹出"自动套用格式"对话框，如图 5 - 41 所示。

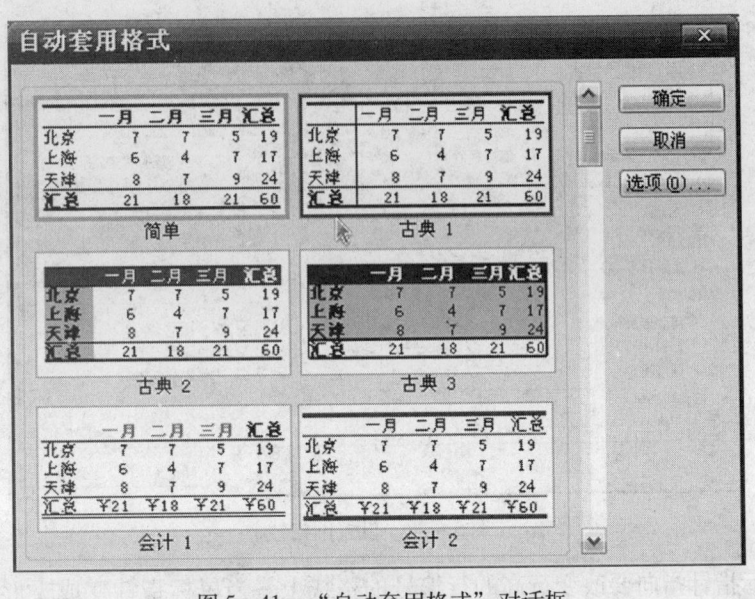

图5-41 "自动套用格式"对话框

在"自动套用格式"列表框中选择一个格式。单击"确定"按钮。要取消"自动套用格式",可以在菜单栏上单击"编辑"→"撤销自动套用格式"命令。

7. 添加批注

如果工作表内的某些单元格内的数据需要解释、说明或其他相关信息,可以通过批注加以解释。

(1)添加批注 选定单元格,单击"插入"→"批注"命令,这时就会出现一个"批注"的编辑框,在框内输入批注内容,或者选定单元格,单击鼠标右键,在弹出的快捷菜单中选择"插入批注"命令,如图5-42所示。

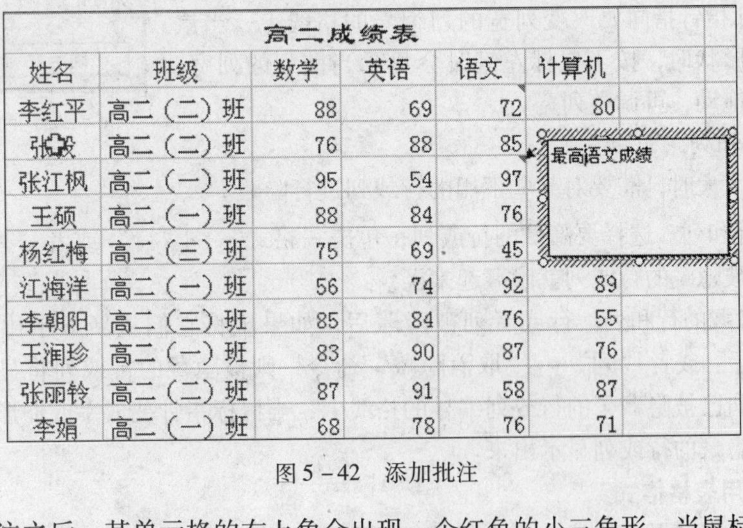

高二成绩表						
姓名	班级	数学	英语	语文	计算机	
李红平	高二(二)班	88	69	72	80	
张毅	高二(二)班	76	88	85	最高语文成绩	
张江枫	高二(一)班	95	54	97		
王硕	高二(一)班	88	84	76		
杨红梅	高二(三)班	75	69	45		
江海洋	高二(一)班	56	74	92	89	
李朝阳	高二(三)班	85	84	76	55	
王润珍	高二(一)班	83	90	87	76	
张丽铃	高二(二)班	87	91	58	87	
李娟	高二(一)班	68	78	76	71	

图5-42 添加批注

设置完批注之后,其单元格的右上角会出现一个红色的小三角形,当鼠标指针指向该单元格时,设置的批注就会显示出来,如图5-43所示。

（2）编辑批注　选择添加了批注的单元格，单击鼠标右键，在弹出的快捷菜单中选择
"编辑批注"命令或单击"插入"→"编辑批注"命令，这时
批注框处于编辑状态，在编辑框中编辑批注的内容。移动鼠标
指针到边框，当鼠标指针变成双向箭头形状时，就可调整批注
框的大小、高度和宽度。

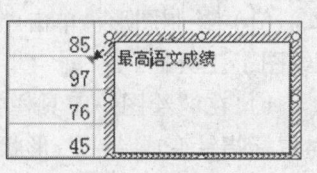

图 5 – 43　显示批注

（3）设置批注格式　当批注处于编辑状态时，选中批注内
容，然后在批注框内单击鼠标右键，在弹出的快捷菜单中单击
"设置批注格式"命令，如图 5 – 44 所示。

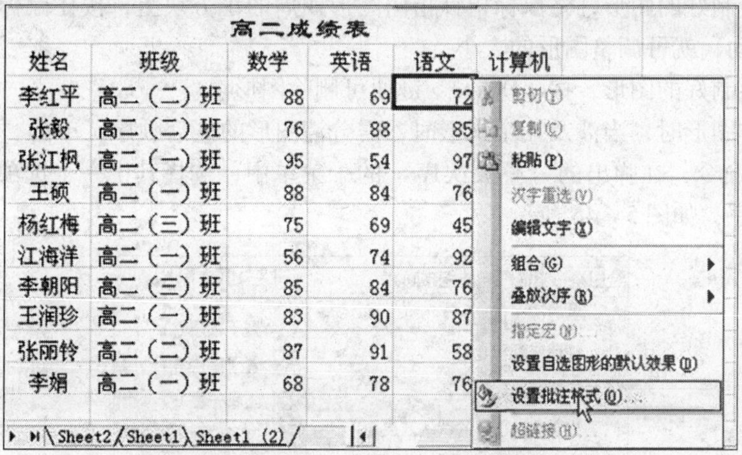

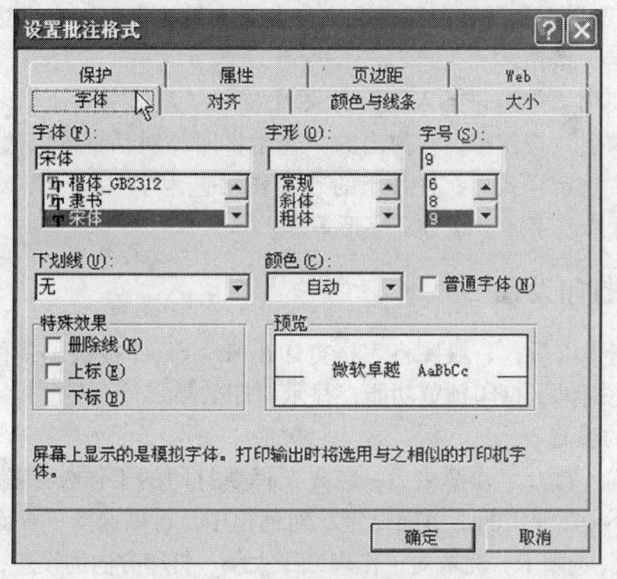

图 5 – 44　"设置批注格式"命令

在弹出的"设置单元格格式"对话框中，选定这些批注，就可以设置批注的字体、字
形、字号、颜色等，单击"确定"按钮即可完成，如图 5 – 45 所示。

图 5 – 45　"设置批注格式"对话框

8. 图形和艺术字的使用

（1）绘制图形　单击"视图"→"工具栏"→"绘图"命令，在工作表的底部显示出"绘图"工具栏。

1）在"绘图"工具栏中单击"自选图形"，在弹出的列表框中选择其中一个选项，这时鼠标指针变成"＋"形状后，在需要画图形的位置，拖动鼠标指针，到一定大的形状后，松开鼠标即可绘制图形。

2）选中绘制好的图形，当鼠标指针变成✛形状时，按住鼠标左键不放，拖动到目标位置，松开鼠标左键，图形就可以放到新的地方。

3）选中绘制好的图形，将鼠标指针指向图形四周的小方块上，按住鼠标左键并将指针往里或往外拖动，就可调整图形的大小。

4）选中绘制好的图形，按 < Delete > 键便可删除图形。

5）在制作图形时，当涉及几个图形时，需分清图形的先后顺序，单击"绘图"工具栏上的"绘图"命令，在弹出的"叠放次序"的子菜单中，选择其中一个选项，就可以调整图形的先后顺序，如图5－46所示。

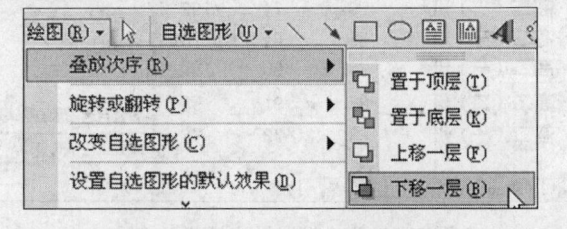

图5－46　设置"叠放次序"

（2）插入图片　选中需要插入图片的单元格，单击"插入"→"图片"→"剪贴画"命令，或单击"插入"→"图片"→"来自文件"命令，弹出"插入图片"对话框，在"查找范围"一栏中选择图片所在的路径和文件名及文件的类型，在右边的框中可预览图像的内容，单击"确定"按钮。

（3）艺术字的使用　单击"插入"→"图片"→"艺术字"命令，或单击"绘图"工具栏中的"插入艺术字"按钮◢，在弹出的"艺术字库"对话框内，选择一种艺术字样式，单击"确定"按钮。选定样式后，在弹出的"编辑'艺术字'文字"对话框中，用户可进行文本的输入，并可修改字体、字号、字形等。

5.2.4　工作表的打印设置

当工作表制作完毕以后，一般要将表格打印出来。Excel提供了多种打印选项，以满足不同的要求，另外还提供了打印预览功能，显示打印效果。

1. 工作表页面的设置

（1）页面的设置　打开工作簿之后，首先选择要打印的工作表标签，然后单击"文件"→"页面设置"命令，在弹出的"页面设置"对话框中，可以选择"页面"、"页边距"、"页眉/页脚"、"工作表"选项卡，完成对工作表纸张大小、打印方向的设置，如图5－47所示。

"页面"选项卡中的设置说明如下：

方向："横向"适合打印较宽的页面，"纵向"适合打印较窄的页面。

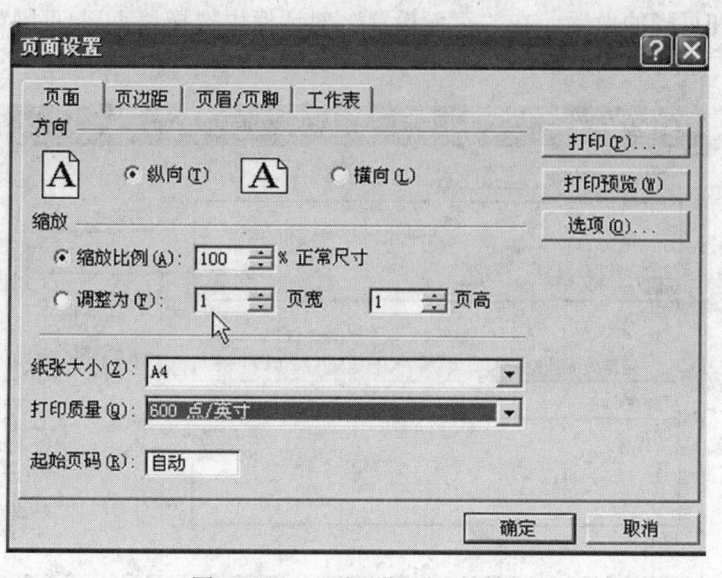

图 5 –47　"页面设置"对话框

缩放：用于调整打印比例，默认值为 100%。

纸张大小：在"纸张大小"下拉列表框中选定打印纸张的类型。（默认 A4 纸）

打印质量：指在打印页上每英寸的点数。

起始页码：若要打印的当前页是首页，输入"自动"时，则起始页码将从 1 开始为页面编号，若不是首页，则从下一个顺序数字开始为打印编号。

（2）页边距的设置　在"页面设置"对话框中选择"页边距"选项卡，可设置页边距和居中方式。

在相关位置输入页面的上、下、左、右、页眉、页脚值，或通过微调框调整页边距。

选择"居中方式"中的"水平"和"垂直"复选框，可使工作表中的数据在左右页边距之间水平居中，在上、下页边距之间垂直居中，如图 5 –48 所示。

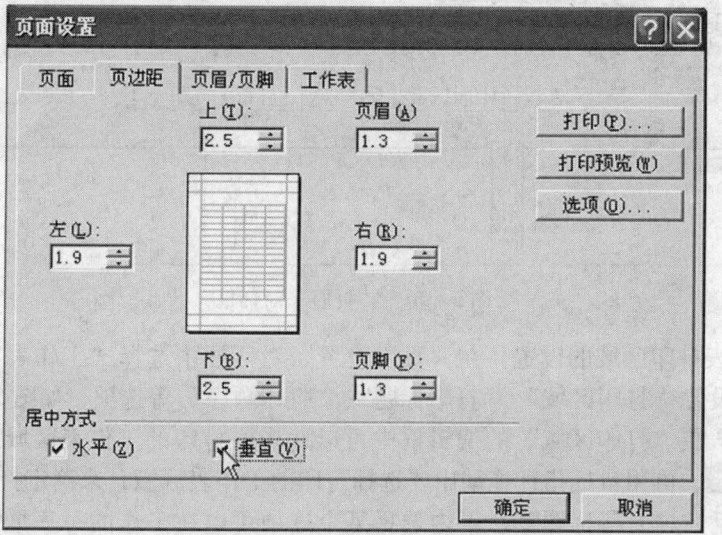

图 5 –48　"页边距"选项卡

（3）页眉和页脚的设置　在"页面设置"对话框中选择"页眉/页脚"选项卡，可设置页眉和页脚，如图5-49所示。

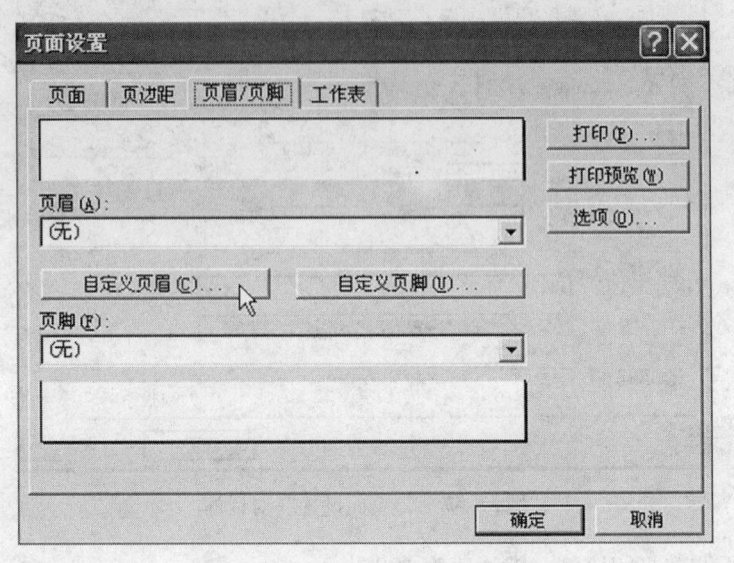

图5-49　"页眉/页脚"选项卡

所谓页眉是指打印文件时，在每一页的最上边打印的主题。在"页眉"列表框中可以选定需要的页眉，选定样式后，"页眉"列表框上面的预览区域显示页眉的样式。

所谓页脚是指打印在页面下部的内容。在"页脚"列表框中可以选定需要的页脚，选定样式后，"页脚"列表框上面的预览区域显示页脚的样式。

在"页眉/页脚"对话框中，单击"自定义页眉"按钮或"自定义页脚"按钮，会弹出"页眉"或"页脚"对话框，用户可以自行定义页眉和页脚，如图5-50所示。

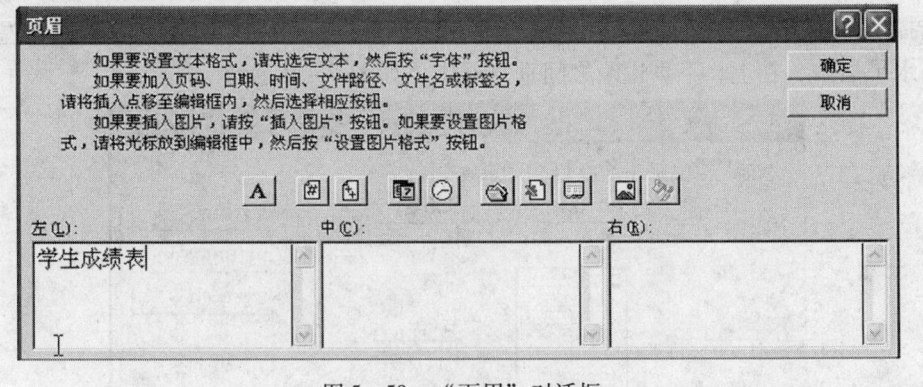

图5-50　"页眉"对话框

（4）工作表打印区域的设置　在"页面设置"对话框中选择"工作表"选项卡，在该选项卡中可以设置"打印区域"、"打印标题"、"打印顺序"等选项，如图5-51所示。

打印区域：在"打印区域"的编辑框中可以选择要打印的工作表区域。单击编辑框右边的折叠按钮，再用鼠标指针拖动出要选择打印的工作表区域，来确定打印区域。

打印标题：在"打印标题"一栏内选择某个选项可以在工作的每一页中都有相同的行或列作为标题。如果要将某行或某列作为每一页的水平或垂直方向的标题，应单击"顶端

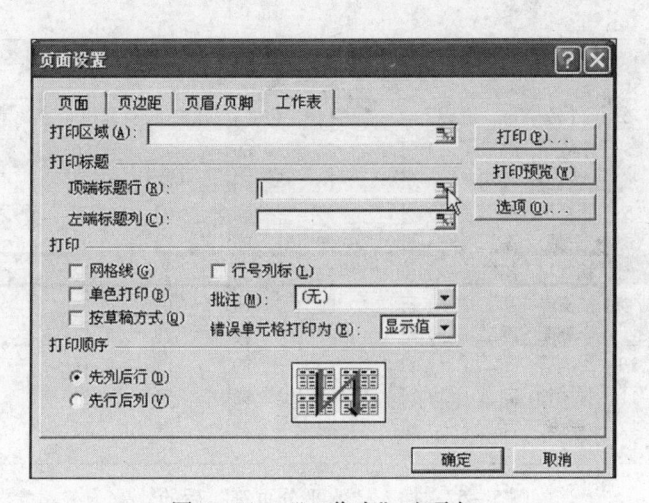

图5-51 "工作表"选项卡

标题行"右端的折叠按钮 ，或"左端标题列"右端的折叠按钮 ，用鼠标在工作表上选中标题行或列中的单元区域。

打印：选中"网格线"复选框可打印工作表中的水平或垂直的单元格区域。选中"单色打印"复选框，则在打印工作表时忽略任何背景和图案，只使用单色打印。选中"行号列标"复选框可打印工作表的行标号或列标号。打开"批注"下拉列表框，选择"无"选项，表示不打印批注，选择"工作表末尾"选项，表示在文档的最后另起一页来打印批注，选择"如同工作表中的显示"选项，表示可以在文档中有标注的地方打印批注。在"错误单元格打印为"下拉列表框中指定打印文档中错误显示的方式。

打印顺序：单击"先列后行"或"先行后列"单选按钮可在数据超过一页时控制数据进行编号和打印顺序。

2. 分页预览

（1）插入分页符 当文档超过一页时，系统会自动对文档进行分页，也可在文档的其他位置强制分页。

1）插入分页符。单击"插入"→"分页符"命令，即可插入分页符。

若要插入一个"水平分页符"，需要选定在新起页第一行所对应的行号后，再插入分页符，插入水平分页符后，上下两页用虚线进行分隔，效果如图5-52所示。

若要插入一个"垂直分页符"，选定在新起页的第一列所对应的列号后，再插入分页符，如图5-53所示。

若在工作表的任意位置选定单元格，则将会插入一个水平分页符和一个垂直分页符。如图5-54所示。

2）删除分页符。选定水平分页符下面的第一行任意单元格，单击"插入"→"删除分页符"命令，即可删除一个水平分页符，如图5-55所示。

选定垂直分页符右边的第一列任意单元格，单击"插入"→"删除分页符"命令，即可删除一个垂直分页符。

（2）打印预览 在对一个已编辑完毕的文档进行打印之前，可以通过打印预览功能在屏幕上观察文档的打印效果。

	B	C	D	E	F	G	H
1			高二成绩表				
2	姓名	班级	数学	英语	语文	计算机	
3	李红平	高二（二）班	88	69	72	80	
4	张毅	高二（二）班	76	88	85	91	
5	张江枫	高二（一）班	95	54	97	88	
6	王硕	高二（一）班	88	84	76	96	
7	杨红梅	高二（三）班	75	69	45	63	
8	江海洋	高二（一）班	56	74	92	89	
9	李朝阳	高二（三）班	85	84	76	55	
10	王润珍	高二（一）班	83	90	87	76	
11	张丽铃	高二（二）班	87	91	58	87	
12	李娟	高二（一）班	68	78	76	71	
13							

图 5-52　插入"水平分页符"后的效果

	B	C	D	E	F	G
1			高二成绩表			
2	姓名	班级	数学	英语	语文	计算机
3	李红平	高二（二）班	88	69	72	80
4	张毅	高二（二）班	76	88	85	91
5	张江枫	高二（一）班	95	54	97	88
6	王硕	高二（一）班	88	84	76	96
7	杨红梅	高二（三）班	75	69	45	63
8	江海洋	高二（一）班	56	74	92	89
9	李朝阳	高二（三）班	85	84	76	55
10	王润珍	高二（一）班	83	90	87	76
11	张丽铃	高二（二）班	87	91	58	87
12	李娟	高二（一）班	68	78	76	71
13						

图 5-53　插入"垂直分页符"后的效果

	B	C	D	E	F	G
1			高二成绩表			
2	姓名	班级	数学	英语	语文	计算机
3	李红平	高二（二）班	88	69	72	80
4	张毅	高二（二）班	76	88	85	91
5	张江枫	高二（一）班	95	54	97	88
6	王硕	高二（一）班	88	84	76	96
7	杨红梅	高二（三）班	75	69	45	63
8	江海洋	高二（一）班	56	74	92	89
9	李朝阳	高二（三）班	85	84	76	55
10	王润珍	高二（一）班	83	90	87	76
11	张丽铃	高二（二）班	87	91	58	87
12	李娟	高二（一）班	68	78	76	71

图 5-54　插入水平及垂直分页符

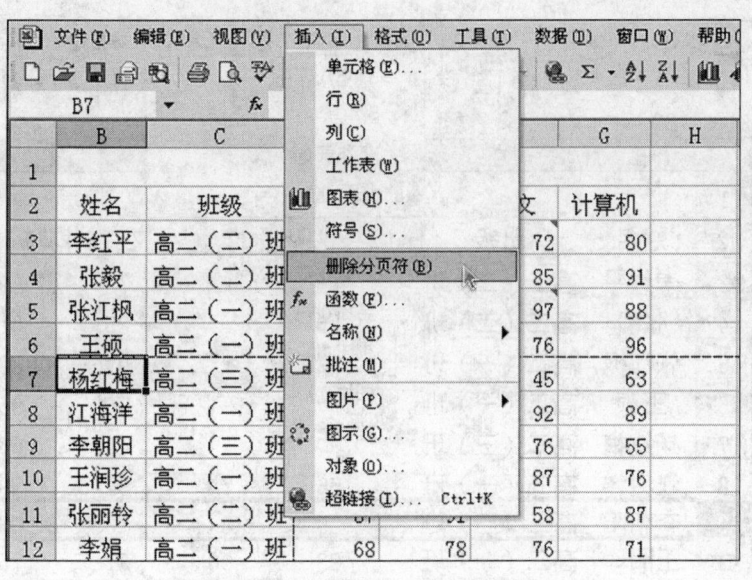

图 5-55 "删除分页符"命令

单击"文件"→"打印预览"命令或单击"常用"工具栏中的"打印预览"按钮 ，就会弹出"打印预览"窗口。

3. 打印工作表

单击"文件"→"打印"命令，在弹出的"打印"对话框中，可对"打印范围"，"打印内容"，"份数"等参数进行设置，如图 5-56 所示。

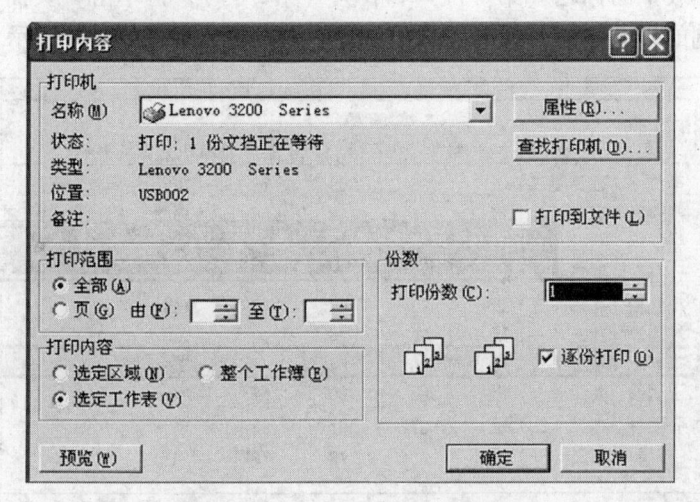

图 5-56 "打印内容"对话框

例：在 Sheet1 工作表中"序号"为 7 的一行上插入分页符，设置标题和表头为打印标题。

1）单击 Sheet1 工作表中"序号"为 7 的一行所对应的行号（行号为 9），并选中该行。单击"插入"→"分页符"命令，即在指定的位置上插入分页符，如图 5-57 所示。

2）单击"文件"→"页面设置"命令，打开"页面设置"对话框。选择"页面设置"

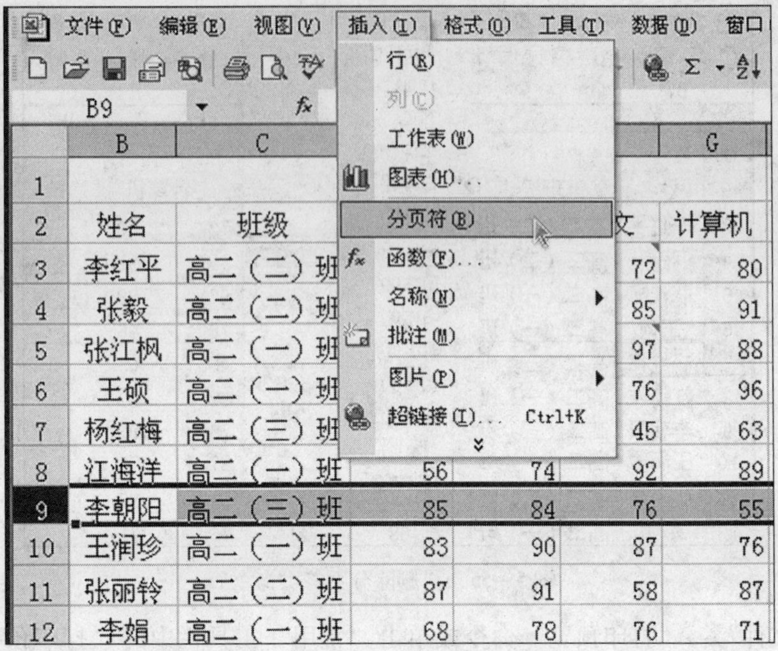

图 5 - 57　选择"分页符"命令

对话框中的"工作表"选项卡，单击"打印标题"一栏内的"顶端标题行"编辑框右端的折叠按钮，弹出"页面设置 – 顶端标题行："编辑框。

3）选中工作表中的标题（第1行）和表头（第2行），再单击"页面设置 – 顶端标题行："编辑框右端的折叠按钮，返回"页面设置"对话框，如图 5 - 58 所示。

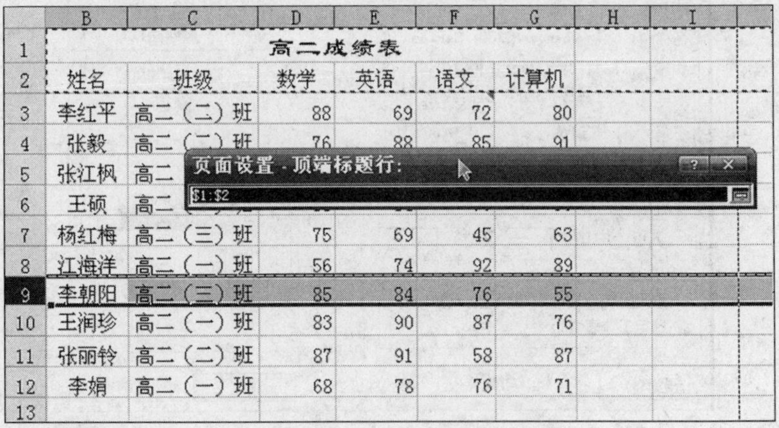

图 5 - 58　选定"打印标题"

4）单击"打印区域"编辑框右端的折叠按钮，弹出"页面设置 – 打印区域："编辑框，在表 Sheet1 中用鼠标指针选定打印区域，如图 5 - 59 所示。

再单击"页面设置 – 打印区域："编辑框右端的折叠按钮，返回"页面设置"对话框。设置完毕后，单击"确定"按钮。就可以完成对工作表打印标题的设置，如图 5 - 60 所示。

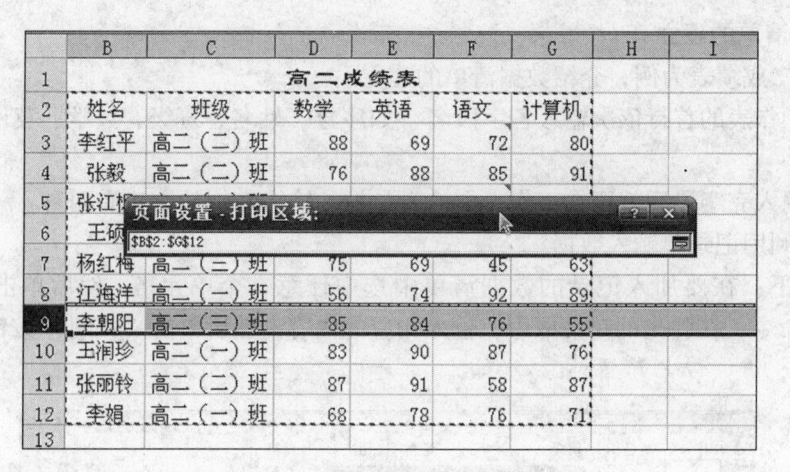

图 5-59　选定"打印区域"

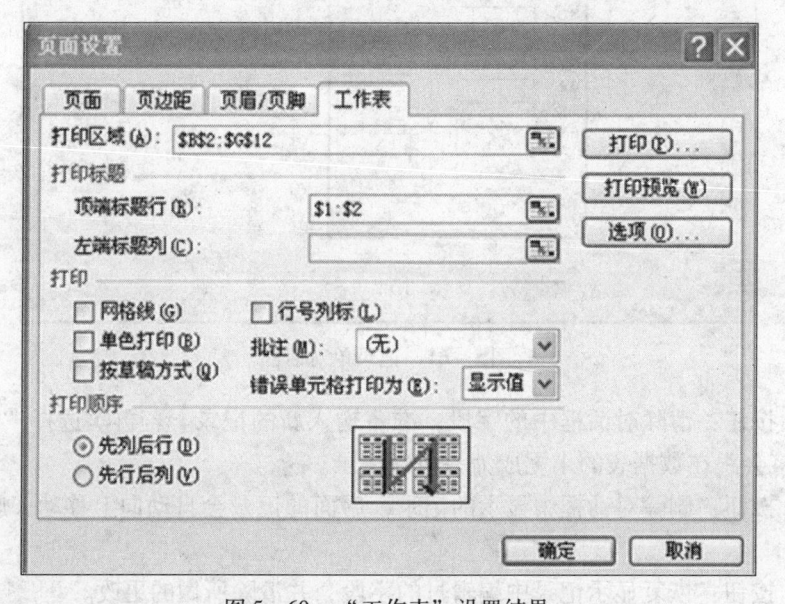

图 5-60　"工作表"设置结果

5.3　Excel 2003 的数据处理

5.3.1　数据的记录单

　　电子表格软件中的数据文件一般称为数据列表（也可称为数据清单或数据库），它不仅具有数据计算的能力，还具有数据表管理的一些功能。

　　Excel 中的数据表是建立在关系模型基础上的，用二维表表示实体与实体之间的关系。数据由若干列组成，每一列有一个列标题，相当于数据表的字段名，如姓名、班级、数学、语文等。列相当于字段，每一列的取值范围称为域，每一列的数据是同一类型的。表中每一行是数据库的一个记录，每一条记录存放一组相关的数据。

1. 数据清单的建立

现以高二成绩表为例，介绍数据清单的建立。

1）在工作表的首行依次输入各字段名，如序号、姓名、班级、数学、英语、语文、计算机。

2）当输入完字段后就可在工作表中输入数据，输入数据的方法有两种：一是直接输入数据，二是利用记录单输入数据。

操作如下：在要加入记录的数据清单中选中任意一个单元格，然后单击"数据"→"记录单"命令，在弹出的对话框中，输入相应的内容，然后单击"关闭"按钮即可，如图5-61所示。

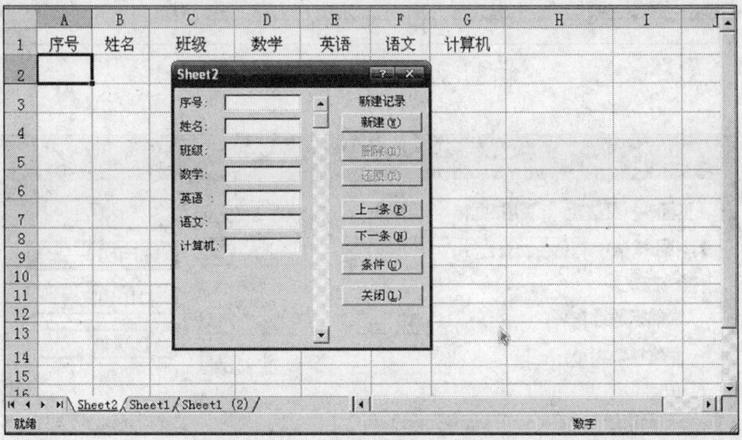

图5-61 记录单对话框

"新建"按钮：清除对话框中的字段，准备输入新的记录。若再次选择"新建"按钮，输入的记录将会跟在数据表的末尾成为一条新记录。

"删除"按钮：删除对话框中显示的记录，后面的记录会自动向上移动，删除的记录无法恢复。

"还原"按钮：恢复显示记录中编辑过的字段，并清除所做的更改。

"上一条"按钮：显示数据表中的上一条记录。

"下一条"按钮：显示数据表中的下一条记录。

"条件"按钮：打开条件对话框中输入比较条件，可以更快地查找和显示记录。

2. 数据清单的修改

（1）追加记录 若要追加记录，可以直接在单元格中输入，或使用"记录单"输入。单击"数据"→"记录单"命令，在弹出的对话框中，单击"新建"按钮，然后在字段中输入新的记录值，输入完毕后，单击"关闭"按钮。则一条新的记录被追加到数据清单的末尾。

（2）插入记录 若要在现有的记录中间插入一条空白记录，首先选定要插入记录的单元格，然后单击"插入"→"行"命令，就可插入空行了。

（3）修改记录 选择数据清单中的任意一个单元格，单击"数据"→"记录单"命令，在弹出的对话框中，单击"下一条"或"上一条"按钮，就可以找到要修改的记录，修改完毕后，单击"关闭"按钮。

（4）删除记录　选择数据清单中的任意一个单元格，单击"数据"→"记录单"命令，在弹出的对话框中，单击"下一条"或"上一条"按钮，就可以找到要删除的记录，单击"删除"按钮，再单击"关闭"按钮。被删除的记录便无法再恢复了。

例：要从"高二成绩表"的数据表中，找出高二（一）班并且数学成绩大于 80 分的记录。

具体操作如下：将单元格光标移动到第一条记录上，单击"数据"→"记录单"命令；在弹出的对话框中，单击"条件"按钮，打开"条件"对话框，在该对话框中输入条件，在"班级"右边的编辑框中输入"高二（一）班"，在"数学"右边的编辑框中输入" >80"，如图 5 - 62 所示。按 <Enter> 键确认，单击"下一条"按钮，对话框内将会显示满足条件的记录。

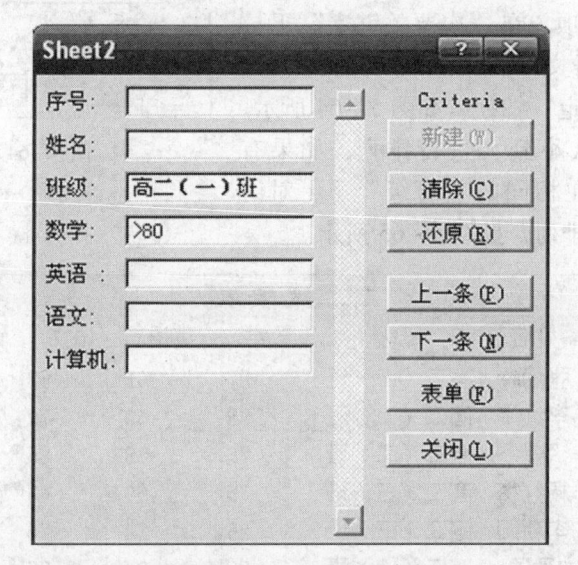

图 5 - 62　条件对话框

5.3.2　数据的排序

排序是根据某列数据按从小到大或者从大到小的顺序进行排列。

1. 单列排序

对单列数据进行排序时，首先要选定需要排序的字段列（如"语文"字段），在常用工具栏上单击"升序"按钮 或"降序"按钮 ，即可对所选择的字段列进行排序。

或单击"数据"→"排序"命令，如图 5 - 63 所示，在弹出的"排序"对话框中，打开"主要关键字"下拉列表框，选择"语文"选项，然后选择"升序"选项，单击"确定"按钮，这时

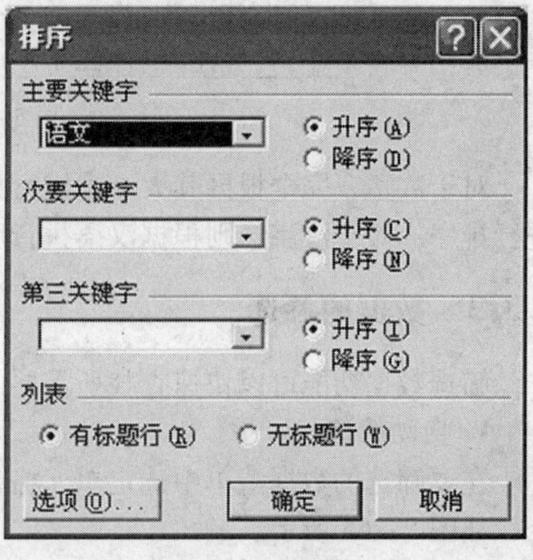

图 5 - 63　单列排序

"语文"成绩将会从小到大进行排列。

  升序：将数据清单中的记录根据关键字按从小到大的顺序排列。

  降序：将数据清单中的记录根据关键字按从大到小的顺序排列。

  有标题行：关键字列表框内显示字段名，如：姓名、班级、语文等。

  无标题行：关键字列表框内显示列标志，如：按列 A、按列 B 等。

  2. 多列排序

  对多列数据进行排序，单击"数据"→"排序"命令，在弹出的"排序"对话框中，打开"主要关键字"下拉列表框，选择"班级"选项，然后选择"升序"选项，在"次要关键字"下拉列表框中，选择"语文"选项，然后选择"升序"选项，单击"确定"按钮，如图 5 - 64 所示。这时"班级"将会从小到大进行排列，如果有"班级"相同的，将在相同的"班级"下，对语文成绩从小到大进行排列，如图 5 - 65 所示。

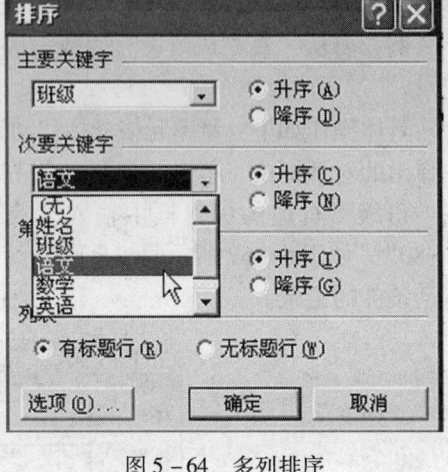

图 5 - 64　多列排序

高二成绩表

序号	姓名	班级	数学	英语	语文	计算机
9	张丽铃	高二（二）班	87	91	58	87
1	李红平	高二（二）班	88	69	72	80
2	张毅	高二（二）班	76	88	85	91
5	杨红梅	高二（三）班	75	69	45	63
7	李朝阳	高二（三）班	85	84	76	55
4	王硕	高二（一）班	88	84	76	96
10	李娟	高二（一）班	68	78	76	71
8	王润珍	高二（一）班	83	90	87	76
6	江海洋	高二（一）班	56	74	92	89
3	张江枫	高二（一）班	95	54	97	88

图 5 - 65　多列排序结果

  对于数字，完全根据其大小来进行排序；对于字符根据字符所对应的 ASCII 码值的大小进行排序；对于汉字，则根据汉语拼音所对应的英文字符的 ASCII 码值的大小进行排序。

5.3.3　数据的筛选

  筛选数据功能可以快速查找所需要的数据清单中的数据子集。

  1. 自动筛选

  在要筛选的数据清单中选定单元格，然后单击"数据"→"筛选"→"自动筛选"命令，如图 5 - 66 所示。

  这时在每个字段名的右边出现一个下拉列表按钮，如图 5 - 67 所示。

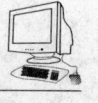

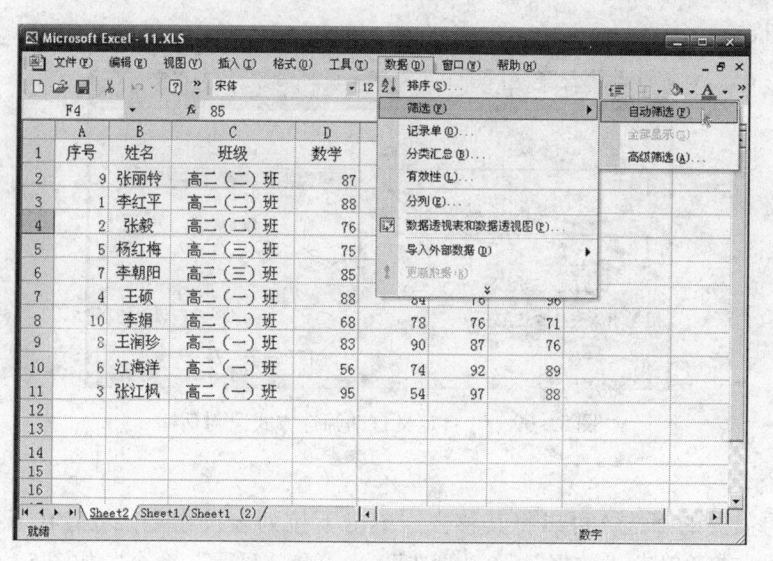

图 5－66　“自动筛选”命令

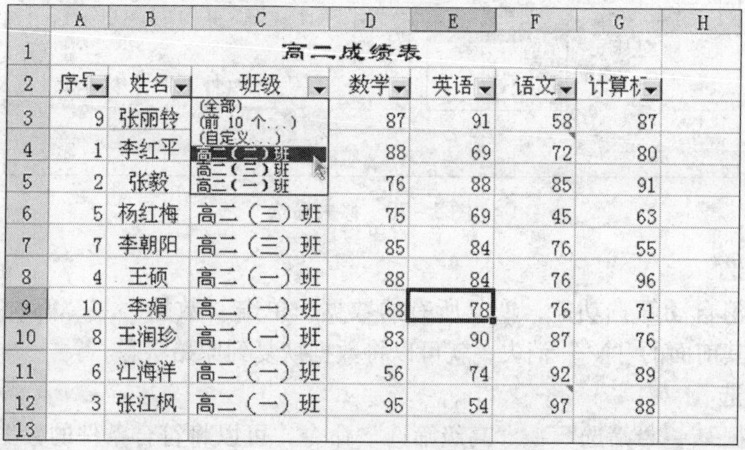

	A	B	C	D	E	F	G	H
1			高二成绩表					
2	序号	姓名	班级	数学	英语	语文	计算机	
3	9	张丽铃	(全部)	87	91	58	87	
4	1	李红平	(前 10 个...) (自定义...) 高二（二）班	88	69	72	80	
5	2	张毅	高二（三）班 高二（一）班	76	88	85	91	
6	5	杨红梅	高二（三）班	75	69	45	63	
7	7	李朝阳	高二（三）班	85	84	76	55	
8	4	王硕	高二（一）班	88	84	76	96	
9	10	李娟	高二（一）班	68	78	76	71	
10	8	王润珍	高二（一）班	83	90	87	76	
11	6	江海洋	高二（一）班	56	74	92	89	
12	3	张江枫	高二（一）班	95	54	97	88	
13								

图 5－67　字段名“班级”右边的下拉列表按钮

单击“班级”下拉列表按钮▼，在下拉列表中选择“高二（二）班”，在工作表中就会出现筛选结果，如图 5－68 所示。

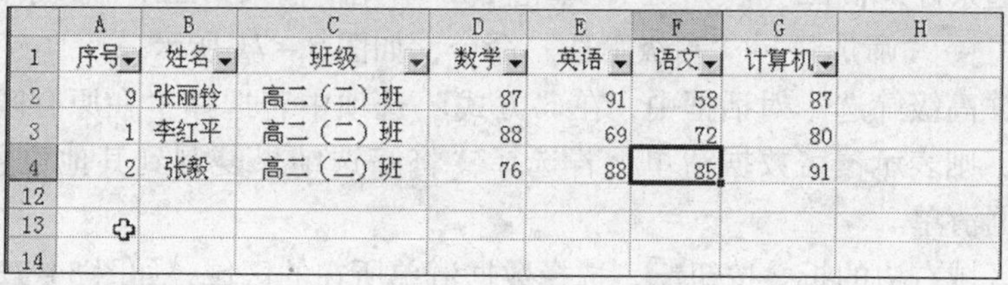

	A	B	C	D	E	F	G	H
1	序号	姓名	班级	数学	英语	语文	计算机	
2	9	张丽铃	高二（二）班	87	91	58	87	
3	1	李红平	高二（二）班	88	69	72	80	
4	2	张毅	高二（二）班	76	88	85	91	
12								
13								
14								

图 5－68　自动筛选结果

2. 自定义自动筛选

单击“数据”→“筛选”→“自动筛选”命令，单击下拉列表按钮▼，在下拉列表中选择“自定义”选项，弹出“自定义自动筛选方式”对话框，如图 5－69 所示，单击“确定"按钮即可。

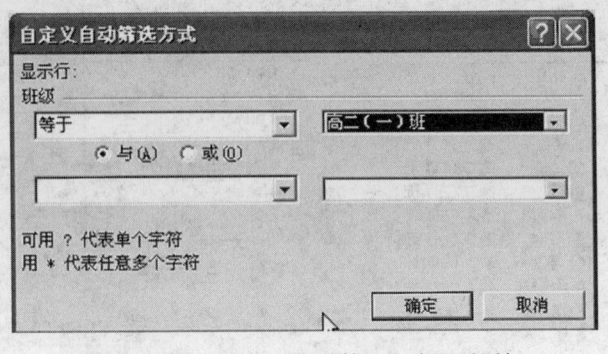

图5-69 "自定义自动筛选方式"对话框

3. 移去筛选

对于不再需要的筛选，可以将其移去。单击下拉列表按钮█，然后在下拉列表中单击"全部"选项。或者单击"数据"→"筛选"→"全部显示"命令，如图5-70所示。

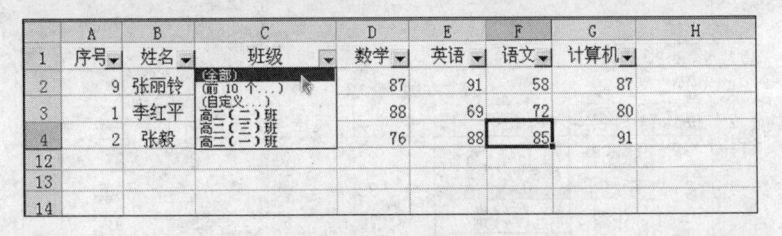

图5-70 移去筛选

4. 取消筛选

如果要取消自动筛选功能，恢复所有的数据，单击"数据"→"筛选"→"自动筛选"命令，使其前面的"√"消失，就可以将数据恢复到原始状态。

5. 高级筛选

单击"数据"→"筛选"→"高级筛选"命令，可以将符合条件的数据复制到另一个工作表或当前工作表中的空白位置上。

在进行高级筛选之前，要将字段名复制到当前工作表的下方，然后输入筛选条件，以"高二成绩表"为例，将A2到G2单元格区域内的字段名复制到第14行，单击C15单元格输入第一个筛选条件"高二（一）班"，单击D15单元格输入第二个筛选条件">80"，然后单击"数据"→"筛选"→"高级筛选"命令，如图5-71所示。

在弹出的"高级筛选"对话框中，在"方式"选项中若选择"在原有区域显示筛选结果"单选按钮，则表示覆盖数据清单；若选择"将筛选结果复制到其他位置"单选按钮，则表示保留数据清单。

单击数据区域右边的折叠按钮█，选择数据清单所在的区域，如图5-72所示。

单击"条件区域"右边的折叠按钮█，选择筛选条件所在的区域，如图5-73所示。

若要将筛选结果复制到其他区域，单击"复制到"右边的折叠按钮█，用鼠标选择要复制到的区域，单击"确定"按钮，便可完成高级筛选的操作，如图5-74所示。

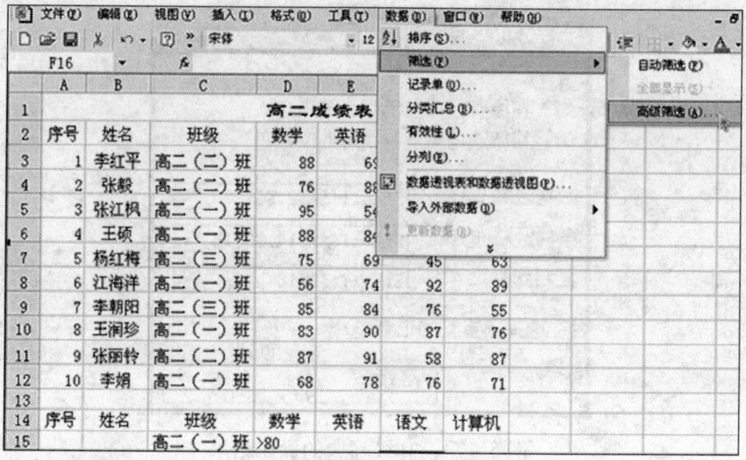

图 5-71 选择"高级筛选"命令

图 5-72 选择"数据区域"

图 5-73 选择"条件区域"

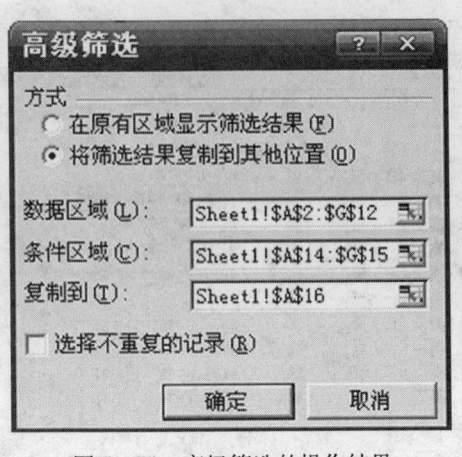

图 5 – 74　高级筛选的操作结果

5.3.4　数据的分类汇总

分类汇总是对数据清单进行分析和管理的一种方式，它可以将数据清单中的相同类型的数据按指定要求分组并且汇总（如求平均值、计数等）。

1. 建立分类汇总

在建立分类汇总之前，必须对数据清单进行排序。

分类汇总的具体操作如下：

先对进行分类汇总的列进行排序，如果对"班级"进行分类汇总，首先将"班级"进行排序。选中一个单元格，然后单击"数据"→"分类汇总"命令，如图 5 – 75 所示。

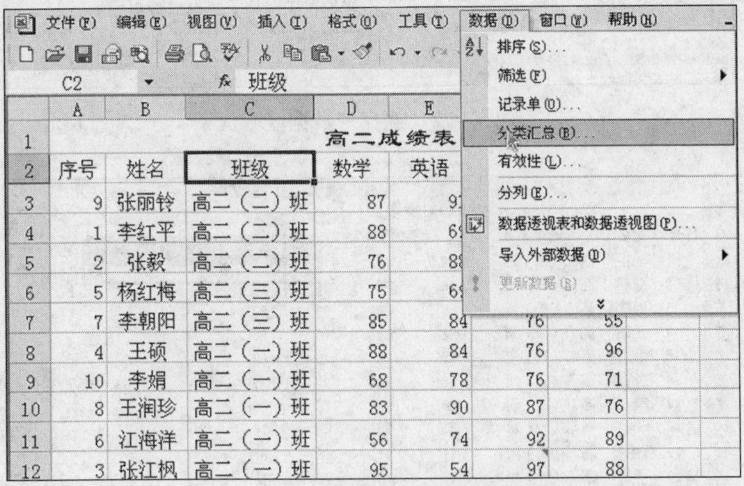

图 5 – 75　选择"分类汇总"命令

在弹出的"分类汇总"对话框中，打开"分类字段"的下拉列表框，选择一个字段（如姓名、班级等字段），打开"汇总方式"的下拉列表框，选择一种汇总方式（系统会默认求和方式），在"选定汇总项"内选择需要汇总的字段（如语文、数学、英语等），如图 5 – 76 所示。单击"确定"按钮，其结果如图 5 – 77 所示。

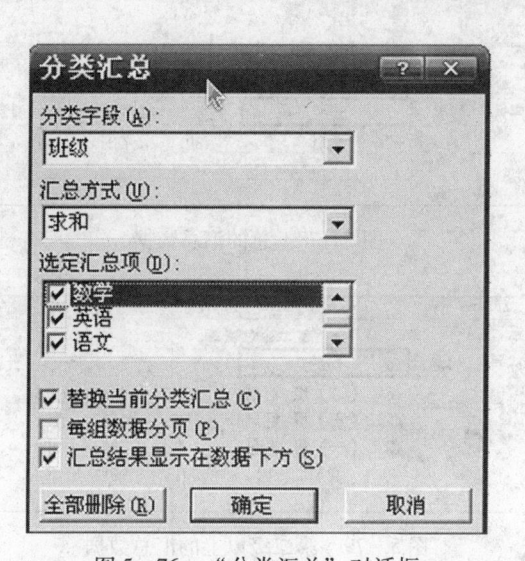

图 5 - 76 　"分类汇总"对话框

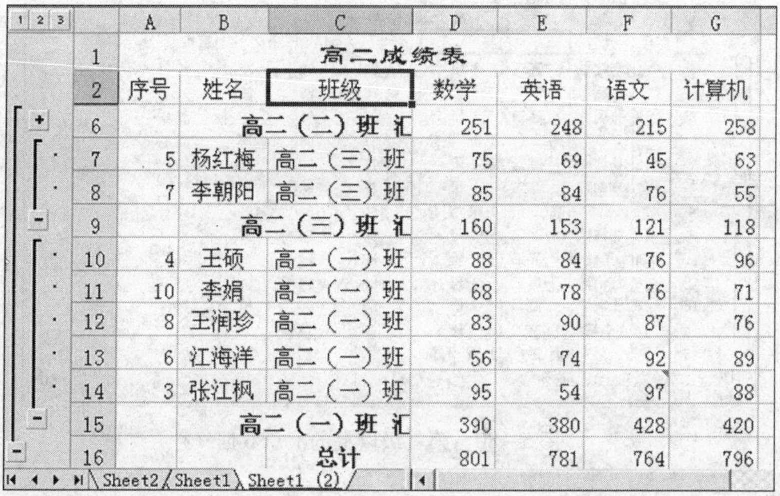

图 5 - 77 　分类汇总的结果

2. 隐藏明细项

在分类汇总的数据清单中，若将明细项隐藏起来，就可以使得汇总信息更加清晰。要隐藏明细数据，只需单击行标号左侧的按钮━，如单击第二个按钮━，当按钮━变成按钮➕时，明细数据被隐藏起来。

若单击全部的按钮━，则分类汇总的全部明细数据被隐藏。单击按钮➕，则可以将隐藏的明细项重新显示出来。

若单击工作表左上角的三个数字按钮 1 2 3 ，选择数字"1"将显示总的汇总数据结果。如图 5 - 78 所示。

选择数字"2"，将显示包括第二级以上的汇总数据，如图 5 - 79 所示。

选择数字"3"，将显示包括第三级以上的汇总数据，如图 5 - 80 所示。

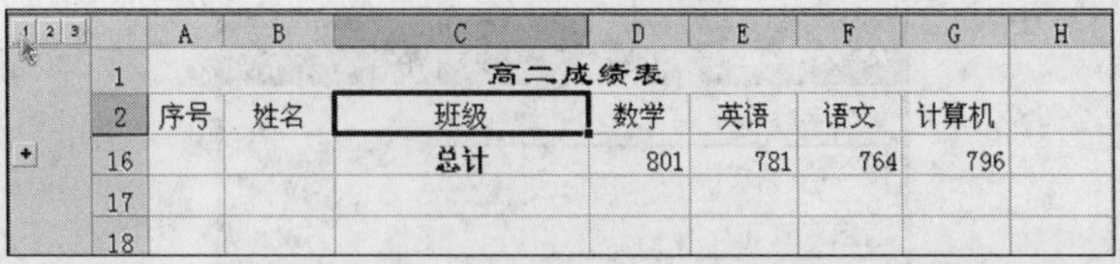

1 2 3		A	B	C	D	E	F	G	H
	1			高二成绩表					
	2	序号	姓名	班级	数学	英语	语文	计算机	
	16			总计	801	781	764	796	
	17								
	18								

图 5－78　总的汇总数据

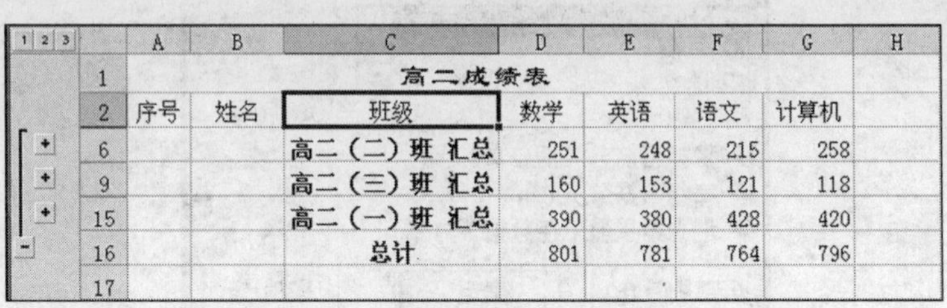

1 2 3		A	B	C	D	E	F	G	H
	1			高二成绩表					
	2	序号	姓名	班级	数学	英语	语文	计算机	
	6			高二（二）班 汇总	251	248	215	258	
	9			高二（三）班 汇总	160	153	121	118	
	15			高二（一）班 汇总	390	380	428	420	
	16			总计	801	781	764	796	
	17								

图 5－79　第二级以上的汇总数据

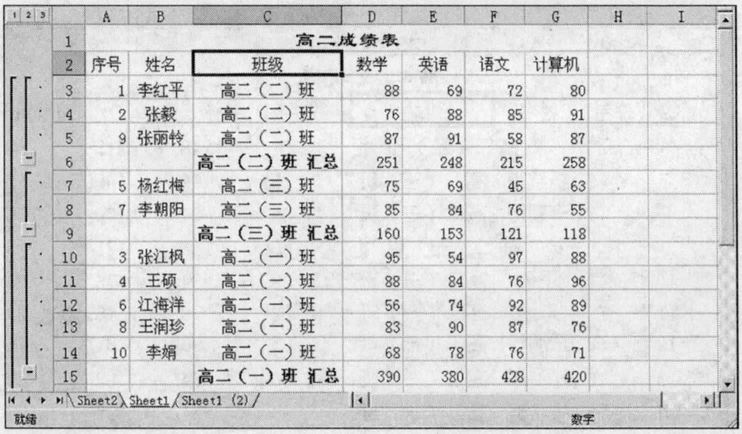

1 2 3		A	B	C	D	E	F	G	H	I
	1			高二成绩表						
	2	序号	姓名	班级	数学	英语	语文	计算机		
	3	1	李红平	高二（二）班	88	69	72	80		
	4	2	张毅	高二（二）班	76	88	85	91		
	5	9	张丽铃	高二（二）班	87	91	58	87		
	6			高二（二）班 汇总	251	248	215	258		
	7	5	杨红梅	高二（三）班	75	69	45	63		
	8	7	李朝阳	高二（三）班	85	84	76	55		
	9			高二（三）班 汇总	160	153	121	118		
	10	3	张江枫	高二（一）班	95	54	97	88		
	11	4	王硕	高二（一）班	88	84	76	96		
	12	6	江海洋	高二（一）班	56	74	92	89		
	13	8	王润珍	高二（一）班	83	90	87	76		
	14	10	李娟	高二（一）班	68	78	76	71		
	15			高二（一）班 汇总	390	380	428	420		

Sheet2 / Sheet1 / Sheet1 (2)

就绪　　　　　　　　　　数字

图 5－80　第三级以上的汇总数据

3. 删除分类汇总

若执行了分类汇总后，想要删除分类汇总，单击"数据"→"分类汇总"命令，在弹出的"分类汇总"对话框中单击"全部删除"按钮，如图 5－81 所示，数据就可以回到初始状态。

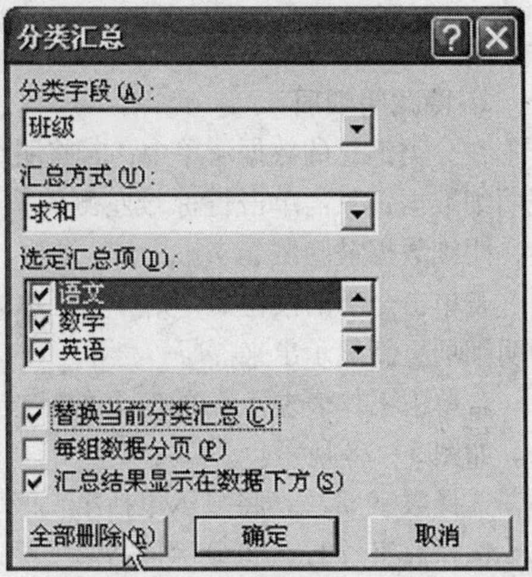

5.3.5　数据的合并计算

合并计算是对 Excel 中一个或多个数据区域中的数据进行汇总，以使用户能够更好地分析和管理数据。

1）选中数据合并结果的放置区域。

2）单击"数据"→"合并计算"命令，如图 5－82 所示。

图 5－81　删除分类汇总

3）在弹出的"合并计算"对话框中（见图5-83），根据具体的要求单击按钮■，在出现的"函数"下拉菜单中选择合并计算所需要的函数，然后单击按钮■，弹出"合并计算-引用位置:"对话框，如图5-84所示，选择所要合并的数据源，接着单击按钮■返回到"合并计算"对话框（也可以在"合并计算"对话框中，单击"浏览"按钮，如图5-85所示，在弹出的"浏览"对话框中选择所要合并的数据文件，最后单击"确定"按钮返回到"合并计算"对话框），并单击"添加"按钮，如图5-86所示。如果有多处数据源，则需要重复上面的数据选择步骤。最后，根据需要确定"标签位置"，单击"确定"按钮，完成数据合并。

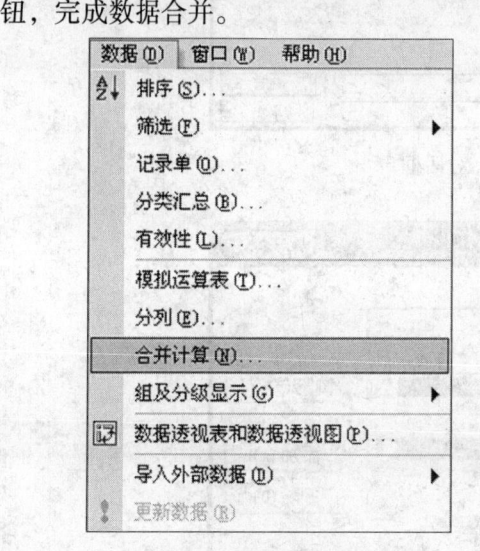

图5-82　"合并计算"命令

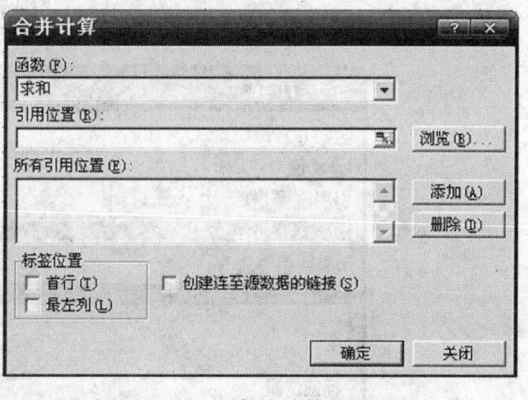

图5-83　"合并计算"对话框

附属中学会考成绩表					
姓名	班级	语文	数学	英语	政治
张小明	高150班	95	80	60	60
王双	高150班	92	82	68	70
宋河	高151班	89	84	76	68
赵建	高152班	86	86	84	64
李强	高153班	83	88	92	68
张爽	高151班	80	90	78	69
刘小惠	高153班	77	92	80	70
周江	高151班	74	94	82	71
钱慧	高153班	71	96	84	72
孙立	高152班	68	88	86	73
吴小敏	高152班	65	85	88	74
郑博源	高153班	62	85	90	75

合并计算 - 引用位置:
$B$2:$F$14

图5-84　"合并计算-引用位置:"对话框

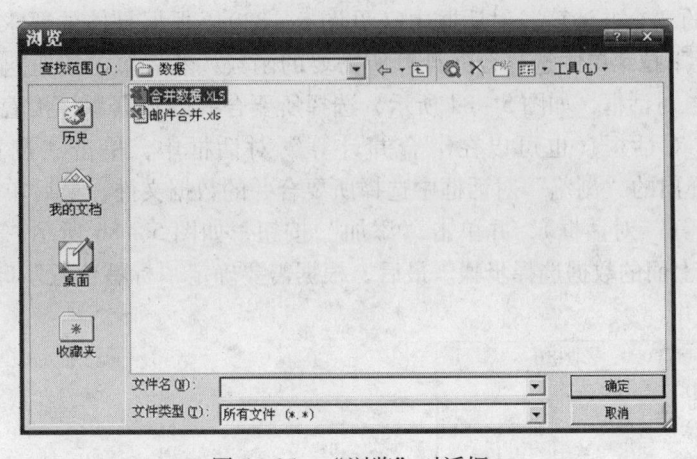

图 5 - 85　"浏览"对话框

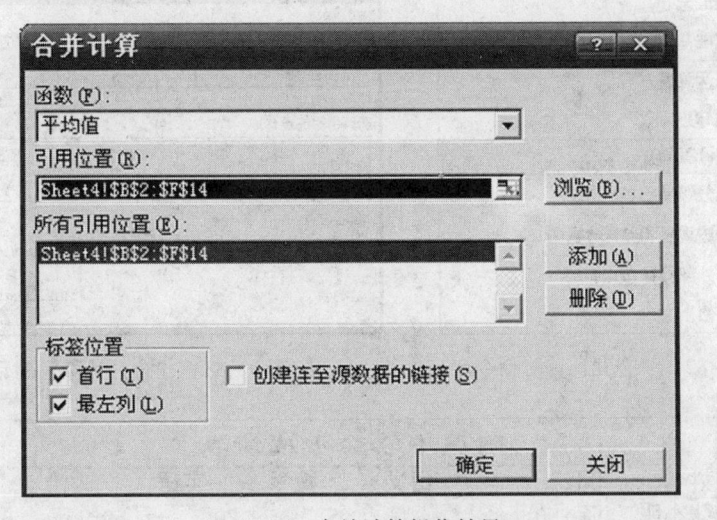

图 5 - 86　合并计算操作结果

5.4　Excel 2003 的图表应用

图表是 Excel 2003 的特征之一，利用图表功能，用户可以把表格数据制作成各种不同类型的图表，如折线图、柱状图、条形图、饼图等。通过图表人们可以更好地观察数据的变化和数据之间的关系。

5.4.1　创建图表

1. 图表的类型

Excel 2003 提供了丰富的图表类型，如柱形图、条形图、折线图、饼图、雷达图、股价图等，用户可以根据数据的特点选择合适的图表类型。

单击"插入"→"图表"命令，弹出"图表类型"对话框，如图 5 - 87 所示。

现仅对几种常用的图表类型进行介绍。

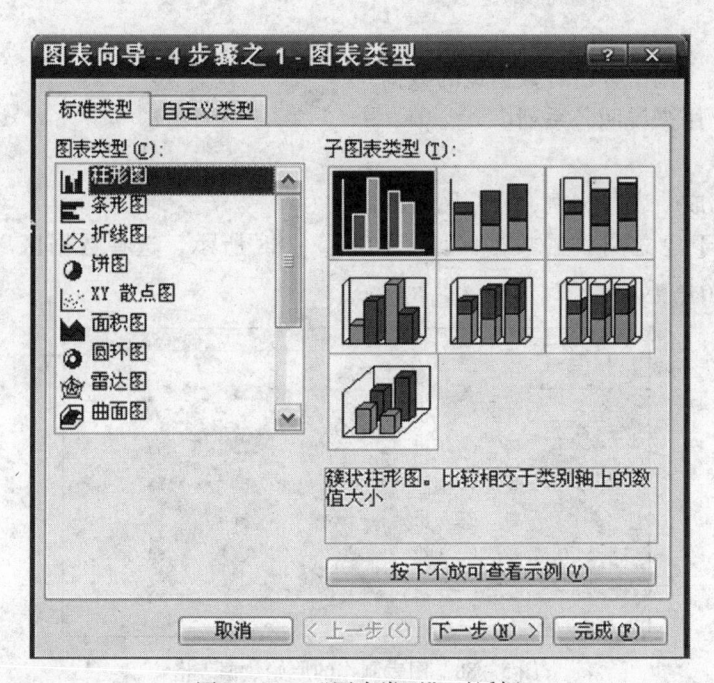

图 5 – 87　"图表类型"对话框

（1）柱形图　用来显示一段时期内数据的变化或描述各项之间的比较。通常分类项水平显示，数值项垂直显示，它可以强调数据随时间的变化情况。

（2）条形图　描述了各个项之间的差别情况。分类项垂直显示，数值项水平显示，可以突出数值的比较，而淡化随时间的变化。

（3）饼图　显示数据系列中每一项占该系列数值总和的比例关系。它一般只显示一个数据系列，在需要突出某个重要项时十分有用。

（4）折线图　以等间隔显示数据的变化趋势，用于描述和比较数值数据的变化趋势，有效地表示一个或多个数据集合在时间上的变化，尤其是随时间发生的动态变化。

（5）XY 散点图　散点图中的点一般不连，每一个点代表了两个变量的值，用来分析两变量之间是否相关。

（6）面积图　强调幅度随时间的变化，通过显示绘制值的总和，还可以显示部分和整体的关系。

（7）雷达图　每一个分类都拥有自己的数值坐标轴，这些坐标轴由中点向外辐射，并由折线将同一系列中的值连接起来。

（8）股价图　用来描绘股票价格的走势。

2. 图表的元素

Excel 2003 图表元素由以下几部分组成：

（1）图表区　整个图形区域。

（2）绘图区　在图表区中绘制图形的区域。

（3）图表标题　每一张图表都有一个标题，用来说明图表的意义。

（4）坐标轴　坐标轴表示系列中数据数值的大小，分类轴表示数据系列的分类。

（5）数据系列　每一张图表都由一个或多个数据系列组成，系列就是图形元素所代表的数据集合。

(6) 网格线　用于分析各数据点的数据。

(7) 图例　用来说明各系列。

3. 建立图表

现以"高二成绩表"为例，介绍图表的制作。

1) 选定用于建立图表的数据区域，如图 5 - 88 所示，选择数据区域为"A3：A8"，"C3：E8"单元格区域。

	A	B	C	D	E	F
2			高二成绩表			
3	姓名	班级	语文	数学	英语	
4	李平平	高二（一）班	72	75	69	
5	麦孜	高二（二）班	85	88	73	
6	高峰	高二（二）班	92	87	74	
7	王小丽	高二（三）班	76	67	90	
8	刘梅	高二（三）班	72	75	69	
9						

图 5 - 88　图表制作的原始数据表格

2) 单击"常用"工具栏上的"图表向导"按钮（或单击"插入"→"图表"命令）。弹出"图表向导 - 4 步骤之 1 - 图表类型"对话框，如图 5 - 89 所示。在"标准类型"选项卡的"图表类型"下拉列表框中选择所需的图表类型，在"子图表类型"列表框中选择一种需要的类型。如"柱形图"中的"三维簇状柱形图"选项，单击"下一步"按钮。

图 5 - 89　"图表向导 - 4 步骤之 1 - 图表类型"对话框

3) 进入"图表向导 - 4 步骤之 2 - 图表源数据"对话框中，如图 5 - 90 所示。

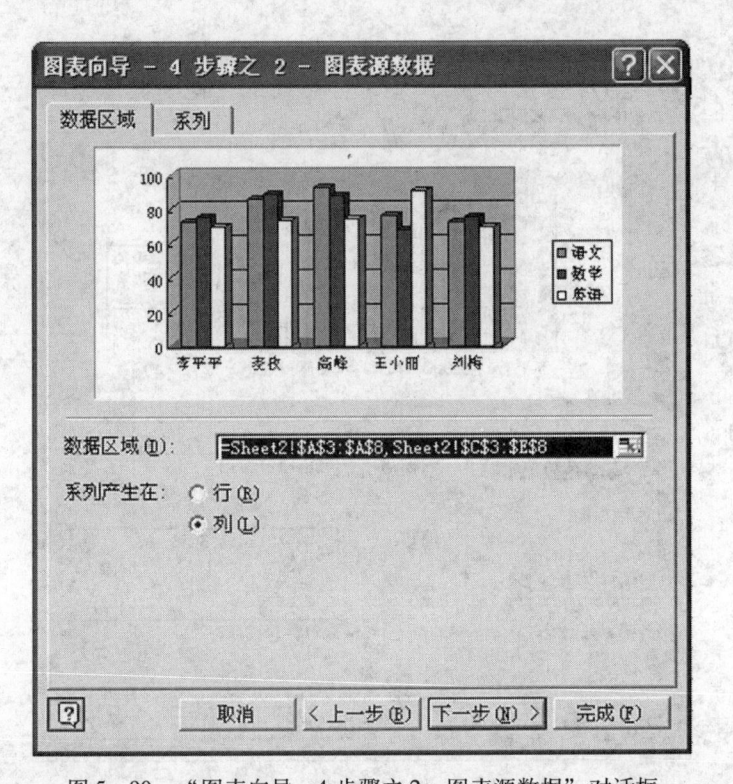

图 5 - 90 　"图表向导 - 4 步骤之 2 - 图表源数据"对话框

在"数据区域"选项卡下的"数据区域"编辑框中,单击"数据区域"右边的折叠按钮![icon],可在该框中输入新的单元地址,如图 5 - 91 所示。在"系列产生在"选项区域中指明数据系列产生在"行"还是"列"。如选择"列",在"系列"选项卡中(见图 5 - 92)可以指定分类标志的数据区和指定系列名称所在的数据区,然后单击"下一步"按钮。

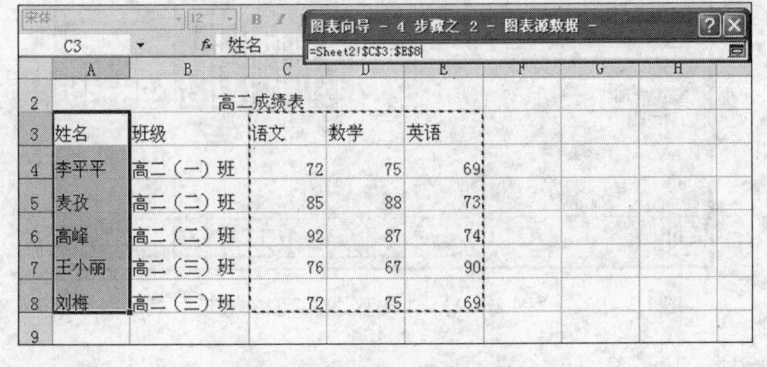

图 5 - 91 　选择"数据区域"

4)进入"图表向导 - 4 步骤之 3 - 图表选项"对话框,在"标题"选项卡下的"图表标题"、"分类(X)轴"及"数值(Z)轴"的编辑框中输入标题,如图 5 - 93 所示。

在"坐标轴"选项卡中,根据需要可以设定坐标轴的刻度,如图 5 - 94 所示。

在"网格线"选项卡中,根据需要选择"分类(X)轴"选项区域下的"主要网格线"复选框和"数值(Z)轴"选项区域下的"主要网格线"复选框,然后单击"下一步"按

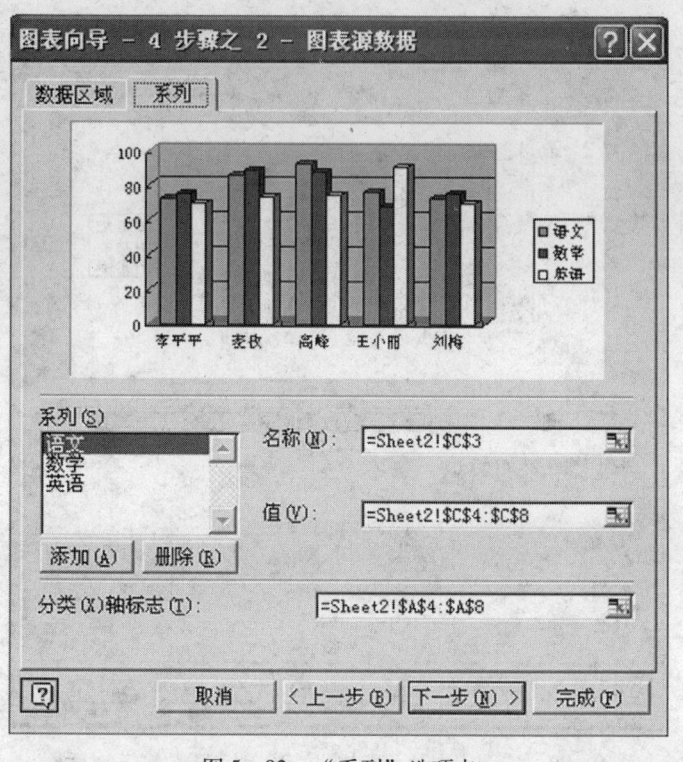

图 5 – 92　"系列"选项卡

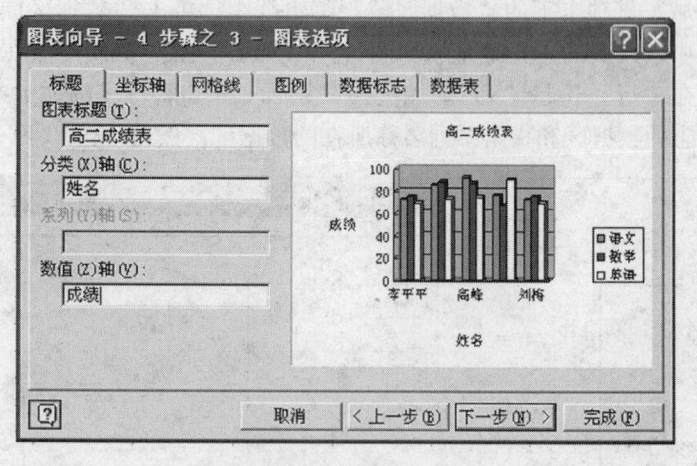

图 5 – 93　"图表向导 – 4 步骤之 3 – 图表选项"对话框

钮，如图 5 – 95 所示。

　　在"图例"选项卡中，选择"显示图例"复选框，以及在"位置"选项区域中选择"靠右"单选按钮，如图 5 – 96 所示。

　　在"数据标志"选项卡中，若选择"值"复选框，就会看到每一个数据出现在图表的每一项上，如图 5 – 97 所示。

　　在"数据表"选项卡中，选择"显示数据表"复选框后，就可以看到在图表的下方出现数据表格，如图 5 – 98 所示。

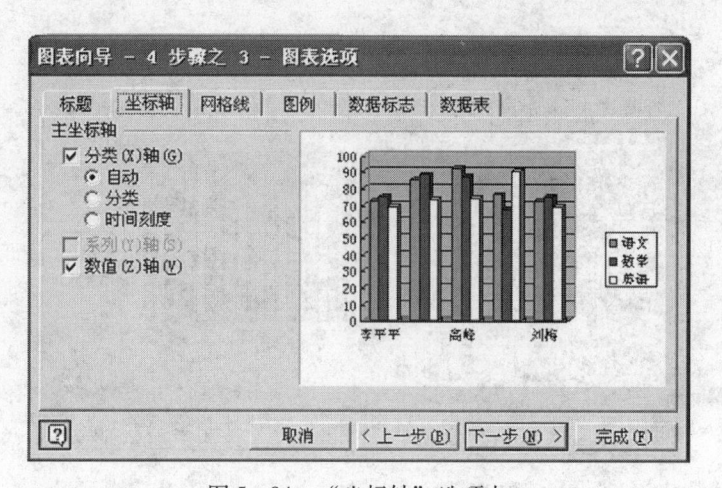

图 5-94　"坐标轴"选项卡

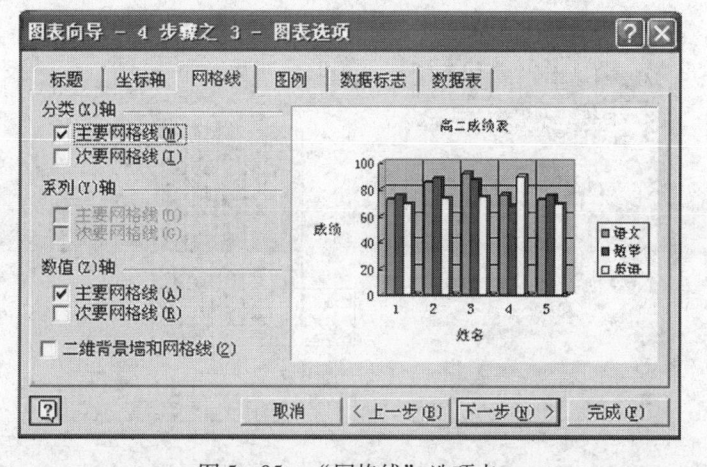

图 5-95　"网格线"选项卡

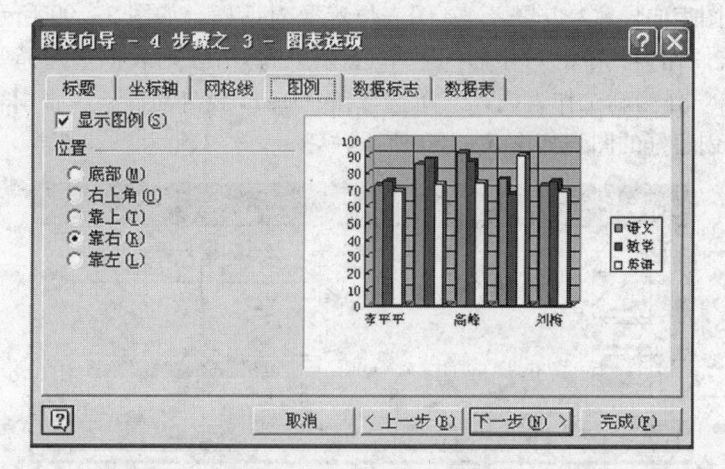

图 5-96　"图例"选项卡

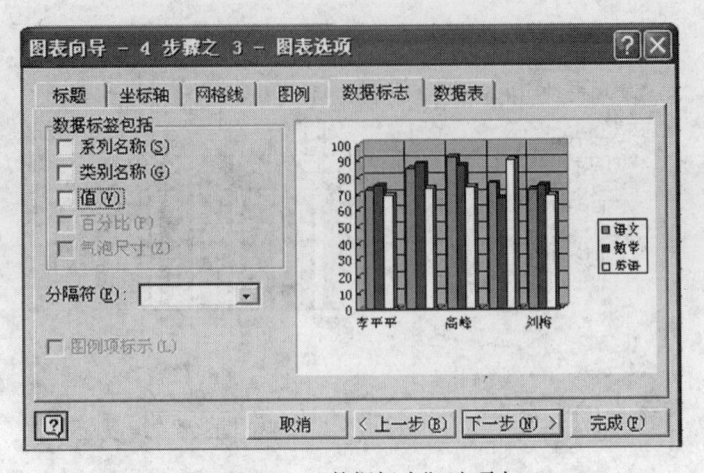

图 5-97　"数据标志"选项卡

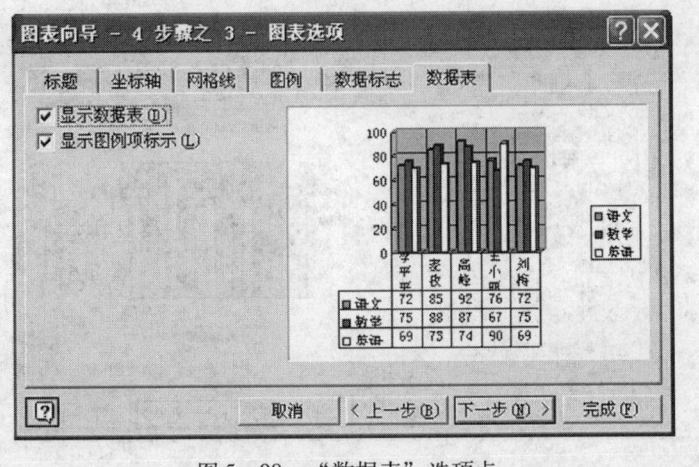

图 5-98　"数据表"选项卡

5）进入"图表向导-4 步骤之 4-图表位置"对话框，如图 5-99 所示。选择图表插入的位置，单击"作为其中的对象插入"单选按钮，然后在列表框中选择要插入其中的工作表。如果单击"作为新工作表插入"单选按钮，Excel 会自动插入一张图表工作表，单击"完成"按钮，创建好的图表如图 5-100 所示。

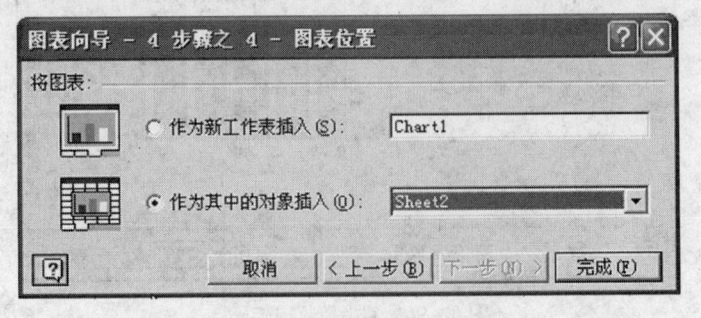

图 5-99　"图表向导-4 步骤之 4-图表位置"对话框

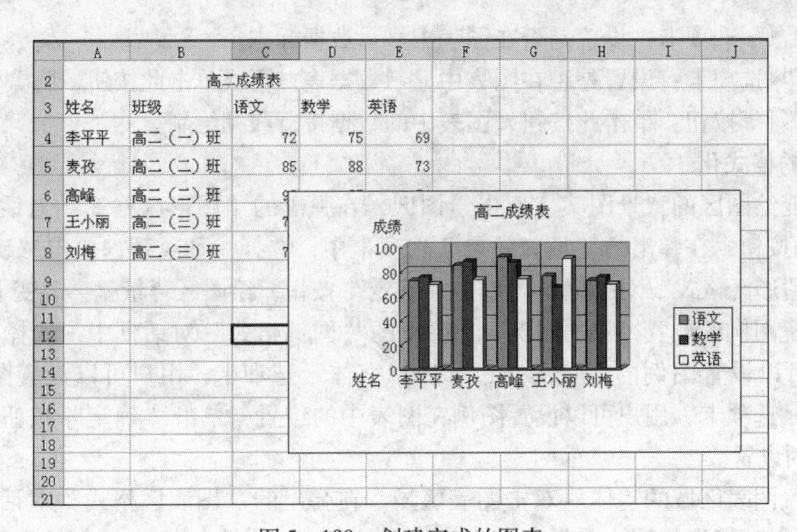

图 5 - 100　创建完成的图表

5.4.2　图表的基本操作

1. 图表的编辑

图表的基本操作包括图表的移动、复制、删除、改变图表的类型、调整图表的位置和大小等。

（1）图表的移动、复制、删除　单击图表区中的任何位置，图表边框出现八个黑色的小方块，当鼠标指针变成"✛"形状后，就可以将图表拖动到新的位置；若在拖动图表时按下 < Ctrl > 键，可复制图表；拖动图表边框的黑色小方块就可以调整图表的大小；按下 < Delete > 键可删除该图表（或单击鼠标右键，在弹出的快捷菜单中单击"删除"命令）。

（2）改变图表的类型　选中图表，单击"视图"→"工具箱"→"图表"命令，就会在菜单栏上增加"图表"菜单，选择"图表"中的"图表类型"选项，在弹出的"图表类型"对话框中，选择图表类型。

（3）图表中数据和文字的编辑　根据用户需要可以对图表中的文字进行删除和修改。

1）删除数据系列：在图表中选中要删除的数据系列，按 < Delete > 键，就可以删除数据系列了。

2）修改和删除文字：单击要修改的文字，就可以进行修改了，若按 < Delete > 键可删除文字。

（4）设置图表的选项　根据用户需要可以设置或修改图表的标题、坐标轴、图例、数据标志等选项。

选中图表，单击"图表"→"图表选项"命令，在弹出的"图表选项"对话框中，选择相应的选项卡后就可以对图表进行设置，然后单击"确定"按钮。

"标题"选项卡：设置图表标题、分类轴、数值轴的标题。

"坐标轴"选项卡：设置图表的坐标轴。

"网格线"选项卡：设置网格线。

"图例"选项卡：设置是否在图表中显示图例以及图例的显示位置。

"数据标志"选项卡：设置是否在图表中显示数据标志。

"数据表"选项卡：设置是否在图表中显示数据表。再次单击此按钮，隐藏数据表。

"按行或列"按钮：单击此按钮，图表中的数据按行或列绘制。

2. 图表的格式化

（1）改变绘图区的背景图案 双击绘图区，在弹出的"图形区格式"对话框中，单击"填充效果"按钮，在弹出的"填充效果"选项卡中，选择一种纹理，单击"确定"按钮，就会返回"图形区格式"对话框，再单击"确定"按钮，绘图区背景就会改变了。

（2）设置图例的位置 双击图例，在弹出的"图例格式"对话框中，选择"图案"选项卡，用户可以设置图例的背景图案；选择"字体"选项卡，用户可以设置图例的字体；选择"位置"选项卡，用户可以设置图例在图表中的位置，单击"确定"按钮就可以完成对图例格式的设置。

（3）设置图表区域的字体 双击图表区域，在弹出的"图表区格式"对话框中，选择"图案"选项卡，可设置图表区域的背景图案，选择"字体"选项卡，可设置图表的字体，单击"确定"按钮就可以完成图表区域的格式设置。

（4）添加图表标题 单击图表，使图表处于选定状态，然后单击"图表"→"图表选项"命令或单击鼠标右键，在弹出的"图表选项"的快捷菜单中，选择"图表选项"命令，这时就会弹出"图表选项"对话框，单击"标题"按钮，就可以修改图表标题。

（5）坐标轴的格式化 双击图表中的分类轴，弹出"坐标轴格式"对话框，该对话框中包括图案、刻度、字体、数字、对齐五个选项卡，用户可以选择需要的项目进行分类轴的修改。

若要调整坐标轴的刻度，双击数据轴，在弹出的"坐标轴格式"对话框中，单击"刻度"选项卡，将"主要刻度单位"由20改为25。

5.5 Excel 2003 的高级应用

5.5.1 公式的编辑

在 Excel 2003 中提供了各种公式的编辑方式，使用户能够更好地构造出某些特殊的公式。

1）单击"插入"→"对象"命令，如图 5 - 101 所示。

2）在弹出的"对象"对话框中，选择"对象类型"下拉列表框中的"Microsoft 公式 3.0"选项，如图 5 - 102 所示。单击"确定"按钮，这时就会弹出"公式"工具栏，如图 5 - 103 所示。

3）在"公式"工具栏中，依据所提供的公式编辑符号（见图 5 - 104）构建公式。

5.5.2 Excel 2003 函数的应用

Excel 2003 提供了许多函数，使用户对数据的处理更加方

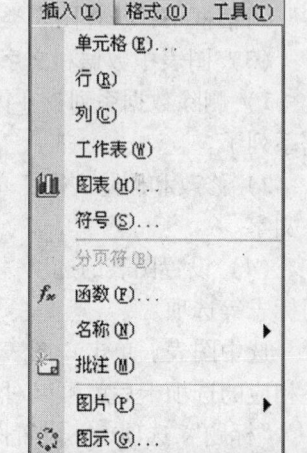

图 5 - 101 插入"对象"命令

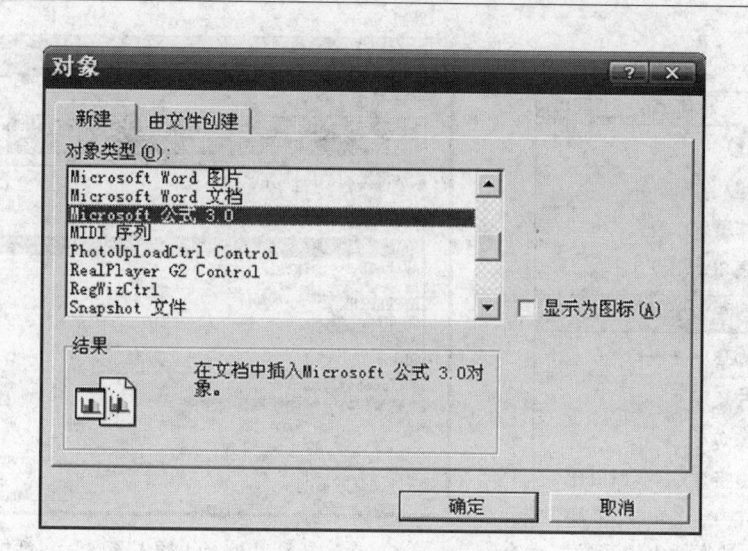

图 5 – 102 "对象"对话框

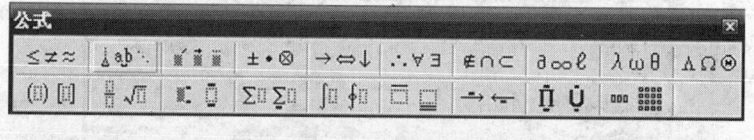

图 5 – 103 "公式"工具栏

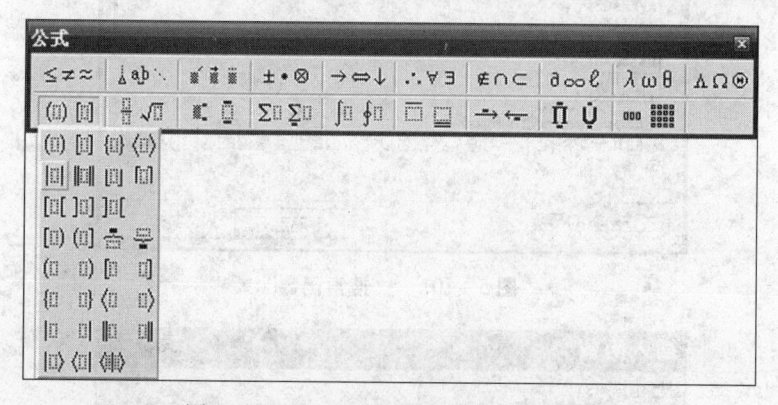

图 5 – 104 "公式"编辑符号选择图例

便。下面就通过一个求平均数的例子来介绍函数的使用方法。

例：求每个学生语文、数学和英语三科的平均分。

1）选定数据处理结果放置的位置（本例中选择的是单元格 E3）。

2）单击函数符号 *fx* 或者单击"插入"→"函数"命令，如图 5 – 105 所示，弹出"插入函数"对话框，如图 5 – 106 所示，在对话框中可以通过在"搜索函数"中输入所要完成的要求——"求平均值"，如图 5 – 107 所示，单击"转到"按钮来找到系统提供的满足要求的相关函数；或者通过"选择函数"，如图 5 – 108 所示，来找到系统提供的满足要求的相关函数。

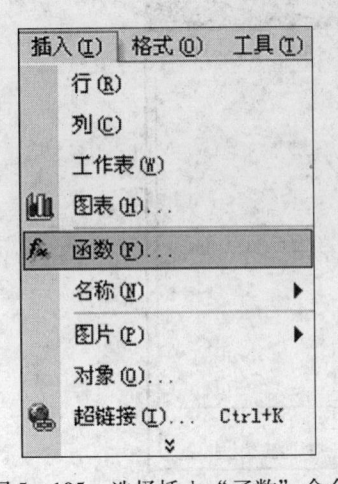

图5－105 选择插入"函数"命令

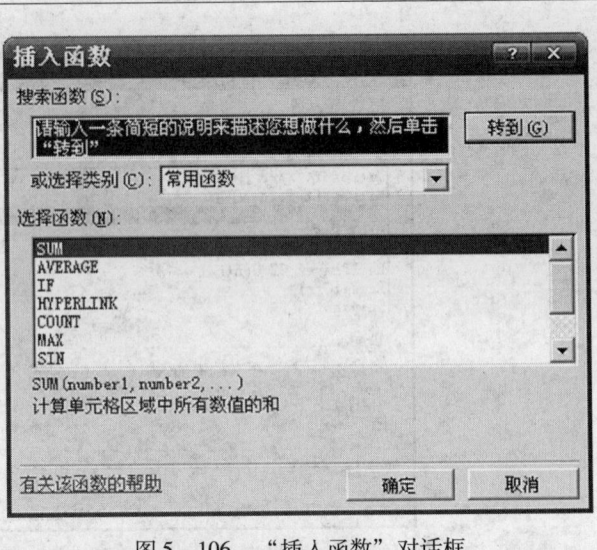

图5－106 "插入函数"对话框

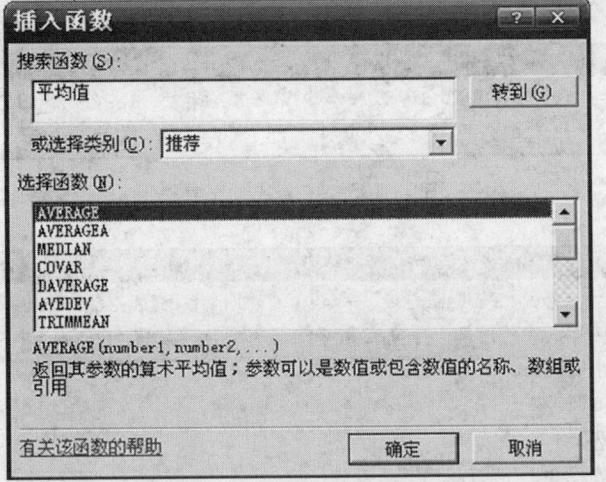

图5－107 "搜索函数"

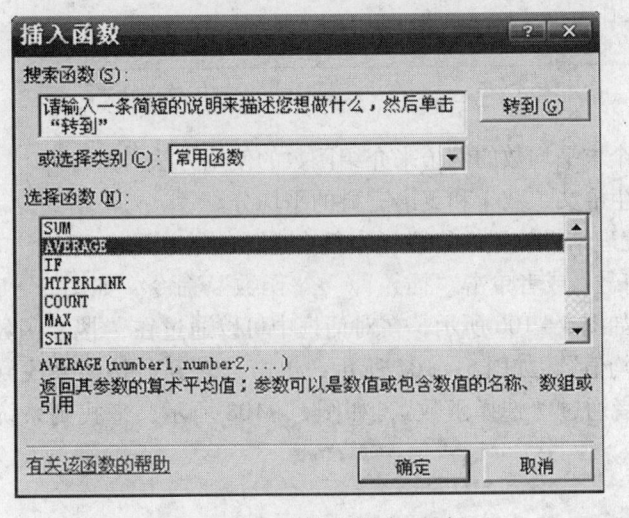

图5－108 函数"类别"选择

3）在出现的满足要求的相关函数中，依据"选择函数"列表框下方出现的对每一个函数的具体解说（见图 5 – 109）来选择最满足条件的函数（本例为"AVERAGE"），单击"确定"按钮。

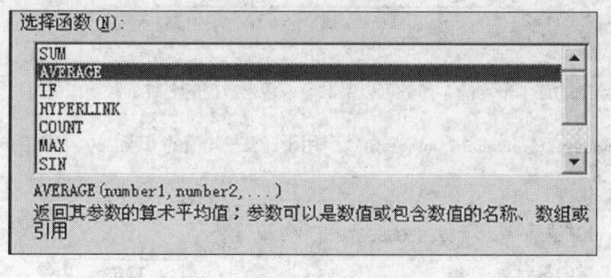

图 5 – 109　具体解说

4）如图 5 – 110 所示，在弹出的"函数参数"对话框中，单击折叠按钮，弹出"函数参数"选择对话框，如图 5 – 111 所示，选择所要处理的数据位置（本例为"B3：D3"，见图 5 – 112），然后单击折叠按钮，返回结果，如图 5 – 113 所示，单击"确定"按钮。

最后结果显示在 E3 单元格，如图 5 – 114 所示，然后用同样的方式或者利用鼠标拖动的方式（见图 5 – 115）完成剩余的计算，结果如图 5 – 116 所示。

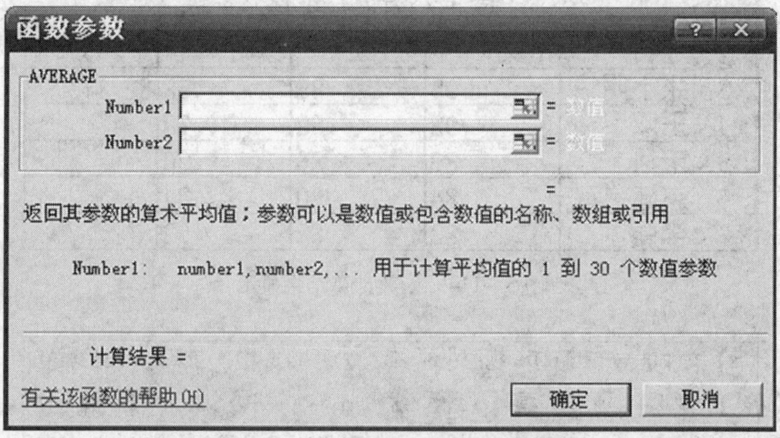

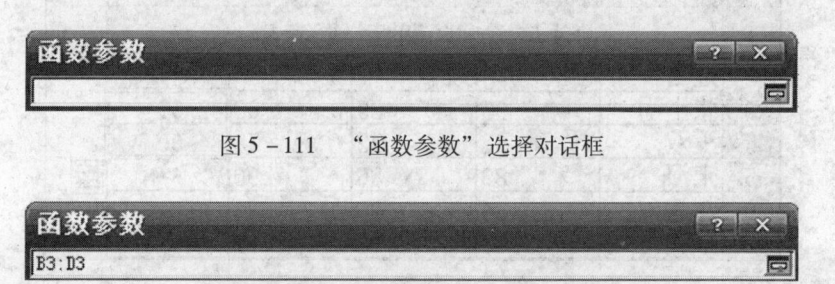

图 5 – 110　"函数参数"对话框

图 5 – 111　"函数参数"选择对话框

图 5 – 112　"函数参数"编辑对话框

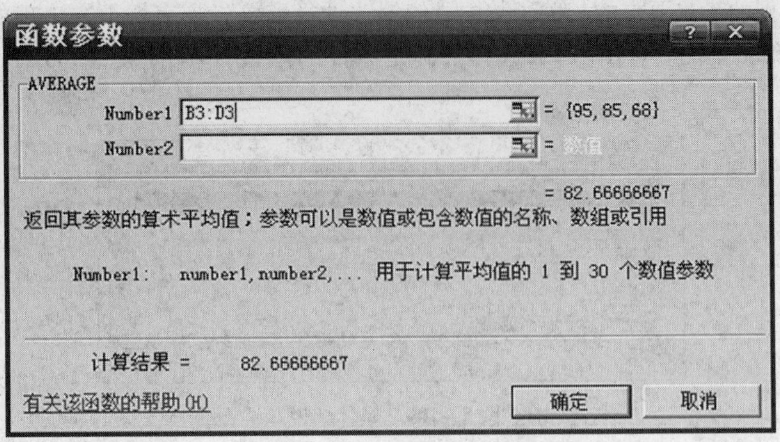

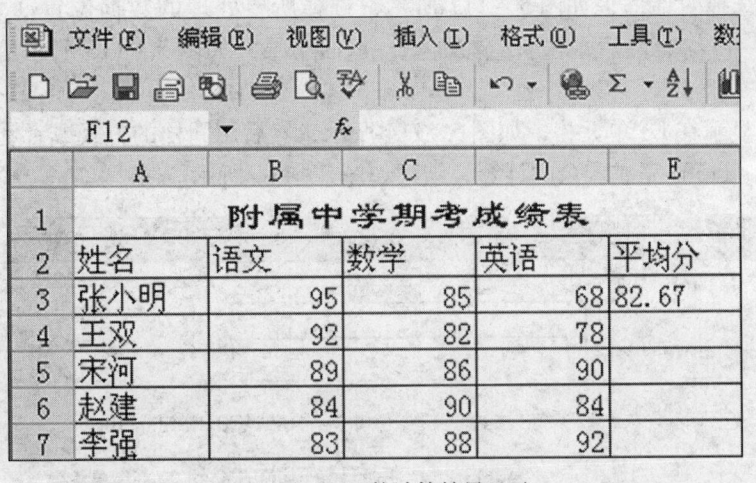

图5-113　函数参数选择结果

图5-114　函数计算结果显示

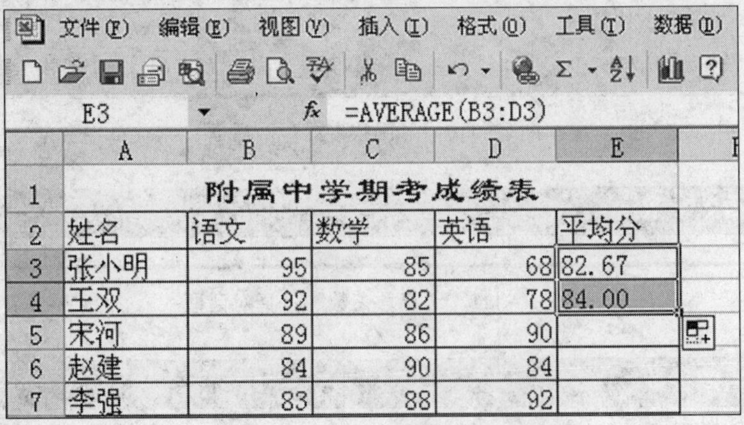

图5-115　鼠标拖动计算其他项

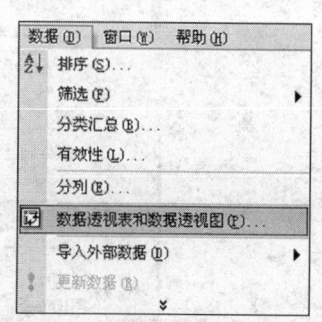

图 5-116　全部计算结果

5.5.3　数据透视表和数据透视图

数据透视表是交互式报表。通过自定义的外观和内容，在合并了大量数据之后，可以得到不同的数据显示方式，从而使用户能够更好地对各种数据进行分析。

操作步骤具体如下：

1）单击"数据"→"数据透视表和数据透视图"命令，如图 5-117 所示，弹出"数据透视表和数据透视图向导 -3 步骤之 1"对话框，如图 5-118 所示。

2）选择"Microsoft Excel 数据列表或数据库"和"数据透视表"，单击"下一步"按钮。

图 5-117　选择"数据透视表和数据透视图"命令

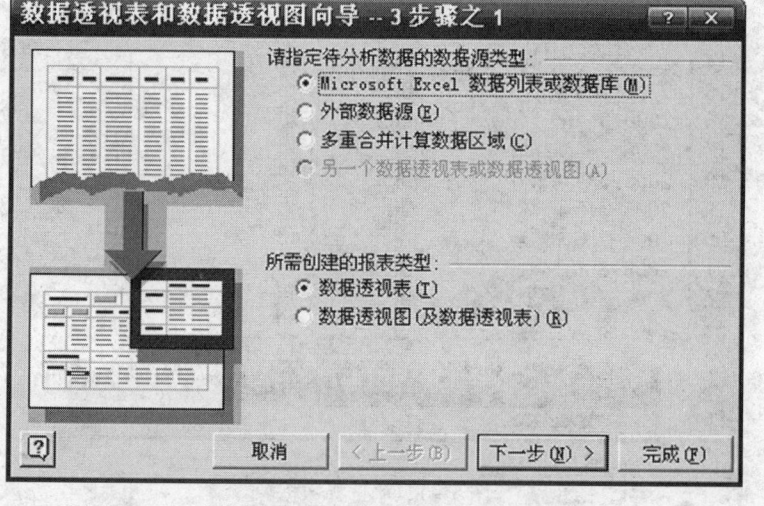

图 5-118　"数据透视表和数据透视图向导"对话框（一）

3）弹出"数据透视表和数据透视图向导 – 3 步骤之 2"对话框，如图 5 – 119 所示，单击按钮，弹出如图 5 – 120 所示对话框，选择数据源，如图 5 – 121 所示，然后单击按钮返回结果，如图 5 – 122 所示；或者单击"浏览"按钮，弹出"浏览"对话框，如图 5 – 123 所示，选择数据源，完成后单击"确定"按钮，选择"下一步"。

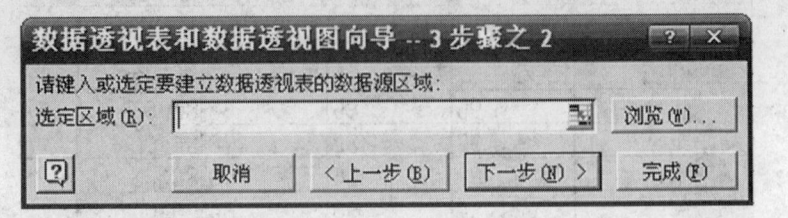

图 5 – 119 "数据透视表和数据透视图向导"对话框（二）

图 5 – 120 "数据透视表和数据透视图向导"对话框（三）

	A	B	C	D	E
1	高二晚自习考勤表				
2	日期	姓名	班级	迟到	
3	2006-3-1	李小双	高三（一）班	0	
4	2006-3-1	袁林	高三（二）班	0	
5	2006-3-1	张强	高三（一）班	0	
6	2006-3-1	王茵	高三（三）班	0	
7	2006-3-1	刘海	高三（三）班	0	
8	2006-3-2	张晓	高三（一）班	0	
9	2006-3-2	王茵	高三（三）班	0	
10	2006-3-2	刘海	高三（三）班	0	
11	2006-3-3	江洋	高三（一）班	0	
12	2006-3-3	李辉	高三（三）班	0	
13	2006-3-3	许缘	高三（一）班	0	
14	2006-3-3	张美	高三（三）班	0	
15	2006-3-4	赵芳	高三（二）班	0	
16	2006-3-4	高兴	高三（三）班	0	
17	2006-3-4	刘海	高三（三）班	0	
18	2006-3-4	李辉	高三（三）班	0	
19	2006-3-5	许缘	高三（一）班	0	
20	2006-3-5	张美	高三（三）班	0	
21	2006-3-5	赵芳	高三（二）班	0	
22	2006-3-5	李小双	高三（一）班	0	
23	2006-3-5	刘海	高三（三）班	0	
24					
25	数据透视表和数据透视图向导 -- 3 步骤之 2				
26	Sheet1!$A$2:$D$23				
27					

图 5 – 121 选择数据源

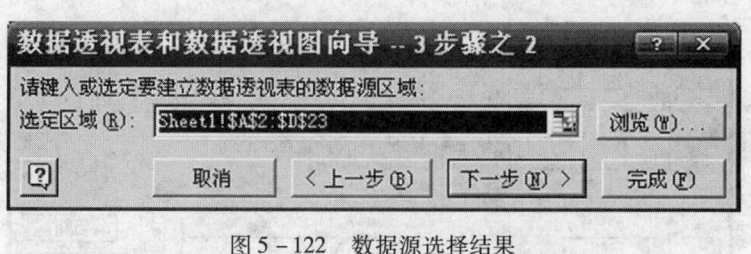

图 5 – 122　数据源选择结果

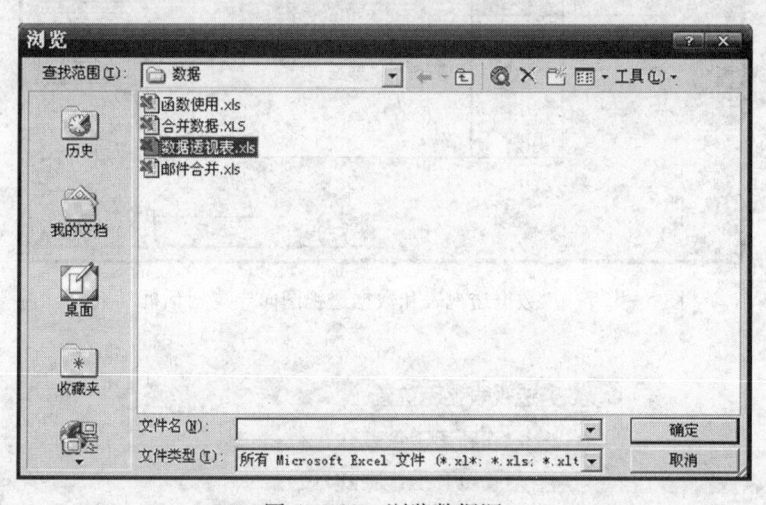

图 5 – 123　浏览数据源

4）弹出"数据透视表和数据透视图向导 – 3 步骤之 3"对话框，如图 5 – 124 所示，单击"布局"按钮，弹出"数据透视表和数据透视图向导 – 布局"对话框，对数据透视表进行布局，如图 5 – 125 所示，并且在"数据透视表和数据透视图向导 – 3 步骤之 3"选择其显示的位置，如图 5 – 126 所示，选择"完成"，得到结果如图 5 – 127 所示。

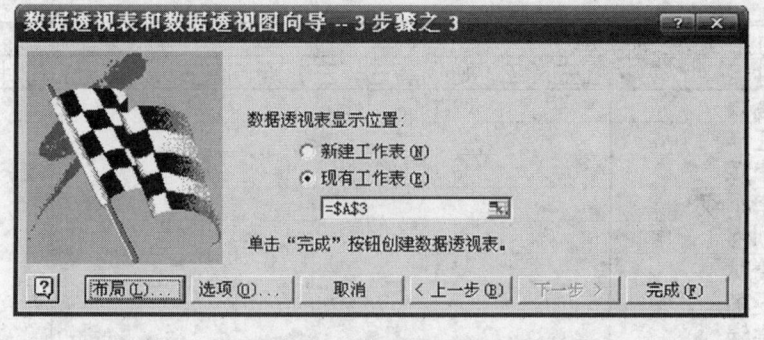

图 5 – 124　"数据透视表和数据透视图向导"对话框（四）

5）双击选择数据结果中的"计数项"，弹出"数据透视表字段"对话框，如图 5 – 128 所示，可以在"汇总方式"列表框中选择不同的汇总方式对数据进行不同的计算，从而得到用户需要的不同结果。同时，还可以通过按钮■得到有针对性的结果，如图 5 – 129 所示。

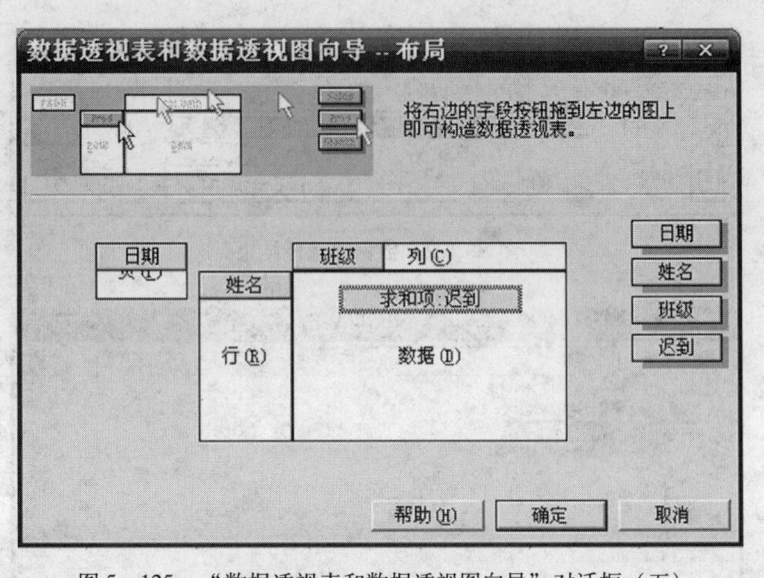

图 5 – 125　"数据透视表和数据透视图向导"对话框（五）

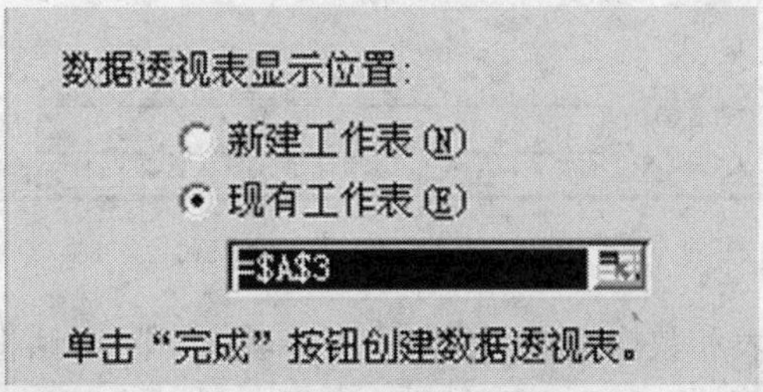

数据透视表显示位置:
○ 新建工作表(N)
● 现有工作表(E)
=$A$3

单击"完成"按钮创建数据透视表。

图 5 – 126　数据透视表显示位置

日期	(全部)			
计数项:迟到	班级			
姓名	高三（二）班	高三（三）班	高三（一）班	总计
高兴	1			1
江洋			1	1
李辉		2		2
李小双			2	2
刘海		4		4
麦林	1			1
王茵		2		2
许缘			2	2
张美		2		2
张强			1	1
张晓			1	1
赵芳	2			2
总计	4	10	7	21

图 5 – 127　数据透视结果

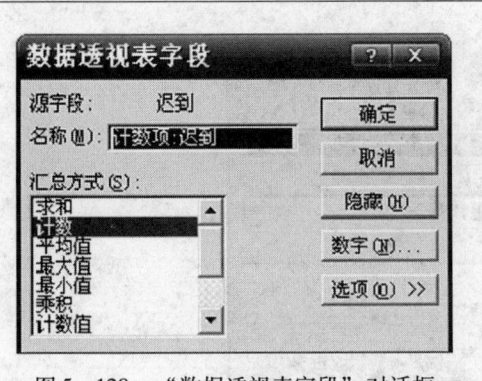

图 5 - 128　"数据透视表字段"对话框

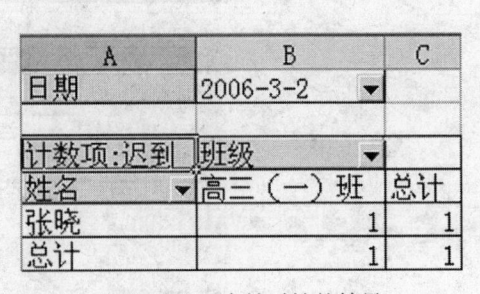

图 5 - 129　有针对性的结果

5.5.4　Excel 2003 宏的使用

宏是由一系列命令和指令组成的一个单独的命令。如果要反复执行某项任务，可以使用宏来自动执行该任务。

1. 录制宏

1）新建一个 Excel 文档，单击"工具"→"宏"→"录制新宏"命令，如图 5 - 130 所示，弹出"录制新宏"对话框，如图 5 - 131 所示。

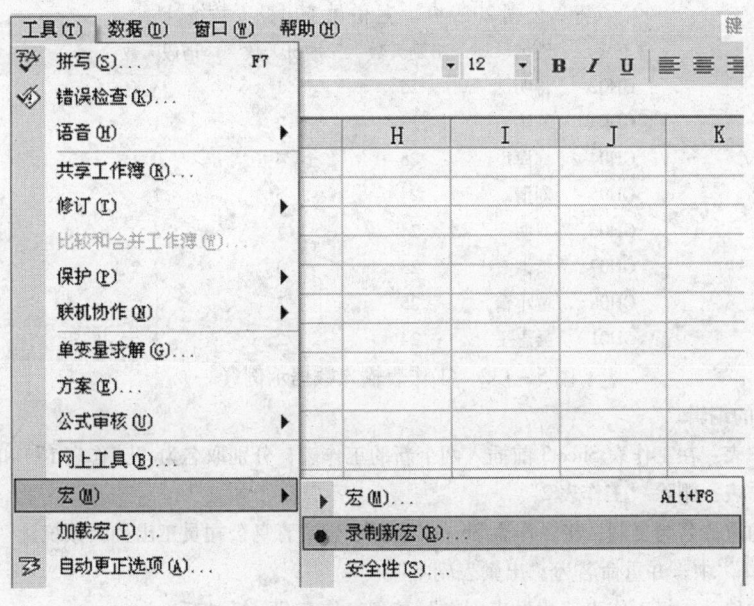

图 5 - 130　选择"录制新宏"命令

2）在对话框中定义宏名、保存的位置以及宏的快捷键，然后开始录制宏中的操作。

3）将定义的宏录制完成后，单击停止按钮■，结束宏的录制。

2. 保存宏

在默认情况下，宏将保存在 Normal 模板中，以使所有的文档都能够使用。如果需要在单独的文档中使用宏，可以将宏保存在该文档中。

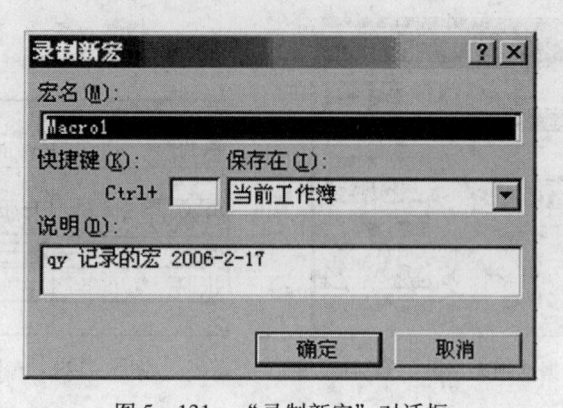

图5-131 "录制新宏"对话框

习 题

1. Excel 2003 工作表的编辑与格式化

（1）创建一个新的工作簿，在新的工作表 Sheet1 中输入如图5-132所示的数据。

（2）将新建的工作簿以文件名"Ex1.xls"保存。

青鸟公司2009年一月份员工出勤天数统计

工号	姓名	出勤天数	加班天数	请假天数
GH02	蒋明	25	1	3
GH03	陈涛	23	2	1
GH04	林海	25	4	0
GH05	刘倩	24	5	1
GH06	罗明	24	1	3
GH07	萧淑真	23	3	2
GH08	黄小蕾	25	3	1
GH01	吴志平	24	2	3

图5-132 工作表输入数据示例（一）

（3）工作表的编辑。

1）插入工作表：在工作表 Sheet3 前插入两个新的工作表，分别取名为"工作表1"和"工作表2"。

2）删除工作表：删除"工作表2"。

3）工作表的重命名与复制：将工作表 Sheet1 重命名为"青鸟公司员工出勤天数统计"，并将此工作表复制到"工作表1"中；并重命名为"出勤表副本"。

4）工作表的移动：将工作表"出勤表副本"移到工作表 Sheet3 之后。

5）设置工作表"出勤表副本"行、列（以下操作都是在此工作表中进行的）：在"出勤天数"一列的左侧插入一列，在 C2 单元格输入"部门"，在 C3，C6，C9 单元格输入"销售部"，在 C4，C7，C8 单元格输入"开发部"，在 C5，C10 单元格输入"售后部"。

将"GH01"一行移至"GH02"一行的上方。

分别调整"工号、姓名、出勤天数"三列的宽度为11，12.5，10。第3行至第10行，行高为18。

（4）设置单元格格式。

1）将单元格区域"A1:F1"合并和居中；设置字体为黑体，字号为18，字形为加粗，字体颜色为金色；设置淡蓝色的底纹。

2）将单元格区域"A2:F2"的对齐方式设置为水平居中；设置字号为 14，字体颜色为粉红；设置青绿色的底纹。

3）设置单元格区域"A3:A10"的对齐方式为水平居中；字体颜色为深绿色；设置浅黄色的底纹。

4）将单元格区域"B3:B10"的字体设置为黑体；设置茶色的底纹。

5）将单元格区域"C3:C10"的字体颜色设置为红色；设置淡紫色的底纹。

6）将单元格区域"D3:D10"的字体颜色设置为褐色；设置浅绿色的底纹。

7）将单元格区域"E3:E10"的字体颜色设置为白色；设置深红色的底纹。

8）将单元格区域"F3:F10"的字体颜色设置为白色；设置深蓝色的底纹。

（5）设置表格边框线。

将单元格区域"A2:F10"的外边框设置为"粗实线"，表格标题行下面设置为"双细线"，内边框线设置为蓝色的"细虚线"。

（6）插入批注。

在请假天数为"0"的 F6 单元格中插入批注"无请假"。

（7）设置打印标题。

在工作表"出勤表副本"中的第二行前插入分页线；设置表格标题为打印标题。效果如图 5－133 所示。

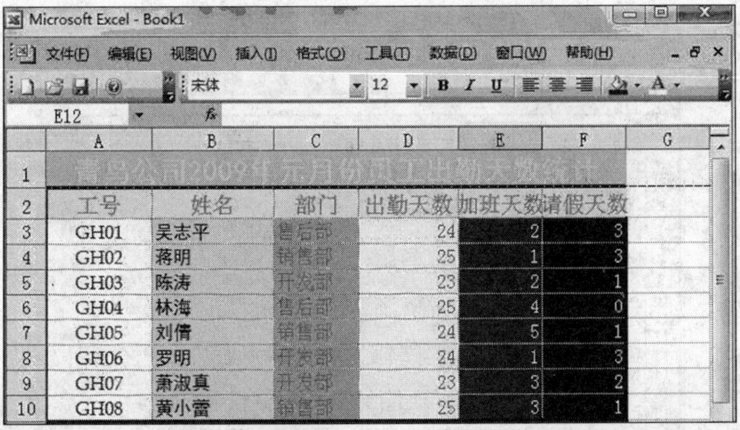

图 5－133　打印效果图

2. Excel 2003 工作表的数据管理练习

（1）在工作表 Sheet1 中建立数据表，如图 5－134 所示，并以文件名"Ex2. xls"保存。

（2）数据排序：使用工作表 Sheet1 中的数据，以"总额"为主要关键字，降序排序，并将结果复制到工作表 Sheet2 中；再以"饮品名称"为主要关键字，升序排序，"总额"为次要关键字，降序排序，并将结果复制到工作表 Sheet3 中。

各品牌饮品销售情况表

品牌	饮品名称	北方地区/个	南方地区/个	总额/个
牛牛乐	牛奶	3478	3485	6963
可好喝	苹果汁	5546	7673	13219
健康豆浆坊	豆浆	786	342	1128
巴乐	矿泉水	245	767	1012
怡人天	橘子水	234	676	910
开心饮	菠萝汁	345	657	1002
乐乐恰	玉米汁	8678	4534	13212
美一天	橘子水	6574	5674	12248

图 5－134　工作表输入数据示例（二）

（3）数据筛选。

1）自动筛选。插入两个新工作表分别为 Sheet4，Sheet5，在工作表 Sheet4 中建立数据表，如图 5 - 135 所示。筛选出"第二季度"和"第三季度"大于或等于 5000 的记录。

手机销售情况统计表

品牌	型号	第一季度	第二季度	第三季度	第四季度
N	E63	3400	2500	2550	2600
N	N97	4570	2550	2400	3800
N	N96	4870	3200	5740	5700
M	A1200	3800	2800	2400	3400
M	A1600	5440	5660	6500	7000
M	A800	5900	5800	5600	6954
S	S5600	8600	6500	8712	5400
S	S5230	6500	5621	8500	6500
S	X400	8500	8000	7800	8600

图 5 - 135　工作表输入数据示例（三）

2）高级筛选。在工作表 Sheet4 中，将品牌为"N"的"第三季度"大于 4000 的记录筛选出来，筛选结果如图 5 - 136 所示。

图 5 - 136　数据筛选结果图

（4）数据分类汇总。

将工作表 Sheet4 中的数据复制到工作表 Sheet5 中，以"品牌"为分类字段，将"第一季度"、"第二季度"、"第三季度"和"第四季度"分别进行"求和"分类汇总。

3. Excel 2003 工作表的图表制作练习

（1）打开工作簿"Ex1.xls"，选择工作表"出勤表副本"，对工作表"出勤表副本"中的"姓名"、"出勤天数"、"加班天数"、"请假天数"的数据创建一个三维簇状柱形图，如图 5 - 137 所示图表的标题为"青鸟公司 2009 年—月份员工出勤天数统计"。

（2）为工作表添加分类轴"姓名"，数值轴"天数"。

（3）将图表区的字体大小设置为 9 号。

（4）将图表标题"青鸟公司 2009 年—月份员工出勤天数统计"设置为宋体，加粗，16 号，红色。

（5）设置背景墙的图案和颜色：背景墙边框无，背景图案为白色大理石。

（6）去掉坐标轴（分类轴和数值轴）。

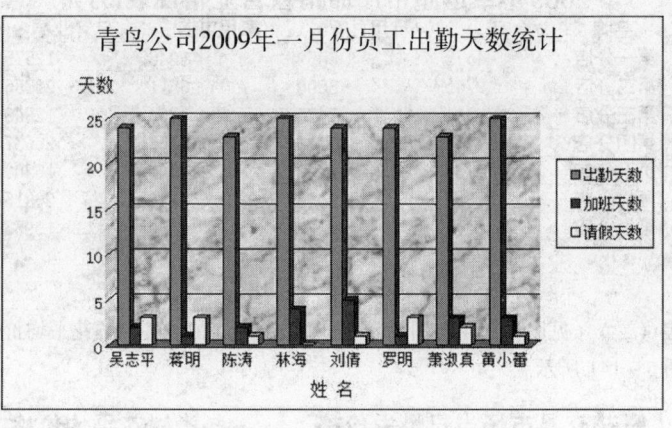

图 5 - 137　图表制作示例

4. 合并计算练习

（1）使用工作表（一）（见图 5 - 138）中所示的相关数据，在"2009 年幸运超市产品销售营业情况表"中进行"求和"计算，结果如图 5 - 139 所示。

2009年北京幸运超市产品销售营业情况表/万元			
品牌	食品	日用百货	家用电器	总营业额
第一分店	2125	6574	658	9357
第二分店	3356	6546	6587	16489
第三分店	565	545	878	1988
第四分店	3456	3548	875	7879
第五分店	346	2145	654	3145
第六分店	782	2455	544	3781
第七分店	5678	548	564	6790

2009年上海幸运超市产品销售营业情况表/万元			
品牌	食品	日用百货	家用电器	总营业额
第一分店	2548	285	385	3218
第二分店	6389	254	224	6867
第三分店	396	6878	3586	10860
第四分店	3789	8587	282	12658
第五分店	8792	585	3687	13064
第六分店	6872	6578	3584	17034
第七分店	598	5879	6686	13163

2009年幸运超市产品销售营业情况表/万元			
品牌	食品	日用百货	家用电器	总营业额
第一分店				
第二分店				
第三分店				
第四分店				
第五分店				
第六分店				
第七分店				

图 5 - 138　工作表（一）

2009年幸运超市产品销售营业情况表/万元				
品牌	食品	日用百货	家用电器	总营业额
第一分店	4673	6859	1043	12575
第二分店	9745	6800	6811	23356
第三分店	961	7423	4464	12848
第四分店	7245	12135	1157	20537
第五分店	9138	2730	4341	16209
第六分店	7654	9033	4128	20815
第七分店	6276	6427	7250	19953

图 5 - 139　合并计算结果（一）

（2）使用工作表（二）（见图 5 - 140）中所示的相关数据，在"各类鲜花平均价格"中进行"求平均数"计算，结果如图 5 - 141 所示。

鲜花交易市场当日批发价格				各类鲜花平均价格	
品名	批发价/元	品种	规格/m	品名	平均价格/元
玫瑰	1.20	红	0.45		
玫瑰	1.50	白	0.45		
康乃馨	1.60	红	0.5		
康乃馨	1.80	黄	0.5		
康乃馨	1.25	粉	0.5		
康乃馨	1.85	白	0.5		
满天星	1.68	红	0.9		
满天星	1.48	黄	0.9		
满天星	1.54	粉	0.9		
百合	5.00	白	0.8		
百合	1.86	粉	0.8		
百合	6.55	黄	0.8		
月季	1.51	红	0.5		
月季	1.58	黄	0.5		
月季	1.68	粉	0.5		
月季	1.85	白	0.5		
菊花	1.85	黄	0.6		
菊花	1.54	红	0.6		
菊花	1.69	黄	0.6		
菊花	1.82	粉	0.6		
菊花	1.73	白	0.6		

图 5 - 140　工作表（二）

各类鲜花平均价格	
品名	平均价格/元
玫瑰	1.35
康乃馨	1.63
满天星	1.57
百合	4.47
月季	1.66
菊花	1.73

图 5 - 141　合并计算结果（二）

（3）使用工作表（三）（见图 5 - 142）中所示的相关数据，在"下半年各家电城彩电销售情况表"中进行"求和"计算，结果如图5 - 143所示。

第三季度各家电城彩电销售情况表

品牌	中天家电城	凌源家电城	庆生家电城	魅族家电城
Q2008	5200	3687	6932	5378
Q2009	6800	6379	2896	5238
S210	8500	3268	6354	5438
S211	6500	6873	3478	5348
S212	8541	6584	6982	6562
W300	8656	5872	6654	5320
W301	8278	8763	3576	5438
W302	9321	3878	6789	5378

第四季度各家电城彩电销售情况表

品牌	中天家电城	凌源家电城	庆生家电城	魅族家电城
Q2008	6658	1165	5152	5165
Q2009	1965	1218	5115	5651
S210	6511	8519	8198	6251
S211	1851	8153	5191	8195
S212	6518	5618	8519	8981
W300	2616	1511	1911	8912
W301	9885	5611	6165	8191
W302	2968	8198	1911	8198

图 5 – 142   工作表（三）

下半年各家电城彩电销售情况表

品牌	中天家电城	凌源家电城	庆生家电城	魅族家电城
Q2008	11858	4852	12084	10543
Q2009	8765	7597	8011	10889
S210	15011	11787	14552	11689
S211	8351	15026	8669	13543
S212	15059	12202	15501	15543
W300	11272	7383	8565	14232
W301	18163	14374	9741	13629
W302	12289	12076	8700	13576

图 5 – 143   合并计算结果（三）

5. 利用公式编辑器编辑下列公式

$$\sum_{n+1}^{m} \quad y = \sqrt{Q(x)} \qquad N = \sqrt{\frac{1}{P} \int_{0}^{T} X^2(t)\, dt}$$

6. 利用公式函数完成下列操作

（1）使用工作表（四）（见图 5 – 144）中的数据，统计"飞云电器城家用电器各型号全年销售的最小值以及每季度销售电器的总量"，结果分别放在相应的单元格中，如图 5 – 145 所示。

飞云电器城家用电器销售情况统计表

品牌	型号	第一季度	第二季度	第三季度	第四季度	最小值
J	A180	6576	3752	3874	2185	
J	A181	6565	3689	3546	9647	
J	A182	6368	6871	3811	6871	
M	M201	5646	3861	8746	1878	
M	M202	6913	3868	6871	7412	
M	M203	6379	6588	3843	6371	
P	G530	4589	6546	6816	7123	
P	G531	6387	3574	3878	6586	
P	G532	3657	6387	6388	3878	
每季度总计						

图 5 – 144   工作表（四）

飞云电器城家用电器销售情况统计表

品牌	型号	第一季度	第二季度	第三季度	第四季度	最小值
J	A180	6576	3752	3874	2185	2185
J	A181	6565	3689	3546	9647	3546
J	A182	6368	6871	3811	6871	3811
M	M201	5646	3861	8746	1878	1878
M	M202	6913	3868	6871	7412	3868
M	M203	6379	6588	3843	6371	3843
P	G530	4589	6546	6816	7123	4589
P	G531	6387	3574	3878	6586	3574
P	G532	3657	6387	6388	3878	3657
每季度总计		53080	45136	47773	51951	

图5-145 函数统计结果

7. 利用数据透视表进行以下操作

（1）在 Sheet1 中录入工作表（五）（见图5-146）中的数据，以该表数据为数据源，布局以"品牌"为分行字段，以"产品"为列字段，以"各市场销售量"为求和项，从工作表 Sheet2 的 A1 单元格起建立数据透视表，结果如图5-147 所示。

广宁市2009年各市场汽车销售情况／辆

产品	品牌	凌云汽车城	远征汽车城	海湾汽车城	汇景汽车城
飞度	本田	6568	1586	1381	4186
风神S30	东风	5424	854	381	843
F3	比亚迪	6873	8186	6896	1856
日产奥丁	东风	683	8961	2388	8753
F0	比亚迪	6813	355	781	4568
思域	本田	3546	8646	3899	8486
君越	通用别克	3466	8716	2748	1186
F6	比亚迪	9875	846	2146	1568
君威	通用别克	8972	997	8954	8413
雪铁龙	东风	8921	8745	3588	845
雅阁	本田	6648	6897	2639	6894

图5-146 工作表（五）

		产品						
数据	品牌	F0	F3	F6	飞度	思域	雅阁	总计
求和项:凌云汽车城	本田				6568	3546	6648	16762
	比亚迪	6813	6873	9875				23561
求和项:远征汽车城	本田				1586	8646	6897	17129
	比亚迪	355	8186	846				9387
求和项:海湾汽车城	本田				1381	3899	2639	7919
	比亚迪	781	6896	2146				9823
求和项:汇景汽车城	本田				4186	8486	6894	19566
	比亚迪	4568	1856	1568				7992
求和项:凌云汽车城汇总		6813	6873	9875	6568	3546	6648	40323
求和项:远征汽车城汇总		355	8186	846	1586	8646	6897	26516
求和项:海湾汽车城汇总		781	6896	2146	1381	3899	2639	17742
求和项:汇景汽车城汇总		4568	1856	1568	4186	8486	6894	27558

图5-147 数据透视表结果（一）

（2）在 Sheet1 中录入工作表（六）（见图5-148）中的数据，以"销售区间"分页，以"类别"为行字段，以"季度"为列字段，以"销售额"为最小值项，从工作表 Sheet2 的 A1 单元格起建立数据透视表，结果如图5-149 所示。

2009年罗孚超市各类商品销售情况表/元			
类别	季度	销售区间	销售额
针纺织品类	一季度	服装区	55784
针纺织品类	二季度	服装区	34354
针纺织品类	三季度	服装区	38578
针纺织品类	四季度	服装区	57832
饮料类	一季度	食用品区	87968
饮料类	二季度	食用品区	28382
饮料类	三季度	食用品区	32548
饮料类	四季度	食用品区	38768
烟酒类	一季度	食用品区	13468
烟酒类	二季度	食用品区	58781
烟酒类	三季度	食用品区	32634
烟酒类	四季度	食用品区	98756
体育器材	一季度	日用品区	67496
体育器材	二季度	日用品区	67826
体育器材	三季度	日用品区	68752
体育器材	四季度	日用品区	23813
食品类	一季度	食用品区	58558
食品类	二季度	食用品区	38763
食品类	三季度	食用品区	25886
食品类	四季度	食用品区	56846
化妆品类	一季度	日用品区	84663
化妆品类	二季度	日用品区	87413
化妆品类	三季度	日用品区	21681
化妆品类	四季度	日用品区	68766
服装、鞋帽类	一季度	服装区	67911
服装、鞋帽类	二季度	服装区	89765
服装、鞋帽类	三季度	服装区	68766
服装、鞋帽类	四季度	服装区	96871

图 5 – 148 工作表（六）

销售区间	(全部)				
最小值项:销售额	季度				
类别	二季度	三季度	四季度	一季度	最小值项:销售额
服装、鞋帽类	89765	68766	96871	67911	67911
化妆品类	87413	21681	68766	84663	21681
食品类	38763	25886	56846	58558	25886
体育器材	67826	68752	23813	67496	23813
烟酒类	58781	32634	98756	13468	13468
饮料类	28382	32548	38768	87968	28382
针纺织品类	34354	38578	57832	55784	34354
最小值项:销售额	28382	21681	23813	13468	13468

图 5 – 149 数据透视表结果（二）

8. 录制宏习题

（1）在 Excel 中新建一个文件，文件名为"hongnum1. xls"，并保存。在该文件中创建一个名字为"A1"的宏，将宏保存在当前工作簿中，用 < Ctrl + Shift + F > 作为快捷键，将选定的列宽设置为18。

（2）在 Excel 中新建一个文件，文件名"hongnum2. xls"，并保存。在该文件中创建一个名字为"A2"的宏，将宏保存在当前工作簿中，用 < Ctrl + Shift + H > 作为快捷键，添加自选图形十六角星。

9. 综合练习

如图 5 – 150 所示，在工作表 Sheet1 中输入数据建立 Excel 数据表，并以文件名"Ex3. xls"保存。

1）工作表的编辑。

①设置工作表行、列。设置标题行的高度为 26，其他各行的高度为 18，A ~ F 列的列宽设置为 8，G 列列宽设置为 10。

②插入工作表。在工作表 Sheet3 之后插入工作表 Sheet4 ~ Sheet7。

③重命名并复制工作表。将工作表 Sheet1 重命名为"金峰公司 2009 年建材销售表"，并将此工作表复制到 Sheet2 ~ Sheet7 工作表中。将各工作表分别改名为"公式计算"、"排序"、"自动筛选"、"高级筛选"、

	A	B	C	D	E	F	G
1	金峰公司2009年建筑材料销售统计/万元						
2	销售地区	塑料	钢材	木材	水泥	搅拌机	总计
3	西北区	5682	9987	3585	3285	1358	
4	东北区	5633	5466	3154	2857	4568	
5	华北区	6754	6585	6855	6795	6587	
6	西南区	689	6586	2338	7986	8575	
7	华中区	9856	7982	8795	9814	5876	
8	华南区	8724	8971	6987	8466	2158	
9	平均值						

图 5 – 150   综合练习数据表

"图表"、"数据透视表"。

④ 设置单元格格式。将表格标题所在的单元格区域"A1:G1"合并及居中；设置字体为微软雅黑，字号为 18 号，字体颜色为红色；设置天蓝色的底纹。

将单元格区域"A2:G2"对齐方式设置为水平居中；设置字体为黑体，字体颜色为黄色；设置深蓝色的底纹。

将单元格区域"A3:A9"对齐方式设置为水平居中；设置字体为华文行楷；字号为 14，字体颜色为深红色，设置水绿色底纹。

将单元格区域"B3:G9"的对齐方式设置为左对齐；设置字形倾斜；字体颜色为浅蓝色，设置浅黄色底纹，并保留两位小数。

⑤ 设置表格边框线。将单元格区域"A2:G9"的外框线设为深紫色的粗点画线，内边框线设置为"灰色 –80%"的虚线。

⑥ 插入批注。为"9987"所在的单元格（C3）插入批注"最高销售额"。

⑦ 定义单元格名称。将"金峰公司 2009 年建筑材料销售统计/万元"所对应的单元格名称定义为"表格标题"。

⑧ 设置打印标题：在工作表 Sheet2 第 6 行的上方插入分页线；设置表格标题为打印标题。

2）公式和函数的应用。

在"公式计算"工作表中，计算各地区建材销售的总额以及每种建材的平均销售额，如图 5 – 151 所示。

	A	B	C	D	E	F	G
1	金峰公司2009年建筑材料销售统计 / 万元						
2	销售地区	塑料	钢材	木材	水泥	搅拌机	总计
3	西北区	5682.00	9987.00	3585.00	3285.00	1358.00	23897.00
4	东北区	5633.00	5466.00	3154.00	2857.00	4568.00	21678.00
5	华北区	6754.00	6585.00	6855.00	6795.00	6587.00	33576.00
6	西南区	689.00	6586.00	2338.00	7986.00	8575.00	26174.00
7	华中区	9856.00	7982.00	8795.00	9814.00	5876.00	42323.00
8	华南区	8724.00	8971.00	6987.00	8466.00	2158.00	35306.00
9	平均值	6223.00	7596.17	5285.67	6533.83	4853.67	

图 5 – 151   "公式计算"结果图

3）数据表的排序。

以"总计"为主要关键字，降序排序。

4）记录的筛选。

① 自动筛选。

选择"自动筛选"工作表，在工作表中筛选出各种建材销售额均大于 5000（万元）的地区。

② 高级筛选。

选择"高级筛选"工作表，将建材销售中木材销售额大于 2000 万元且搅拌机销售额小于 5000 万元的地区筛选出来，筛选结果如图 5－152 所示。

	A	B	C	D	E	F	G
1	金峰公司2009年建筑材料销售统计／万元						
2	销售地区	塑料	钢材	木材	水泥	搅拌机	总计
3	华中区	9856.00	7982.00	8795.00	9814.00	5876.00	42323.00
4	华南区	8724.00	8971.00	6987.00	8466.00	2158.00	35306.00
5	华北区	6754.00	6585.00	6855.00	6795.00	6587.00	33576.00
6	西南区	689.00	6586.00	2338.00	7986.00	8575.00	26174.00
7	西北区	5682.00	9987.00	3585.00	3285.00	1358.00	23897.00
8	东北区	5633.00	5466.00	3154.00	2857.00	4568.00	21678.00
9	平均值	6223.00	7596.17	5285.67	6533.83	4853.67	
10							
11	销售地区	塑料	钢材	木材	水泥	搅拌机	总计
12				>2000		<5000	
13							
14	销售地区	塑料	钢材	木材	水泥	搅拌机	总计
15	华南区	8724.00	8971.00	6987.00	8466.00	2158.00	35306.00
16	西北区	5682.00	9987.00	3585.00	3285.00	1358.00	23897.00

图 5－152　筛选结果

5）建立图表。

选择"图表"工作表，使用"A2：F8"中的数据创建一个柱形图——三维柱形图，如图 5－153 所示。

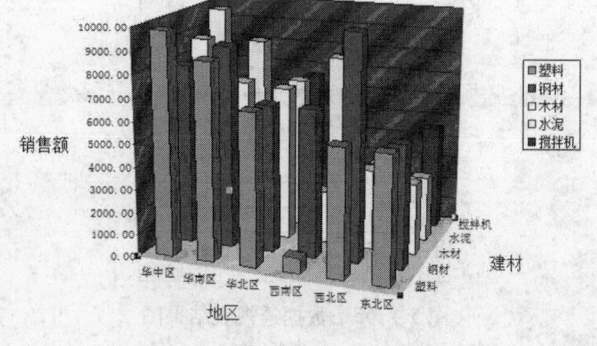

图 5－153　"图表"结果图

要求：标题字体为楷体，倾斜，红色，20 号。X 轴坐标为"地区"，Y 轴坐标为"建材"，Z 轴坐标为"销售额"，坐标轴字体为宋体 8 号。清除图中各坐标轴以及边框，背景墙设置为"预设宝石蓝"，基底设置为"预设金色年华"。

6）建立数据透视表。

使用"数据透视表"工作表中的数据，布局以"销售地区"为行字段，以各建筑材料为"求和项"，如图 5－154 所示，在当前工作表中建立数据透视表，结果如图 5－155 所示。

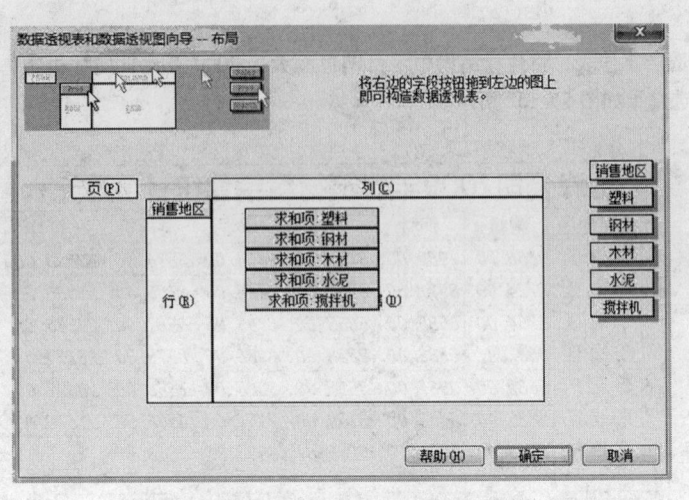

图 5 - 154 建立数据透视表

销售地区	数据	汇总
东北区	求和项:塑料	5633
	求和项:钢材	5466
	求和项:木材	3154
	求和项:水泥	2857
	求和项:搅拌机	4568
华北区	求和项:塑料	6754
	求和项:钢材	6585
	求和项:木材	6855
	求和项:水泥	6795
	求和项:搅拌机	6587
华南区	求和项:塑料	8724
	求和项:钢材	8971
	求和项:木材	6987
	求和项:水泥	8466
	求和项:搅拌机	2158
华中区	求和项:塑料	9856
	求和项:钢材	7982
	求和项:木材	8795
	求和项:水泥	9814
	求和项:搅拌机	5876
求和项:塑料汇总		30967
求和项:钢材汇总		29004
求和项:木材汇总		25791
求和项:水泥汇总		27932
求和项:搅拌机汇总		19189

图 5 - 155 数据透视表结果图

第6章 Internet 应用基础

6.1 Internet 概述

6.1.1 Internet 概述

Internet 即通常所说的互联网或网际网,是指全球最大的、开放的、基于 TCP/IP 的、由众多网络互相连接而成的计算机网络。Internet 是一个把分布于世界各地不同结构的计算机网络用各种传输介质互相连接起来的网络。因此,有人称之为网络的网络,中文译名为因特网。

6.1.2 Internet 的起源

Internet 的前身是美国国防部高级发展研究署(DARPA)组建的用于军事用途的 ARPA 网。中国的 Internet 从最早的中科院高能所接入国际 Internet 后,现在和 Internet 相连的网络主要有中国教育科研网(CERNET)和 ChinaNet。ChinaNet 是中国能够进行商业活动的中国公用 Internet,是 Internet 的中国骨干网。

6.1.3 Internet 的工作原理

Internet 使用 TCP/IP 实现数据安全、可靠地传输到指定的目的地。TCP/IP 分两个部分,即 TCP(Transmission Control Protocol,传输控制协议)和 IP(Internet Protocol,网间协议)。

TCP/IP 的数据传输过程中,通信方式采用分组交换方式,基本传输单位是数据包,主要协议采用 TCP 和 IP。在传输过程中主要完成以下功能:

1)TCP 把数据分成若干数据包,并写上序号,以便接收端还原数据。

2)IP 给每个数据包写上发送和接受主机的地址,使数据包可以在物理网上传送数据。IP 还具有利用路由算法进行路由选择的功能。

3)TCP 进行检查和处理错误,必要时可以请求发送端重发。

简而言之,IP 负责数据的传输而 TCP 负责数据传输的可靠性。

6.1.4 Internet 的发展

1969 年 9 月 2 日,美国国防部高级计划研究局 ARPA(Advanced Research Projects Agency)启动了 ARPA 网络(ARPANET)。ARPANET 是 Internet 的雏形。Internet 采用 TCP/IP,原则上任何计算机只要遵守 TCP/IP 都能接入 Internet。

20 世纪 80 年代初期,ARPANET 派生出两个网络:一个是纯军事用网络 MALNET,另一个则是美国国家科学基金会网络 NSFNET(National Science Foundation Network)。1990 年,ARPANET 解体,NSFNET 完全取代 ARPANET 成为 Internet。

1992 年 Internet 协会成立，Internet 协会把 Internet 定义为"组织松散，独立国际合作的互联网络"，"通过自主遵守协议和过程，支持主机对主机的通信"。

Internet 在我国的发展按时间分可分为两个阶段。

第一阶段（1978—1993 年），当时有科研单位试验与 Internet 电子邮件转发系统的连接。1993 年 3 月 2 日中国科学院高能物理研究所（IHEP）开通一条 64Kbit/s 的数据专线连通美国斯坦福大学，这是我国第一条 Internet 专线，标志我国正式接入 Internet。

第二阶段（1994 年至今），1994 年 4 月中科院高能所（IHEP）登记域名：ihep. ac. cn，并建立了中国第一个 www 和 Gopher 服务器，于是，我国第一个 Internet 的结点建成。目前规模和影响大的部级互联网单位有 4 个：

1）中国科技网（CSTNET），是在原国家教育与科研示范网 NCFC 和中国科学院网 CAS-NET 的基础上建设、发展并覆盖全国的计算机网络。

2）中国公用计算机互联网（CHINET），由原邮电部投资开始建设，为公众提供 Internet 服务。当前它的发展速度很快，是国内资源的大众媒介。

3）中国教育科研网（CERNET），由国家教育部管理，它是一个公益性网络，为全国的大、中、小学的师生服务。

4）中国金桥信息网（CHINAGBN），该网以卫星为媒介，集中在以 ATM 技术为基础的骨干网和接入网的建设，并使之成为宽带综合业务信息网，以便在全国范围内提供商业性的经营服务。

6.1.5　Internet 的特点

Internet 的迅速发展与它的固有优点密切相关。

1）入网方式灵活多样。

2）采用客户——服务程序方式，增加了信息服务的灵活性。

3）Internet 把网络技术、多媒体技术和超文本技术融为一体。

4）收费低廉。

5）有丰富的信息资源，且大多免费。

6）信息服务功能丰富，用户接口友好。

7）信息安全性是它的主要缺点。

6.2　Internet 的接入

6.2.1　Internet 接入方式

随着网络通信技术的飞速发展，Internet 接入技术发展非常快。普通用户也能通过向 ISP（Internet Service Provider，Internet 服务提供商）申请接入 Internet。在中国，传统的 ISP 是中国电信。这几年中国铁通、中国网通、中国联通等服务商也开始面向普通用户开展数据业务。

传统的 Internet 接入主要用光纤、双绞线、电话线等有线方式。随着有线数字电视的快速发展，选择有线电视网络接入 Internet 也逐步实现。在网络环境有特殊要求下，还可以选

择无线接入方式。

6.2.2　用户入网方式

目前可供用户选择的接入方式主要有拨号上网（PSTN 拨号）、ISDN、DDN、LAN、AD-SL 和 VDSL、Cable – Modem、PON 和 LMDS、GPRS 等，它们各有各的优缺点。这里主要介绍目前常用的几种连接方式及其具体接入方案。

1. PSTN 拨号上网（电话线拨号上网）

PSTN（Published Switched Telephone Network，公用电话交换网）技术是利用 PSTN 通过调制解调器（Modem）拨号实现用户接入的方式，其示意图如图 6 – 1 所示。这种接入方式是大家非常熟悉的一种接入方式，目前最高的速率为 56Kbit/s，已经达到信道容量极限，这种速率远远不能够满足宽带多媒体信息的传输需求。

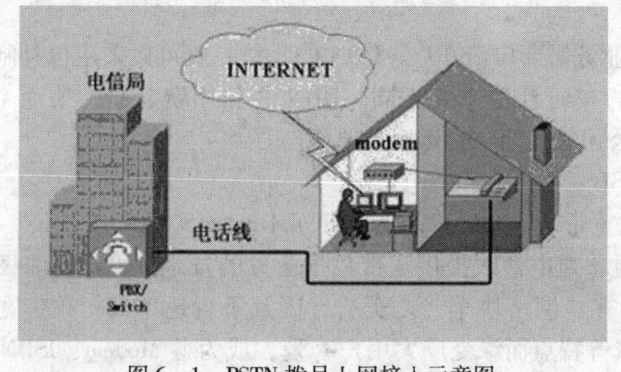

图 6 – 1　PSTN 拨号上网接入示意图

2. ISDN 拨号（上网、打电话两不误）

ISDN（Integrated Service Digital Network，综合业务数字网）接入技术俗称"一线通"，它采用数字传输和数字交换技术，将电话、传真、数据、图像等多种业务综合在一个统一的数字网络中进行传输和处理。用户利用一条 ISDN 用户线路，可以在上网的同时拨打电话、收发传真，就像两条电话线一样。ISDN 基本速率接口有两条：一条 64Kbit/s 的信息通路和一条 16Kbit/s 的信令通路，简称 2B + D，当有电话拨入时，它会自动释放一个 B 信道来进行电话接听。

就像普通拨号上网要使用 Modem 一样，用户使用 ISDN 也需要专用的终端设备，主要由网络终端 NT1 和 ISDN 适配器组成。网络终端 NT1 好像有线电视上的用户接入盒（机顶盒）一样必不可少，它为 ISDN 适配器提供接口和接入方式。ISDN 适配器和 Modem 一样又分为内置和外置两类，内置的一般称为 ISDN 内置卡或 ISDN 适配卡；外置的 ISDN 适配器则称之为 TA。ISDN 上网接入方式如图 6 – 2 所示。

3. DDN 专线（面向集团企业）

DDN（Digital Data Network）是随着数据通信业务发展而迅速发展起来的一种新型网络。DDN 的主干网传输媒介有光纤、数字微波、卫星信道等，用户端大多使用普通电缆和双绞线。DDN 将数字通信技术、计算机技术、光纤通信技术以及数字交叉连接技术有机地结合在一起，提供了高速度、高质量的通信环境，可以向用户提供点对点、点对多点透明传输的数据专线出租电路，为用户传输数据、图像、声音等信息。DDN 的通信速

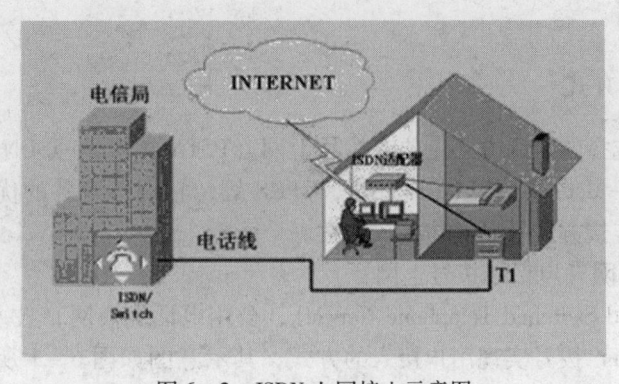

图6-2 ISDN上网接入示意图

率可根据用户需要在 N×64Kbit/s（N=1~32）之间进行选择，当然速度越快租用费用也越高。

用户租用 DDN 业务需要申请开户。DDN 的收费一般可以采用包月制和计流量制，这与一般用户拨号上网的按时计费方式不同。DDN 的租用费较贵，普通个人用户负担不起，DDN 主要面向集团公司等需要综合运用的单位。

4. ADSL 和 VDSL

（1）ADSL 个人宽带 ADSL（Asymmetrical Digital Subscriber Line，非对称数字用户环路）是一种能够通过普通电话线提供宽带数据业务的技术，也是目前极具发展前景的一种接入技术。ADSL 素有"网络快车"之美誉，因其下行速率高、频带宽、性能优、安装方便、不需交纳电话费等特点而深受广大用户喜爱，成为继 Modem、ISDN 之后的又一种全新的高效接入方式（见图6-3）。

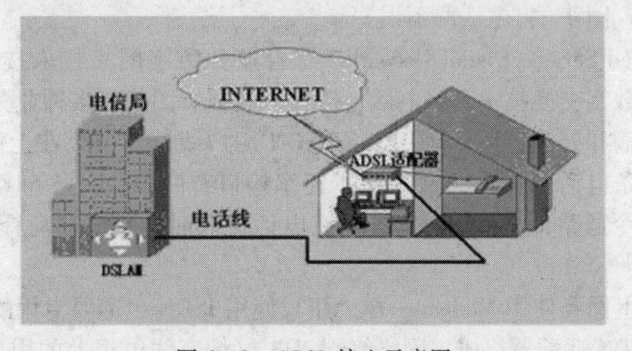

图6-3 ADSL 接入示意图

以 Windows XP 系统为例介绍 ADSL 接入方案。在选择好 ISP 得到指定的账号和密码后，将电话线和 ADSL 适配器与计算机正确连接，可以选择安装相应的 PPPOE 拨号软件或者用 Windows XP 自带的 PPPOE 拨号程序建立 Internet 连接。这里介绍一下用 Windows XP 自带的 PPPOE 拨号程序建立 Internet 连接的方法。

从"开始"菜单中选择运行 Windows XP 连接向导（"开始"→"所有程序"→"附件"→"通讯"→"新建连接向导"），如图6-4所示；单击"下一步"按钮出现如图6-5所示的对话框。

在"网络连接类型"对话框中选择"连接到 Internet"，然后单击"下一步"按钮出现

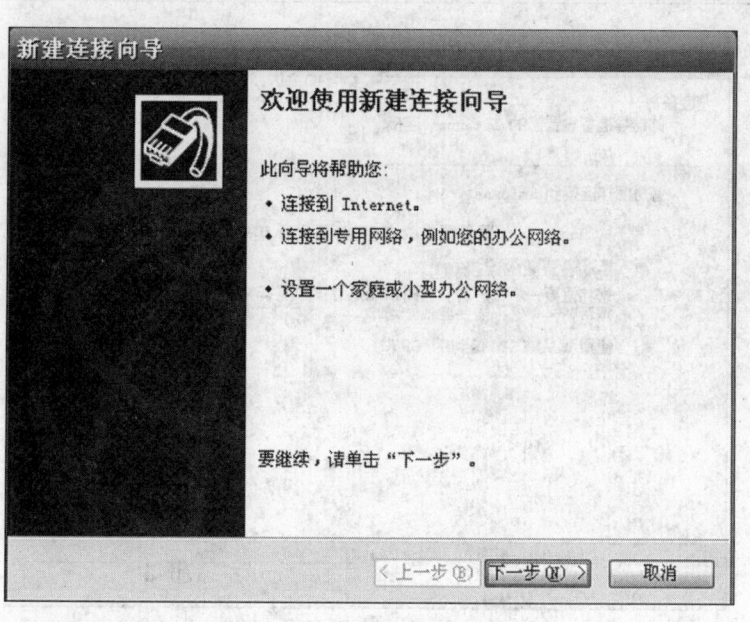

图 6-4　新建连接向导

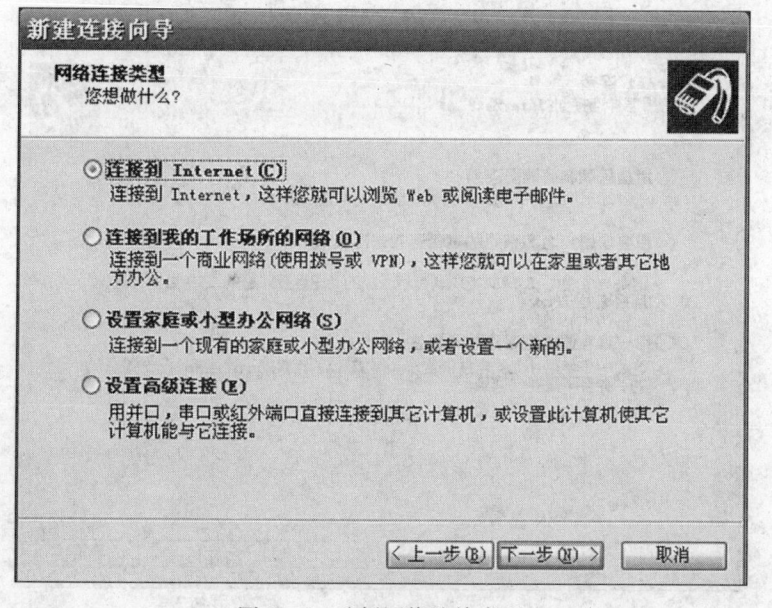

图 6-5　选择网络连接类型

如图 6-6 所示的对话框。选择"手动设置我的连接",然后单击"下一步"按钮出现如图 6-7 所示的对话框。

选择"用要求用户名和密码的宽带连接来连接",然后单击"下一步"按钮出现如图 6-8 所示的对话框。输入连接名称,名称可以由用户自己取,如"上网连接";然后单击"下一步"按钮出现如图 6-9 所示的对话框。

输入申请宽带时 ISP 提供的用户名和密码,单击"下一步"按钮,出现如图 6-10 所示的对话框,单击"完成"按钮系统自动弹出如图 6-11 所示的对话框,再单击"连接"按钮。至此 ADSL 虚拟拨号已设置完成,可以上网了。

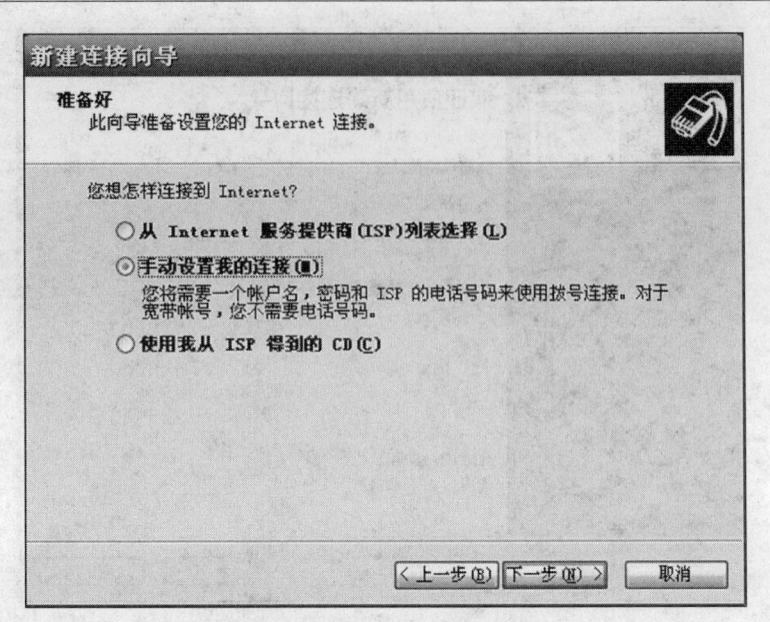

图 6-6　设置 Internet 连接

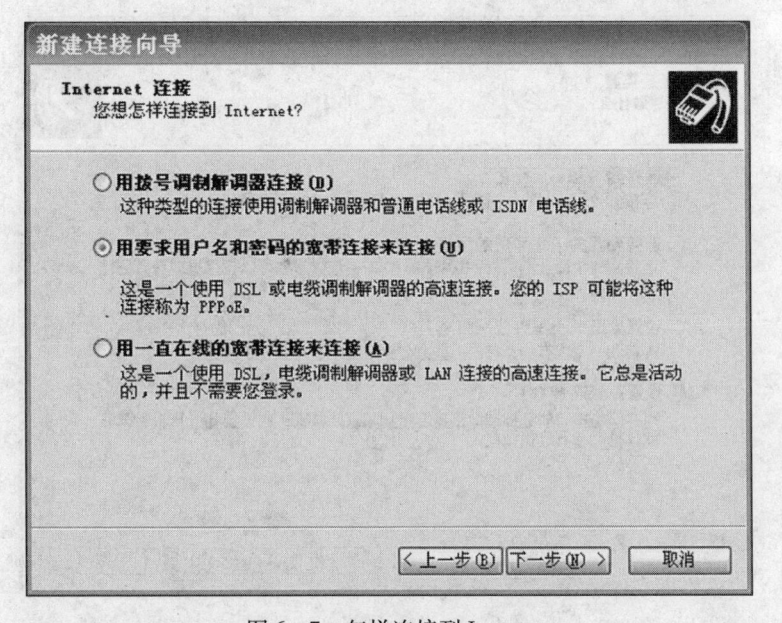

图 6-7　怎样连接到 Internet

　　(2) VDSL——更高速的宽带接入　VDSL 比 ADSL 还要快。使用 VDSL，短距离内的最大下传速率可达 55Mbit/s，上传速率可达 2.3Mbit/s（将来可达 19.2Mbit/s，甚至更高）。VDSL 使用的介质是一对铜线，有效传输距离可超过 1000m。但 VDSL 技术仍处于发展初期，长距离应用仍要测试，端点设备的普及也需要时间。

　　目前有一种基于以太网方式的 VDSL，接入技术使用 QAM 调制方式，它的传输介质也是一对铜线，在 1.5km 的范围之内能够达到双向对称的 10Mbit/s 传输，即达到以太网的速率。如果这种技术用于宽带运营商社区的接入，可以大大降低成本。在不久的将来，VDSL 会取代 ADSL 成为家庭用户接入 Internet 的主流选择。

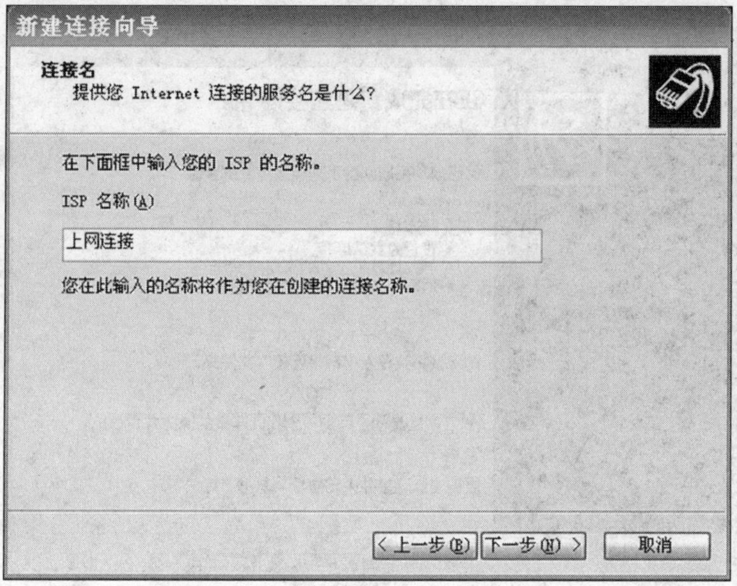

新建连接向导

连接名
提供您 Internet 连接的服务名是什么？

在下面框中输入您的 ISP 的名称。

ISP 名称(A)

上网连接

您在此输入的名称将作为您在创建的连接名称。

〈上一步(B) 下一步(N) 〉　　取消

图 6-8　输入名称

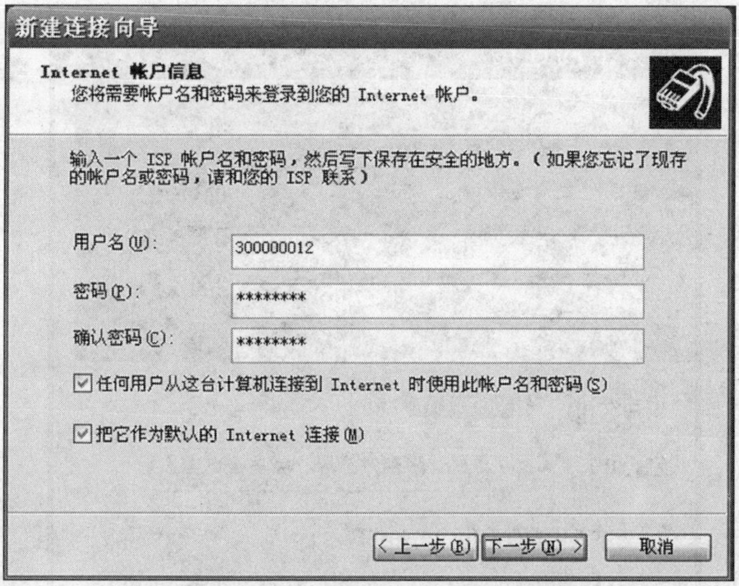

新建连接向导

Internet 帐户信息
您将需要帐户名和密码来登录到您的 Internet 帐户。

输入一个 ISP 帐户名和密码，然后写下保存在安全的地方。（如果您忘记了现存的帐户名或密码，请和您的 ISP 联系）

用户名(U)：　　　300000012

密码(P)：　　　********

确认密码(C)：　　********

☑ 任何用户从这台计算机连接到 Internet 时使用此帐户名和密码(S)

☑ 把它作为默认的 Internet 连接(M)

〈上一步(B) 下一步(N) 〉　　取消

图 6-9　输入拨号账号和密码

5. Cable – Modem（线缆调制解调器）

Cable – Modem 用于有线网络，是近两年开始试用的一种超高速 Modem，它利用现成的有线电视（CATV）网进行数据传输，已是比较成熟的一种技术。随着有线电视网的发展壮大和人们生活质量的不断提高，通过 Cable – Modem 利用有线电视网访问 Internet 已成为越来越受业界关注的一种高速接入方式。

由于有线电视网采用的是模拟传输协议，因此网络需要用一个 Modem 来协助完成数字数据的转化。Cable – Modem 与以往的 Modem 在原理上都是将数据进行调制后在 Cable（电缆）的一个频率范围内传输，接收时进行解调，传输机理与普通 Modem 相同，不同之处在

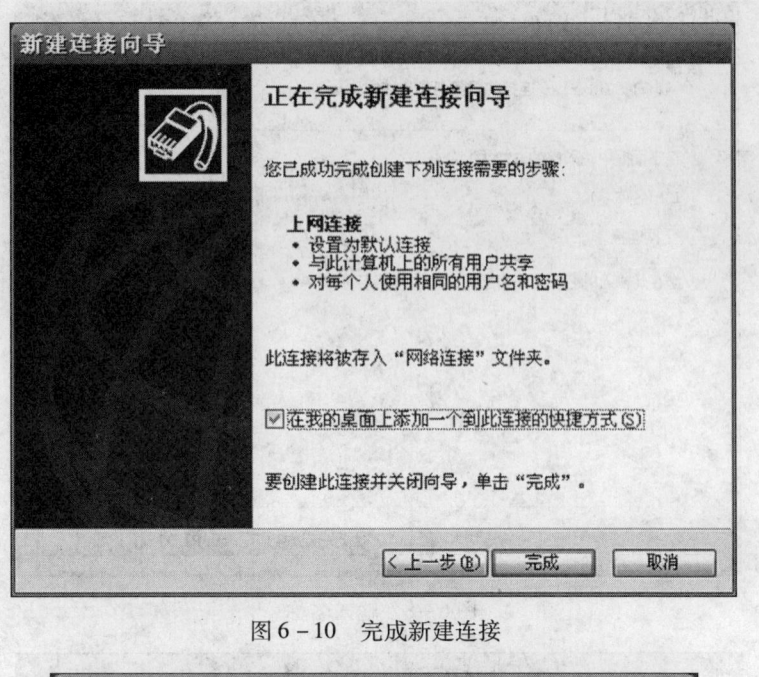

图 6 – 10　完成新建连接

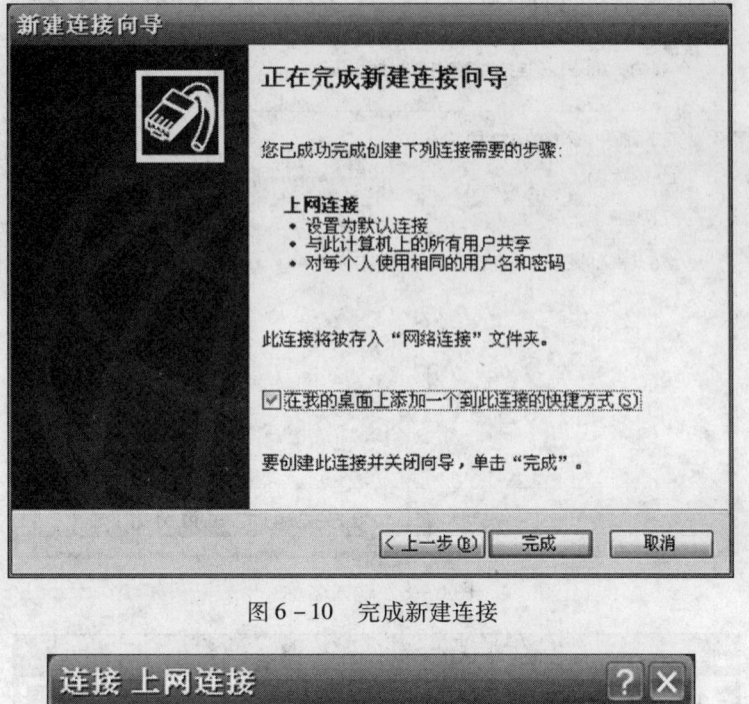

图 6 – 11　拨号连接

于它是通过有线电视（CATV）的某个传输频带进行调制解调的。

　　Cable – Modem 连接方式可分为两种，即对称速率型和非对称速率型。前者的数据上传速率和数据下载速率相同，都在 500Kbit/s ~ 2Mbit/s；后者的数据上传速率在 500Kbit/s ~ 10Mbit/s，数据下载速率为 2Mbit/s ~ 40Mbit/s。

采用 Cable – Modem 上网的缺点是由于 Cable – Modem 模式采用的是相对落后的总线型网络结构，这就意味着网络用户共同分享有限带宽；另外，购买 Cable – Modem 和初装费也都不算很便宜，这些都阻碍了 Cable – Modem 接入方式在国内的普及。但是，它的市场潜力是很大的，毕竟中国 CATV 网已成为世界第一大有线电视网，其用户已达到 8000 多万。

另外，Cable – Modem 技术主要是在广电部门原有的有线电视线路上进行改造时采用，此种方案与新兴宽带运营商的社区建设进行成本比较没有意义。目前国内很多城市都正在进行有线电视数字化改造。相信随着有线电视数字化改造的完成，Cable – Modem 技术将得到广泛的应用。

6. PON（光纤入户）

PON（无源光网络）技术是一种点对多点的光纤传输和接入技术，下行采用广播方式，上行采用时分多址方式，可以灵活地组成树形、星形、总线型等拓扑结构，在光分支点不需要节点设备，只需要安装一个简单的光分支器即可，具有节省光缆资源，带宽资源共享，节省机房投资，设备安全性高，建网速度快，综合建网成本低等优点。

7. LMDS 接入（无线通信）

这是目前可用于社区宽带接入的一种无线接入技术，在该接入方式中，一个基站可以覆盖直径 20km 的区域，每个基站可以负载 2.4 万用户，每个终端用户的带宽可达到 25Mbit/s。但是，它的带宽总容量为 600Mbit/s，每基站下的用户共享带宽，因此一个基站如果负载用户较多，那么每个用户所分到带宽就很小了。故这种技术对于社区用户的接入是不合适的，但它的用户端设备可以捆绑在一起，可用于宽带运营商的城域网互联。其具体做法是：在汇聚点机房建一个基站，而汇聚机房周边的社区机房可作为基站的用户端，社区机房如果捆绑四个用户端，汇聚机房与社区机房的带宽就可以达到 100Mbit/s。

8. LAN 接入（小区宽带）

LAN 方式接入是利用以太网技术，采用光缆 + 双绞线的方式对社区进行综合布线。具体实施方案是：从社区机房敷设光缆至住户单元楼，楼内布线采用五类双绞线敷设至用户家里，双绞线总长度一般不超过 100m，用户家里的计算机通过五类跳线接入墙上的五类模块就可以实现上网。社区机房的出口是通过光缆或其他介质接入城域网。采用 LAN 方式接入可以充分利用小区局域网的资源优势，为居民提供 10Mbit/s 以上的共享带宽，这比现在拨号上网速度快 180 多倍，并可根据用户的需求升级到 100Mbit/s 以上。

以太网技术成熟，成本低，结构简单，稳定性、可扩充性好；便于网络升级，同时可实现实时监控、智能化物业管理、小区/大楼/家庭保安、家庭自动化（如远程遥控家电、可视门铃等）、远程抄表等，可提供智能化、信息化的办公与家居环境，满足不同层次的人们对信息化的需求。

9. GPRS（移动上网方案）

GPRS（General Packet Radio Service）通常翻译为"整合封包无线服务"，它是利用"分封交换"（Packet – Switched）的概念所发展出的一套无线传输方式。所谓的分封交换就是将数据分装成许多独立的封包，再将这些封包一个一个传送出去，形式上有点像寄包裹。此外，在 GSM phase2 + 的标准里，GPRS 可以提供四种不同的编码方式，这些编码方式也分别提供不同的错误保护（Error Protection）能力。利用四种不同的编码方式，每个时槽可提供的传输速率为 CS – 1（9.05Kbit/s）、CS – 2（13.4Kbit/s）、CS – 3（15.6Kbit/s）及 CS – 4

（21.4Kbit/s），其中 CS－1 的保护最为周全，CS－4 则是完全未加以任何保护。每个用户最多可同时使用 8 个时槽。

6.3　Web 网页简介及其浏览

6.3.1　Web 简介

通过拨号上网、ADSL、LAN、光纤或无线通信接入 Internet 后，就可以通过 Internet 的客户端程序来访问 Internet 上的资源。通常将 Internet 的客户端程序称为浏览器。目前使用最广泛的是微软公司的 IE（Internet Explorer）。当然也有许多基于 IE 核心的浏览器。例如，腾讯浏览器、YmIe2、Feed Demon、周博通 RSS、世界之窗、Maxthon（傲游）等。Maxthon（傲游）是近年来使用较多的浏览器，也比较适合中国人的习惯。

6.3.2　Web 相关概念

1. Web

Web 通常称为万维网。是 World Wide Web 的缩写，也称为 WWW，它是一个超文本信息查询系统，提供一个查阅 Internet 信息的图形化界面。

Web 采用的是客户/服务器结构，其作用是整理和储存各种 WWW 资源，并响应客户端软件的请求，把客户所需的资源传送到 Windows 95（或 Windows 98）、Windows NT、Windows 2000（或 Windows XP）、UNIX 或 Linux 等平台上。

Web 把网上的信息资源以一定的方式组织起来，使用户可以方便地检索存储在 Web 站点（服务器）上的超文本或超媒体信息。Web 把文本、图形和图像（包括动画）、声音等各种类型的信息集成到一起，用户用鼠标在特定标志处点击就可以将各种信息自动传输到自己的计算机屏幕上查看。

Web 的发展和特点：长期以来，人们只是通过传统的媒体（如电视、报纸、杂志和广播等）获得信息。但随着计算机网络的发展，人们想要获取信息，已不再满足于传统媒体那种单方面传输和获取的方式，而希望有一种主观的选择性。现在，网络上提供各种类别的数据库系统，如文献期刊、产业信息、气象信息、论文检索，等等。由于计算机网络的发展，信息的获取变得非常及时、迅速和便捷。

到了 1993 年，Web 的技术有了突破性的进展，它解决了远程信息服务中的文字显示、数据连接以及图像传递的问题，使得 Web 成为 Internet 上最为流行的信息传播方式。现在，Web 服务器成为 Internet 上最大的计算机群，Web 文档之多、链接的网络之广，令人难以想象。可以说，Web 为 Internet 的普及迈出了开创性的一步，是近年来 Internet 上取得的最激动人心的成就。

2. HTTP

HTTP 即超文本传输协议（Hyper Text Transfer Protocol），是 Web 浏览器和 Web 服务器之间的应用层通信协议，是 TCP/IP 集中的一员。用户的浏览器遵循 HTTP 向 Web 服务器发出请求，Web 服务器也遵循 HTTP 向浏览器送回信息。

通过这个协议用户可以在网络上浏览各种信息，包含文字、图片、动画等。当访问者点

击一个超链接的时候，将会给浏览器提交一个 URL 地址。通过这个 URL 地址，浏览器便知道去链接那个网站并去取得具体的页面文件（也可能是一张图片，一个网页文件，一个动画等）。HTTP 工作的基础就是，连接一个服务器并开始传输文件到浏览器。在传输过程中，被称为客户端的请求者向服务器请求一个文件。

最基本的过程是

1）客户端连接一个主机；

2）服务器接收连接；

3）客户端请求一个文件；

4）服务器发送一个应答。

3. HTML

HTML（Hyper Text Markup Language）即超文本标记语言，是 WWW 的描述语言。设计 HTML 的目的是为了能把存放在一台计算机中的文本或图形与另一台计算机中的文本或图形方便地联系在一起，形成有机的整体，人们不用考虑具体信息是在当前计算机上还是在网络的其他计算机上。只需使用鼠标在某一文档中点取一个图标，Internet 就会马上转到与此图标相关的内容上去，而这些信息可能存放在网络的另一台计算机中。HTML 文本是由 HTML 命令组成的描述性文本，HTML 命令可以说明文字、图形、动画、声音、表格、链接等。HTML 的结构包括头部（Head）、主体（Body）两大部分，其中头部描述浏览器所需的信息，而主体则包含所要说明的具体内容。

HTML 文件是被网络浏览器读取，产生网页的文件。从本质上来说，Internet 只是一个由 HTML 文件及一系列传输协议所组成的集合。这些 HTML 文件存储在分布于世界各地的计算机的硬盘上，而传输协议能把这些文件从一台计算机传输到另一台计算机。

4. URL 地址

URL（Uniform Resource Location），译为"统一资源定位符"。通俗地说，URL 是 Internet 上用来描述信息资源的字符串，主要用在各种 WWW 客户程序和服务器程序上。采用 URL 可以用一种统一的格式来描述各种信息资源，包括文件、服务器的地址和目录等。

URL 的格式由下列三部分组成：

第一部分是协议（或称为服务方式）；

第二部分是存有该资源的主机 IP 地址（有时也包括端口号）；

第三部分是主机资源的具体地址，如目录和文件名等。

第一部分和第二部分之间用"：//"符号隔开，第二部分和第三部分用"/"符号隔开。第一部分和第二部分是不可缺少的，第三部分有时可以省略。

URL 示例：

Web 的 URL。例如"http：//www. microsoft. com/china/index. htm"。

1）"http：//"代表超文本传输协议，通知 microsoft. com 服务器显示 Web 页，通常不用输入。

2）"www"代表一个 Web（万维网）服务器。

3）"microsoft. com/"是装有网页的服务器的域名，或站点服务器的名称。

4）"china/"为该服务器上的子目录，就好像文件夹。

5）"index. htm"是文件夹中的一个 HTML 文件（网页）。

文件的 URL。用 URL 表示文件时，服务器方式用 file 表示，后面要有主机 IP 地址、文件的存取路径（即目录）和文件名等信息。有时可以省略目录和文件名，但"/"符号不能省略。

例1："file://ftp. linkwan. com/pub/files/foobar. txt"。

代表存放在主机"ftp. linkwan. com"上的"pub/files/"目录下的一个文件，文件名是"foobar. txt"。

例2："file://ftp. linkwan. com/pub"。

代表主机"ftp. linkwan. com"上的目录"/pub"。

例3："file://ftp. linkwan. com/"。

代表主机"ftp. linkwan. com"上的根目录。

5. 超链接

所谓的超链接是指从一个网页指向一个目标的链接关系，这个目标可以是另一个网页，也可以是相同网页上的不同位置，还可以是一个图片，一个电子邮件地址，一个文件，甚至是一个应用程序。而在一个网页中用来超链接的对象，可以是一段文本或者是一个图片，当浏览者单击已经链接的文字或图片后，链接目标将显示在浏览器上，并且根据目标的类型来打开或运行。

按照链接路径的不同，网页中超链接一般分为以下 3 种类型：内部链接、锚点链接和外部链接。如果按照使用对象的不同，网页中的链接又可以分为：文本超链接、图像超链、E-mail链接、锚点链接、多媒体文件链接、空链接等。

6.3.3 Web 网页浏览

本书以微软公司的 IE（Internet Explorer）为例，介绍如何浏览 Web 网页。

双击系统桌面上的图标就可以启动 IE。IE 启动以后，可以看到 IE 浏览器窗口的基本部分：标题栏、菜单栏、工具栏、地址栏、Web 显示区、状态栏，如图 6-12 所示。

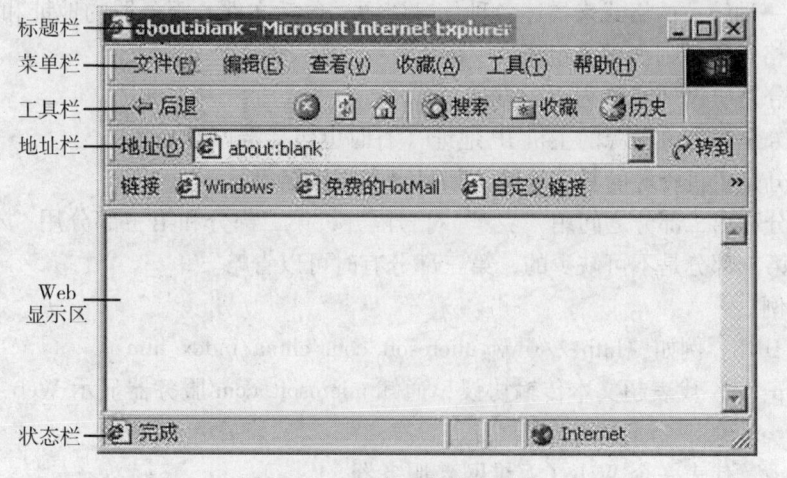

图 6-12　IE 窗口的基本部分

1. 浏览和保存网页

（1）浏览网页　浏览网页的步骤如下。

1）在地址栏输入特定网站的 URL，例如，在 IE 的地址栏输入"http://www.hao123.com"，然后按 <Enter> 键或单击"转到"按钮就可以访问"好 123 网址之家"的主页，如图 6 – 13 所示。

图 6 – 13　"好 123 网址之家"主页

2）单击已打开的网页中的"超链接"可访问指定的网址。例如，单击图 6 – 13 中的"新浪"可访问新浪首页，如图 6 – 14 所示。

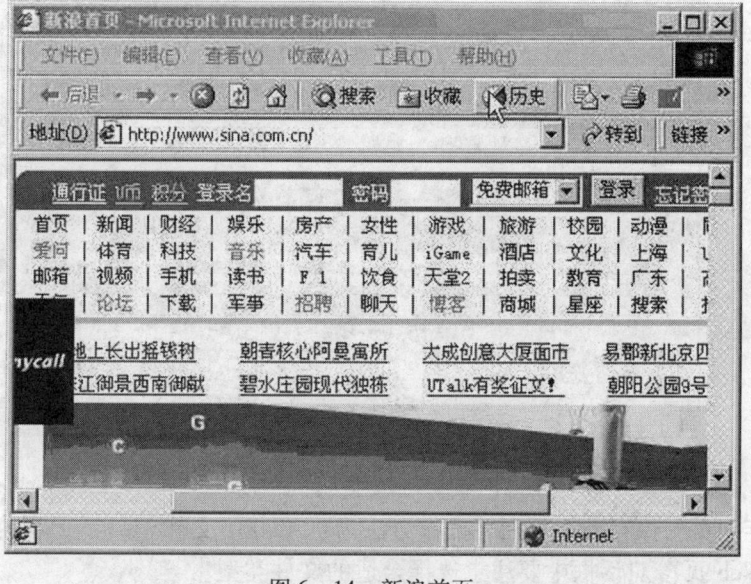

图 6 – 14　新浪首页

在浏览网页期间，可以使用工具栏上的"后退"和"前进"按钮在访问过的网页之间来回切换。例如，要返回前一个查看过的网页，在"新闻中心首页"中单击工具栏上的

"后退"按钮，可回到"新浪首页"；同样在"新浪首页"中单击"前进"按钮，可切换到"新闻中心首页"，如图6-15和图6-16所示。

图6-15 由"新闻中心"首页"后退"到新浪首页

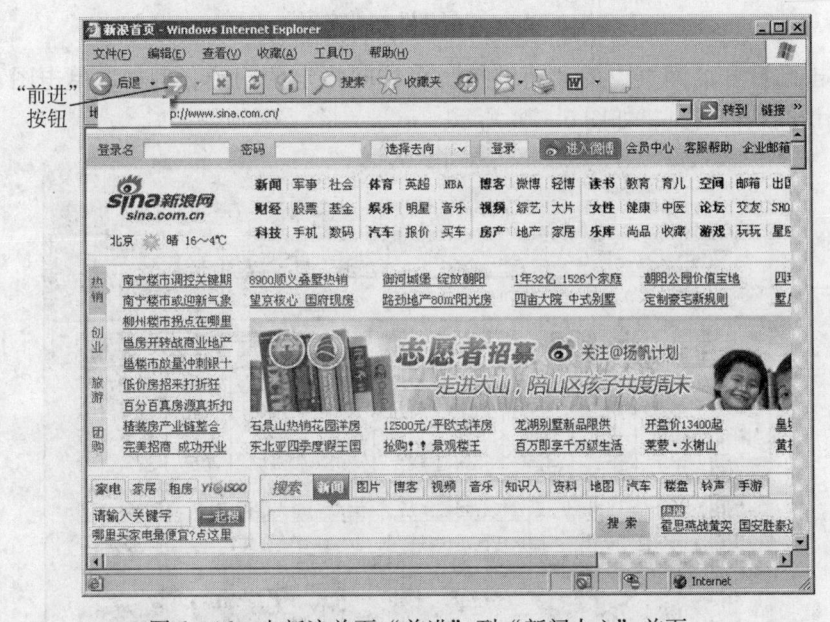

图6-16 由新浪首页"前进"到"新闻中心"首页

（2）保存网页 保存整个页面，操作方法为：单击"文件"→"另存为"命令，在弹出的"保存Web页"对话框中要注意选择合适的文件类型。

1）要保存整个网页，选择"Web页，全部"选项。

2）只保存HTML信息不保存图像、声音或其他文件，请选择"Web页，仅HTML"选项。

3）只保存 Web 页的文本，请选择"文本文件"选项，如图 6 - 17 所示。

图 6 - 17　保存 Web 页

4）仅保存页面中的图片的操作方法：

① 把鼠标指针指向图片；

② 单击鼠标右键，在弹出的菜单中选择"图片另存为"选项；

③ 在弹出的保存图片对话框中，为图片选择存放的路径，并在修改文件名后，单击"保存"按钮，图片就保存到计算机中了，如图 6 - 18 所示。

图 6 - 18　保存网页中的图片

2. 停止和刷新网页

在浏览网页的过程中，有时会出现输入网址有误或者要访问的网页由于其他原因长时间无法打开，要耗费过多的时间。这时候单击浏览器工具栏上的"停止"按钮就可以立即终止对当前网页的访问，如图 6 - 19 所示。

终止访问后，在需要时还可以单击"刷新"按钮来重新打开当前的网页。有些网页在

图 6-19　停止浏览网页

设计时会设定有效时间，如果在指定时间内没有对该网页有操作就会失效，这时也需要单击"刷新"按钮来重新打开的网页，如图 6-20 所示。

图 6-20　刷新网页

3. 脱机浏览

拨号上网的用户，为了节省上网费用，通常可将要仔细查看的网页内容先下载到自己的计算机上，然后再以脱机的方式来慢慢浏览。要以脱机方式浏览网页，可在下载完所需要的网页内容后，选择"文件"菜单中的"脱机工作"命令，使该命令的前面带有选中标记。

用户进行脱机浏览时，当将鼠标指针移到网页上的超级链接时，如果被链接的目标尚未下载到本地计算机中，则在变成手指形状的鼠标指针旁还将出现一个否定符号，表示在脱机状态下无法打开链接的目标。此时若单击此超级链接，则将出现一个询问是否需要连接 Internet 的对话框，单击其中的"连接"按钮，可再次拨号接入 Internet 进行下载和浏览；若单击其中的"保持脱机状态"按钮，则暂不进行访问而仍处于脱机工作状态。

4. 添加收藏

将经常访问的网页的地址添加到浏览器的收藏夹中，待以后再访问其中某个网页时，只需打开收藏夹，单击其中的链接即可，这样就不用去记住众多的网址。

保存网页地址、建立自己的收藏夹的步骤：在浏览器窗口中，单击"收藏"→"添加到收藏夹"，打开"添加到收藏夹"对话框。如图 6 –21 所示。然后单击"确定"按钮就可以将该网址添加到收藏夹。还可以按 < Ctrl + D > 快捷键，快速将该网页的网址添加到收藏夹内。

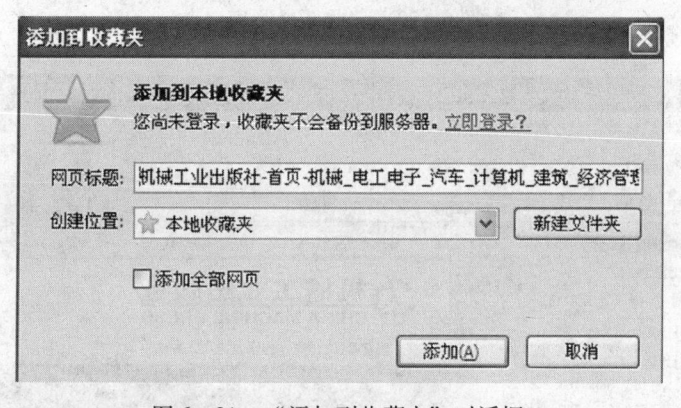

图 6 – 21　　"添加到收藏夹"对话框

除此之外，单击工具栏上的"收藏"按钮，同样可以在窗口左侧出现的"收藏夹"窗口中看到所收藏的站点或网页地址，单击其中某个收藏的地址就可快速地访问该网页。"收藏夹"窗口打开后，再次单击工具栏上的"收藏"按钮，即可隐藏"收藏夹"窗口，如图 6 –22 所示。

5. 历史记录

为了能够跟踪并记录用户最近访问过的网页，单击工具栏上的"历史"按钮，在窗口的左侧将出现一个"历史记录"窗口。

最近访问过的站点和网页的链接，将按日期、站点或访问次数排列在名为"历史记录"的窗口内。单击某一天，则这天所访问过的站点链接就会显示出来；单击某一个站点的链接，对应的网页就会显示在窗口的右侧。要关闭"历史记录"窗口，只需单击该窗口中"历史记录"字样右侧的关闭按钮，或再次单击工具栏上的"历史"按钮即可，如图 6 –23 所示。

图 6-22　"收藏夹"窗口

图 6-23　查看"历史记录"

6.4　电子邮件的接收和发送

6.4.1　电子邮件的工作原理

1. 基本工作原理

电子邮件的工作方式遵循"客户/服务器"模式。使用电子邮件服务的每位用户必须在一个邮件服务器上申请一个电子邮箱。邮件服务器管理着众多的客户邮箱。

电子邮件系统由客户端软件和邮件服务端软件所组成。通常，用户端程序为用户提供友好的交互式界面，方便用户编辑、阅读、处理信件。服务器端程序，负责将信件从消息源传送到目的邮箱。

2. SMTP

SMTP（Simple Mail Transfer Protocol），即简单邮件传输协议，是 Internet 中使用的标准邮件协议，支持在 TCP/IP 网络上进行可靠的、有效的邮件传输。

3. POP3

POP3（Post Office Protocol Version3），即邮局协议，是一种支持从远程电子邮箱中读取电子邮件的协议，负责接收邮件。

4. IMAP

IMAP（Internet Message Access Protocol），即消息访问协议，是与 POP3 对应的另一种协议，是美国斯坦福大学在 1986 年开始研发的多重邮箱电子邮件系统。它能够从邮件服务器上获取有关 E–mail 的信息或直接收取邮件，具有高性能和可扩展性的优点。

目前有一些国内的免费电子邮件站点提供 IMAP4 的服务，如广州的"www.21cn.com"，四川的"mail.777.net.cn"，北京的"btamail.net.cn"等。

6.4.2 免费邮箱的申请

1. 电子邮件地址格式

Internet 上电子邮件地址的格式为："username@ hostname"。

"username"指用户所申请的邮箱名称，即用户名。"hostname"指邮箱所在的服务器主机的域名，中间的符号@含义是"at"，表示名称为 username 的用户在 hostname 主机上开设的一个信箱。

2. 申请邮箱

收发电子邮件必须要有一个电子邮箱。很多的 ISP 都为用户提供电子邮件服务，这些服务有些是收费的，有些是免费的。申请免费的电子邮箱的步骤为：

1）在浏览器地址栏输入提供免费电子邮件服务的 ISP 的网址，打开其主页；例如，网易的 126 免费邮箱，如图 6–24 所示。

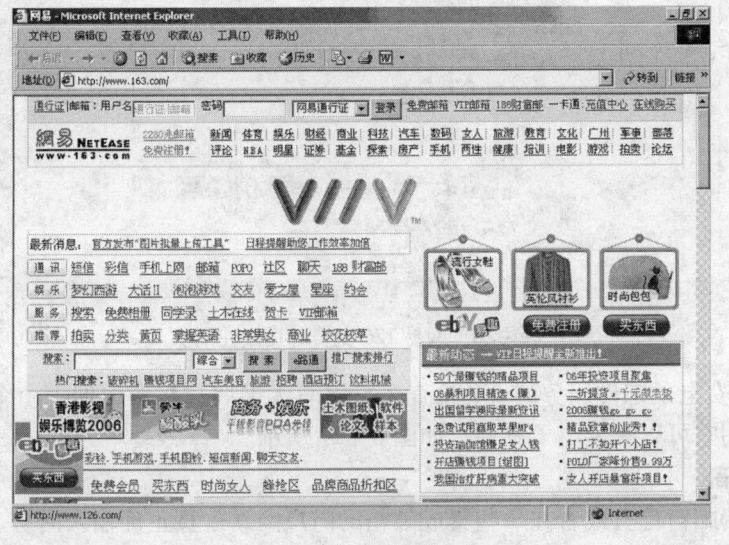

图 6–24 网易首页

2）在主页中，找到"免费注册"，点击该链接，打开注册页面，如图6-25所示。

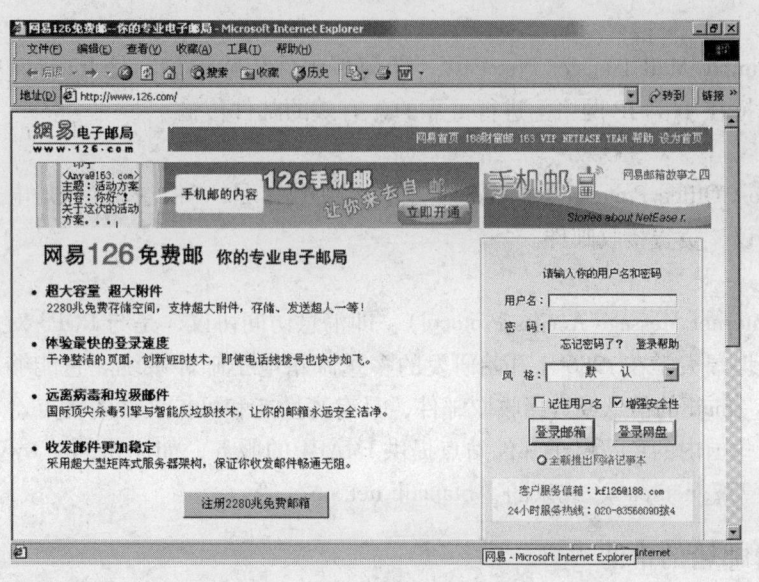

图6-25　注册免费邮箱

3）在"用户注册"页面中登记免费电子邮箱的相关信息，诸如：用户名、密码、密码提示问题、密码提示答案、出生日期、性别、其他信箱、验证码等。填完后，单击"完成"按钮。如图6-26所示。

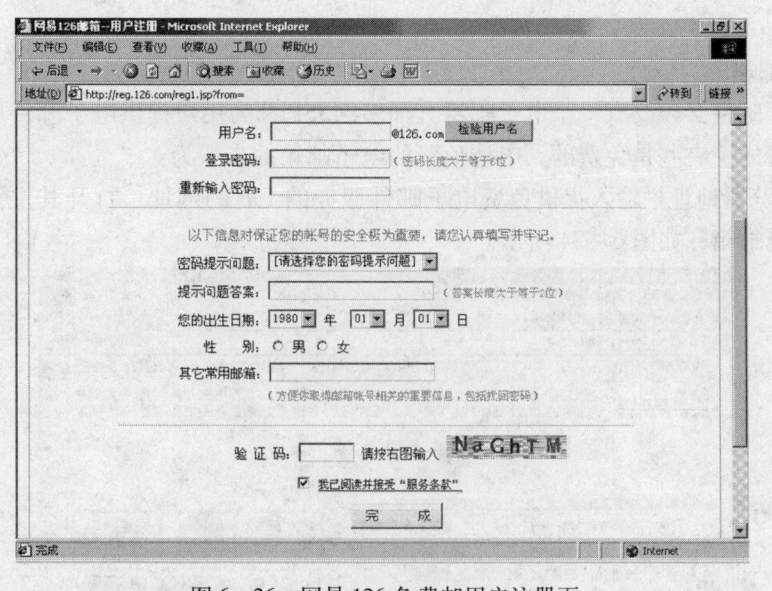

图6-26　网易126免费邮用户注册页

4）提供免费电子邮件服务的ISP检查表格填写无误后，将会返回一个个人使用的电子邮箱地址，使用它可以收发电子邮件，如图6-27所示。

3. 使用邮箱

在网易免费邮箱首页或者在一些集成邮箱的门户网站首页正确输入网易126免费邮箱的

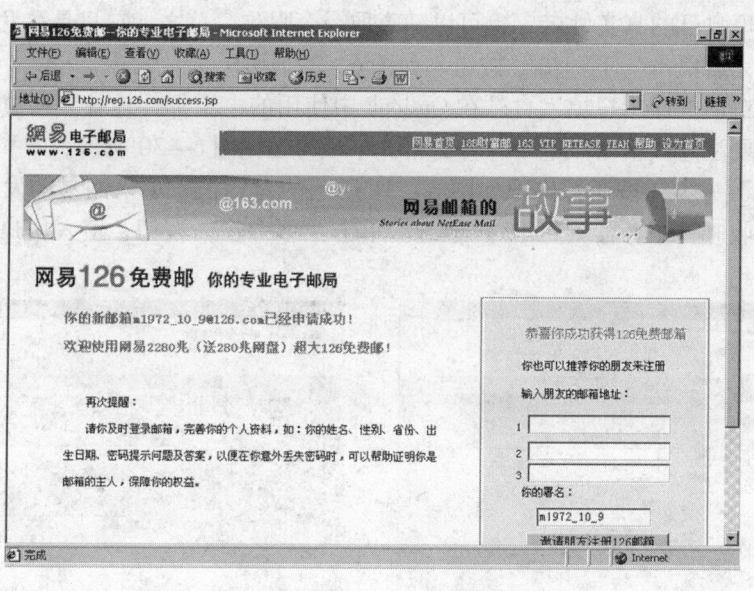

图 6-27　免费邮箱注册成功

用户名和密码就可以登录该免费邮箱。这既可以写信、收信（阅读新邮件、删除垃圾邮件），又可以在其中建立自己的通讯录，如图 6-28 所示。

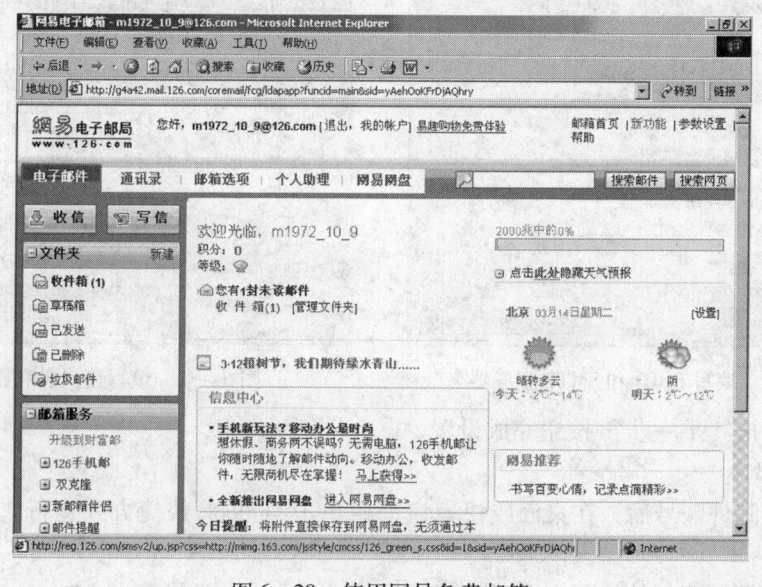

图 6-28　使用网易免费邮箱

6.4.3　邮件客户程序 Outlook 的设置与应用

Windows XP 还提供电子邮件客户程序 Outlook。使普通用户能更方便地接收和发送电子邮件。在使用 Outlook 前要做一些相应的设置。

1. 设置邮件账号

一般情况下，第一次使用 Outlook，它会弹出一个窗口让用户填入发送邮件时的显示姓名。用户可以填自己的真实姓名，也可以随意取一个昵称。总之，它只是在发邮件时显示的一个代号。填完后单击"下一步"按钮，如图6-29所示。

接下来的对话框让用户填入自己在Outlook中使用的电子邮件地址。在填写电子邮件地址的时候一定要注意严格按照电子邮件的格式来填写，如图6-30所示。

再单击"下一步"按钮，出现如图6-31所示的对话框，填入网易的发送邮件服务器（SMTP）和接收邮件服务器（POP3）地址。单击"下一步"按钮，填入用户名和密码，如图6-32所示。

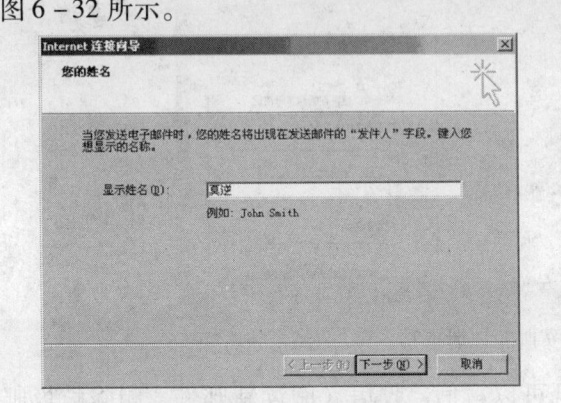

图6-29　填写显示姓名

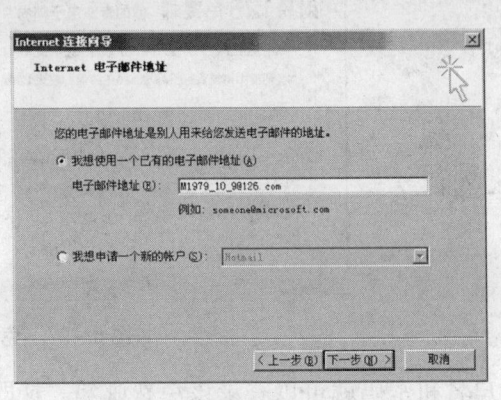

图6-30　填写电子邮件地址

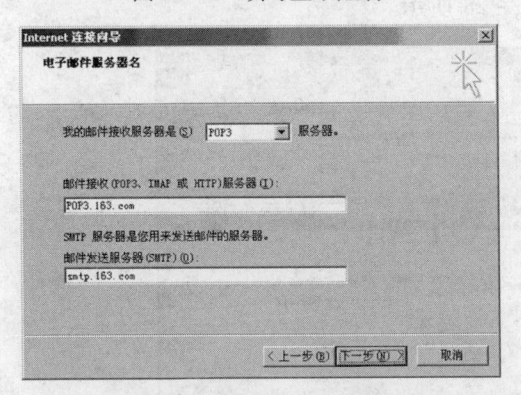

图6-31　填写POP3和SMTP服务器名

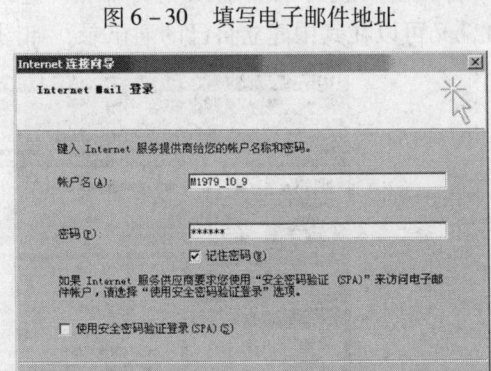

图6-32　填写用户名和密码

最后，单击"下一步"按钮完成设置。

2. 写新邮件

设置完成邮件账号后，在桌面或快速启动栏单击Outlook快捷方式运行它，如图6-33所示。

要创建和撰写新邮件，可按以下步骤进行：

1）单击窗口工具栏中的"新邮件"按钮，出现如图6-34所示的窗口。

2）在"收件人"文本框中输入收件人的电子邮件地址。如果需要同时发送给其他人，可在"抄送"或"密件抄送"文本框中输入多个电子邮件地址，各地址之间应用分号隔开。

3）在"主题"文本框中输入该邮件的主题。例如"网站更新内容"。

4）在窗口下部的邮件正文框中，撰写邮件的文字内容。

5）如果想要附带发送一个或多个文件，可以单击"插入"→"文件"命令或单击工具栏上的"插入文件"按钮，弹出"插入附件"对话框，如图6-35所示，在该对话框中指

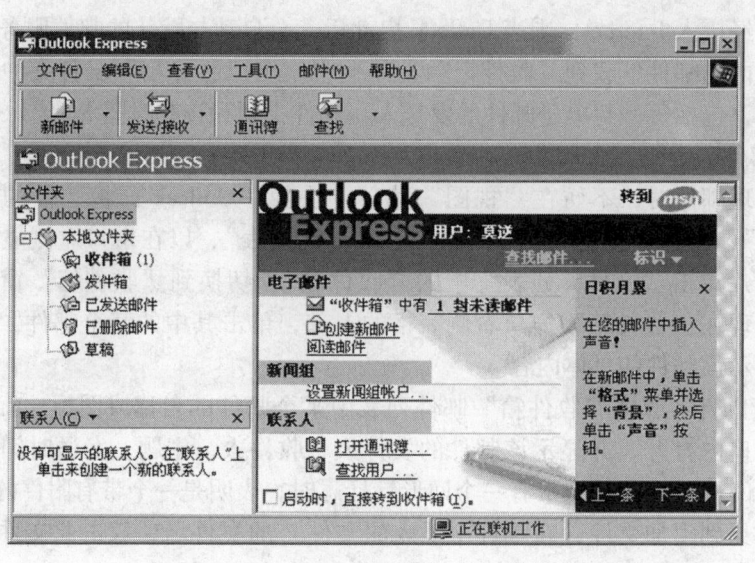

图 6 - 33　Outlook Express 页面

定要附加的文件并单击"插入"按钮，即可在邮件中插入该附加文件。

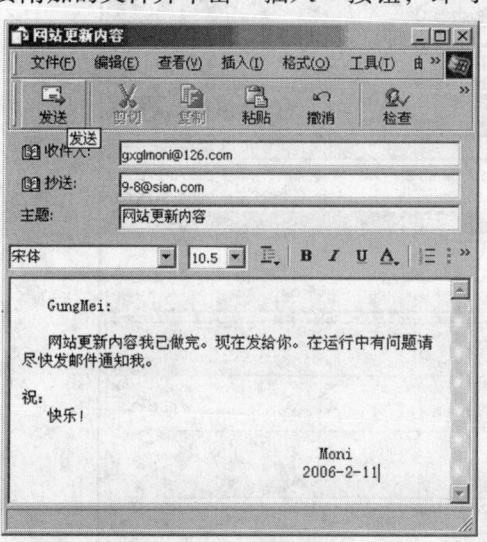

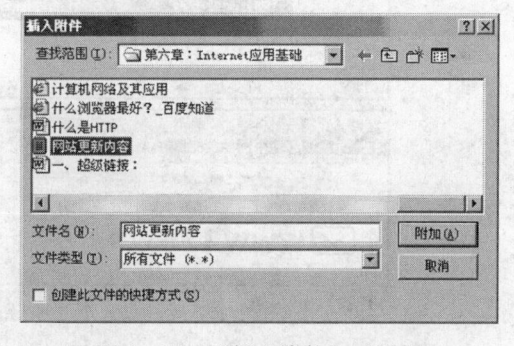

图 6 - 34　写新邮件　　　　　　　　　　图 6 - 35　"插入附件"对话框

3. 发送和接收邮件

　　Outlook 包含一个"收件箱"用于存放收到的邮件，另有一个"发件箱"用于存放已经撰写好的待发送的邮件。

　　要将"发件箱"中的邮件发送出去并从邮件服务器中取回发给自己的邮件，可单击 Outlook 窗口工具栏中的"发送和接收"按钮。此时若没有和 Internet 连接，Outlook 会自动要求连接，在验证用户名和密码并成功登录到指定的邮件服务器后，Outlook 会先将"发件箱"中的邮件发送出去，再连接到 POP3 服务器检查是否有新的邮件到来，如果有就将其下载并保存到本地计算机的 Outlook "收件箱"中。

若用户已经接入 Internet，则当 Outlook 启动后，会自动与默认的邮件服务器连接，并将用户账号邮箱内的邮件下载到"收件箱"文件夹中。在"收件箱"文件夹中将列出所有收到邮件的信息，包括每一封电子邮件的发送人、邮件主题和接收时间等。

4. 处理邮件

阅读与管理邮件时，不妨在"视图"菜单中去掉"Outlook 面板"前的对钩，以关闭"Outlook 面板"，再在"视图"菜单中选中"文件夹列表"，以在窗口左侧显示"文件夹列表"窗格。然后单击"文件夹列表"中的"收件箱"，切换到"收件箱"窗口。收到的所有邮件都会出现在"收件箱"窗口右侧窗格的上部，单击其中的某个邮件，就可在下面的预览窗口中显示该邮件的具体内容。

（1）阅读邮件 双击"收件箱"邮件列表中某个邮件的名称或图标，就可将该邮件在一个单独的窗口内打开，并显示该邮件的发件人、收件人、主题、发送时间及邮件正文内容，以便仔细阅读。当邮件中带有一个回形针标志时，表明是一个带有附件的邮件。单击此回形针标志可见到附加文件（在邮件中插入的文件）的文件名，双击此文件可将附加文件打开。如果需要，还可以将附加文件另行保存，如图 6-36 所示。

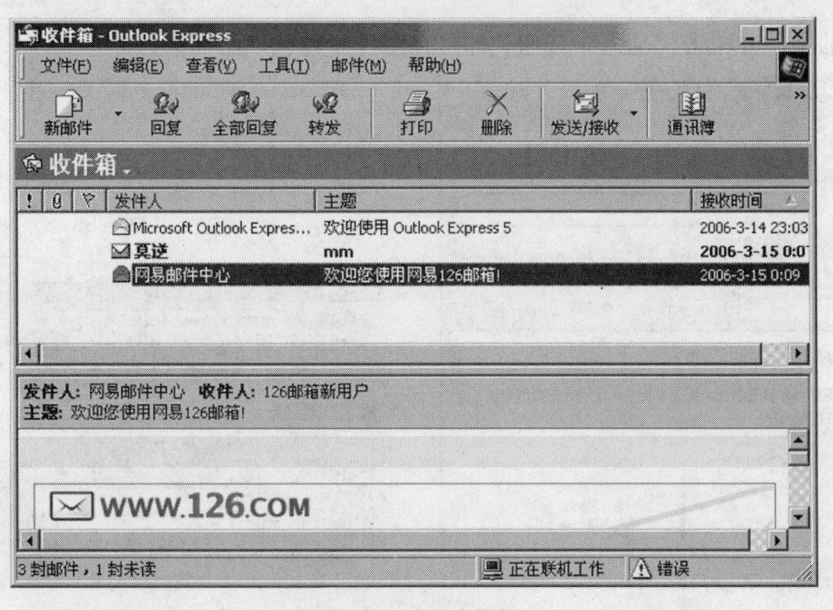

图 6-36 阅读邮件

（2）保存邮件 阅读过的邮件，若觉得需要保存，可单击"文件"→"另存为"命令，在弹出的"邮件另存为"对话框中将其命名后进行保存，如图 6-37 所示。

（3）删除邮件 如果要删除某个邮件或若干个邮件，可在"收件箱"文件夹或其他文件夹列表中选定这些邮件后，用下述方法将它们删除。

方法1：单击工具栏上的"删除"按钮。

方法2：用鼠标右键单击该邮件，在弹出的快捷菜单中选择"删除"命令。

方法3：直接将选定的邮件拖放到窗口左侧"Outlook 面板"或"文件夹列表"中的"已删除的邮件"文件夹图标上。

（4）回复邮件 若要对收到的某个邮件进行回复，可选中或打开该邮件，然后单击工

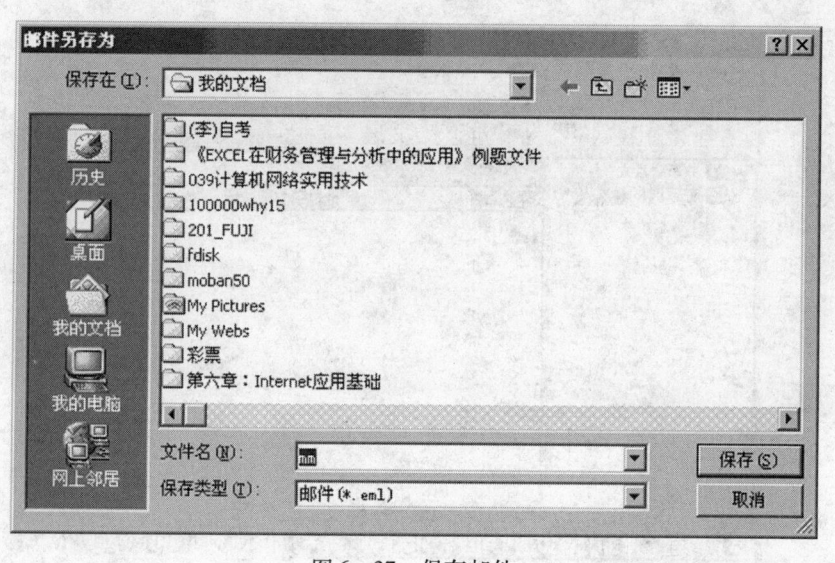

图 6 - 37　保存邮件

具栏中的"答复发件人"按钮。此时会打开一个类似于新建邮件的名为"答复……邮件"的窗口，在该窗口内已经自动填写了"收件人"的邮件地址。"主题"框的内容则是在原主题前自动加上了"答复:"以表示回复之意。用户只需在正文区输入回复的信件内容，完成后单击工具栏上的"发送"按钮将该回复的邮件发送到"发件箱"即可。

若在选中要回复的某个邮件后，单击工具栏中的"全部答复"按钮，则可以将同一个回复邮件自动发送给原邮件的"发件人"以及"抄送"框中的所有人。

(5) 转发邮件　若要将收到的邮件转发给其他人，可以选中或打开该邮件，然后单击工具栏中的"转发"按钮。此时也会打开一个类似于新建邮件的名为"转发……邮件"的窗口，只要在该窗口内的"收件人"框中输入一个收件人的电子邮件地址即可。若要转发给多人，可在"抄送"框中输入每一个收件人的电子邮件地址，各地址间需用逗号隔开。"主题"框的内容则是在原主题前自动加上了"转发:"以表示转发之意。完成后单击"发送"按钮，将该转发的邮件发送到"发件箱"。

当然，用户也可以在转发的邮件中输入新的内容或插入别的文件（加入附件）等。

5. 建立通讯簿

在 Outlook 中收发邮件时，使用其"通讯簿"功能可以为用户带来许多方便。

建立通讯簿的方法如下:

1）单击"工具"→"通讯簿"命令或单击工具栏上的"通讯簿"按钮，弹出"通讯簿"窗口，如图 6 - 38 所示。

2）单击"新建"按钮，再选择"联系人"选项，弹出"联系人"对话框。

3）在其中输入新联系人的"姓名"、"职务"、"电话号码"等个人信息及其电子邮件地址，然后单击"添加"按钮。

4）单击"确定"按钮。新联系人的邮件地址即刻出现在"通讯簿"窗口内，如图 6 - 39 所示。

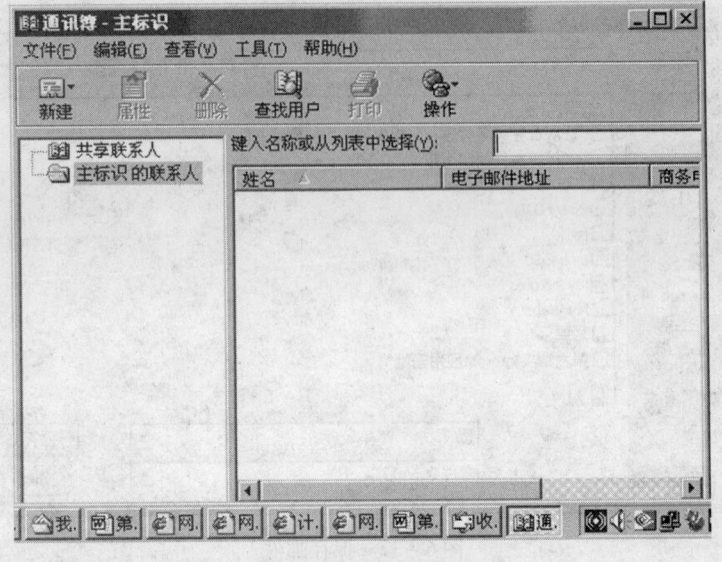

图6-38　建立通讯簿

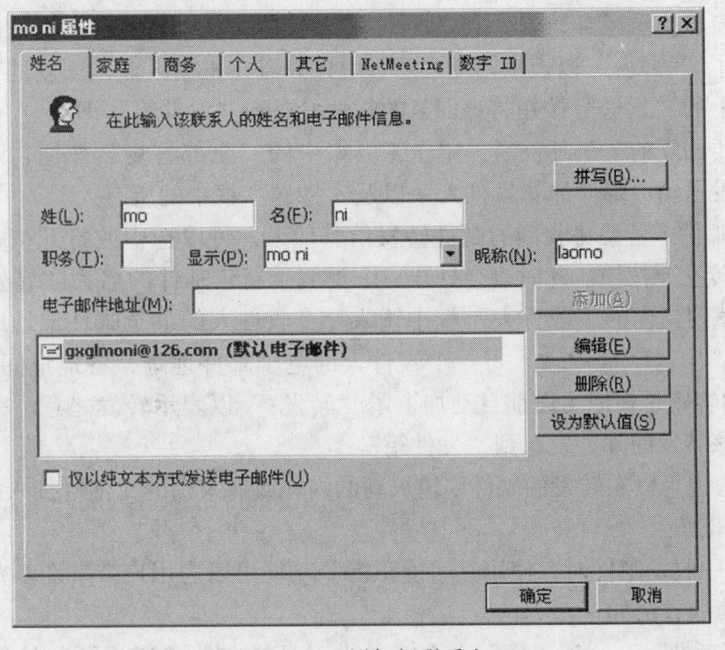

图6-39　添加新联系人

6.5　使用搜索引擎

6.5.1　搜索引擎概述

　　搜索引擎指自动从网上搜集信息，经过一定整理以后，提供给用户进行查询的系统。网上的信息浩瀚万千，而且毫无秩序，所有的信息像汪洋上的一个个小岛，网页链接是这些小岛之间纵横交错的桥梁，而搜索引擎，则为用户绘制一幅一目了然的信息地图，供他们随时查阅。

搜索引擎主要有三大功能：

（1）搜集信息　搜索引擎的信息搜集基本都是自动的。搜索引擎利用称为"网络蜘蛛"（spider）的自动搜索机器人程序来连上每一个网页上的超链接。

（2）整理信息　搜索引擎整理信息的过程称为"建立索引"。搜索引擎不仅要保存搜集起来的信息，还要将它们按照一定的规则进行编排。

（3）接受查询　用户向搜索引擎发出查询信息，搜索引擎接受查询信息并向用户返回资料。

6.5.2　常用英文搜索引擎

常用英文搜索引擎有以下几个。

Yahoo（雅虎）："http://www.yahoo.com"。

Ask Jeeves："http://www.askjeeves.com"。

AllTheWeb.com："http://www.alltheweb.com"。

AOL Search："http://aolsearch.aol.com"（internal）；"http://search.aol.com/"（external）。

6.5.3　常用中文搜索引擎

1. 著名的中文搜索引擎站点

（1）百度 http://www.baidu.com　百度搜索引擎（见图 6-40）拥有目前世界上最大的中文搜索引擎，总量超过 3 亿页以上，并且还在保持快速地增长。百度搜索引擎具有高准确性、高查全率、更新快以及服务稳定的特点，能够帮助广大网民快速地在浩如烟海的互联网信息中找到自己需要的信息，因此深受网民的喜爱。

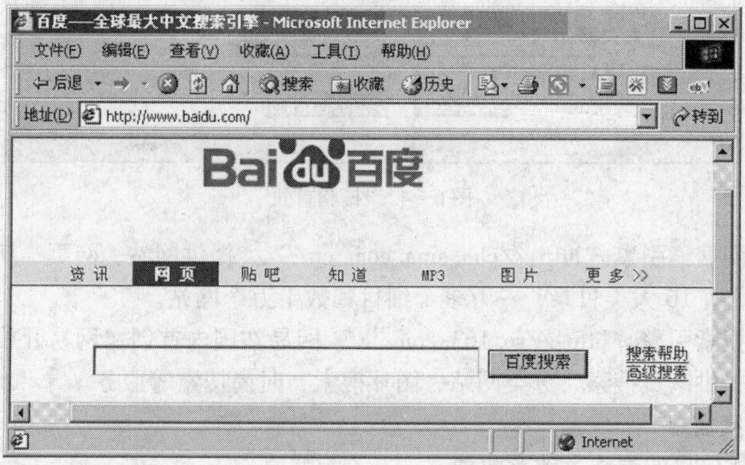

图 6-40　百度首页

（2）一搜"http://www.yisou.com/"　"一搜"是雅虎中国（见图 6-41）推出的一个中文搜索网站。目前设立了网页、图片、MP3 和网址等频道。通过它用户可以抓取到全球 5 亿网页（其中 3 亿个中文网页）、9000 万张图片、100 多万个免费音乐的海量资料。

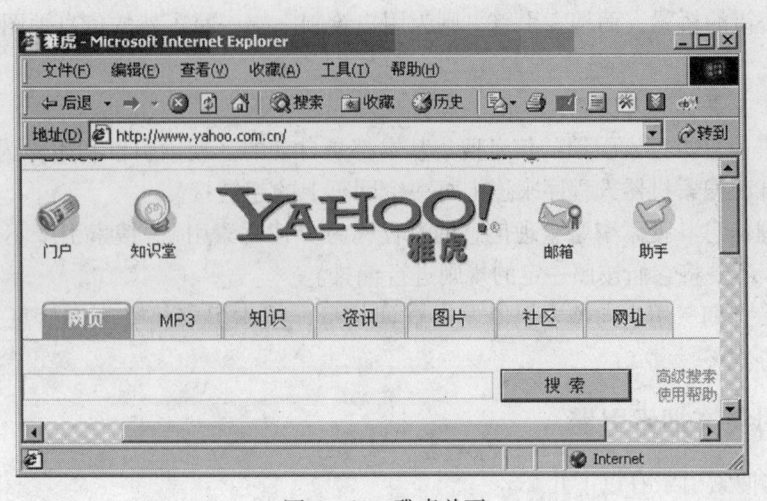

图6-41 雅虎首页

（3）搜狐搜索"http://www.sogou.com/" 2004年8月3日，搜狐正式推出全新独立域名专业搜索网站"搜狗"（见图6-42），成为全球首家第三代中文互动式搜索引擎服务提供商。提供全球网页、新闻、商品、分类网站等搜索服务。

图6-42 搜狗首页

（4）新浪网搜索引擎"http://cha.sina.com.cn/" 提供网站、网页、新闻、软件、游戏等查询服务。有16大类目录，一万多个细目和数十万个网站。

（5）网易搜索引擎"http://so.163.com/" 网易在国内首创"网易开放式目录管理系统（ODP）"。提供网页搜索、分类网站、图片搜索、时尚搜索等服务。

2. 在网上找信息

在网上查找信息的方法大致有两种：

1）分类搜索方法，即根据分类表，一级一级点击进入，直到找到自己想找的网站，这就是分类搜索方法。

2）关键字搜索方法，即在"文字输入框"中输入想要查找的内容的关键词语，再点击"搜索"即可。

3. 搜索引擎的使用技巧

1）关键字不宜太简单。例如，想要查询计算机方面的知识只输入"计算机"过于简单。

2）关键字不宜太复杂。如"计算机硬件知识"或"计算机硬件"。

3）使用组合关键字。就是把关键字拆开，中间加上"空格"或者"＋"或者"－"。例如，对于"计算机硬件知识"可以拆成"计算机硬件＋知识"或者"计算机＋硬件知识"，而以"计算机－硬件知识"作为关键字，搜索出来的结果就是包含计算机知识但不包含硬件知识的网站信息。

4）要查找详细分类信息，需要到专业化网站查询。如火车票、飞机票等交通、旅游信息。

6.6　从 Internet 下载文件

在 Internet 中用户不仅可以浏览信息、发布信息，同时也要将自己需要的信息保存起来以便于随时在本地计算机中查看该信息。若信息是以网页的形式存在，就可以将该网页另存到本地计算机中。在很多情况下，信息是以文件或软件的形式存在。这就需要将该文件或软件另存到本地计算机中，这个另存的过程就是下载。

6.6.1　用 IE 直接下载文件

找到要下载的文件或软件，单击相应的链接或按鼠标右键选择"目标另存为"命令，就会出现"文件下载"对话框，如图 6 – 43 所示。

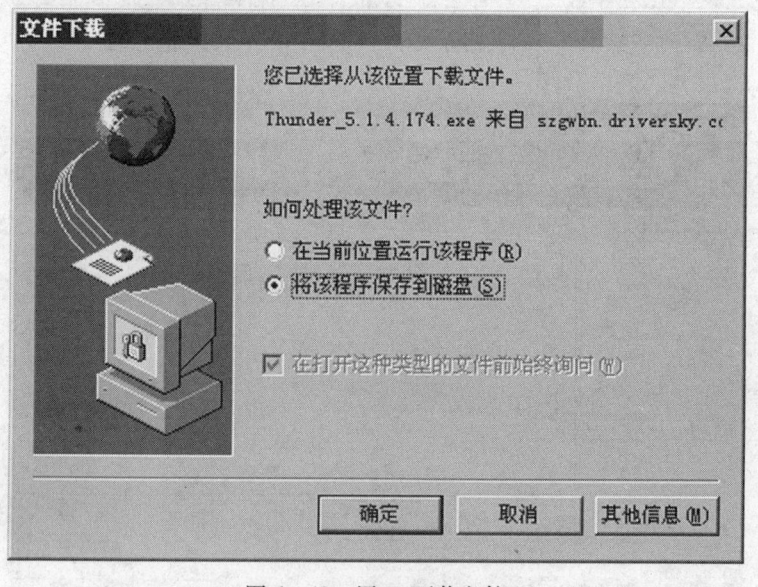

图 6 – 43　用 IE 下载文件

直接使用 IE 下载文件方便、易懂，不需要安装其他软件。但 IE 的下载速度较慢，而且没有"断点续传"功能。也就是说如果用 IE 下载，下载过程中遇到其他原因中断，原先下载的文件会全部丢失。特别是在下载较大容量文件时，IE 就显得力不从心了。所以，通常使用有"断点续传"功能的软件来替代 IE 下载文件。

6.6.2 断点续传下载软件

所谓断点续传也就是要从文件已经下载的地方开始继续下载。断点续传的原理是，将要下载的软件分成一定数量的文件块，然后分块下载。当下载被中断后再次下载时，由下载软件传给 Web 服务器的时候要多加一条信息——"从哪里开始"，从而实现断点续传。目前常用的断点续传下载软件有网际快车（FlashGet）、迅雷（Thunder）等，如图 6 - 44、图 6 - 45 所示。

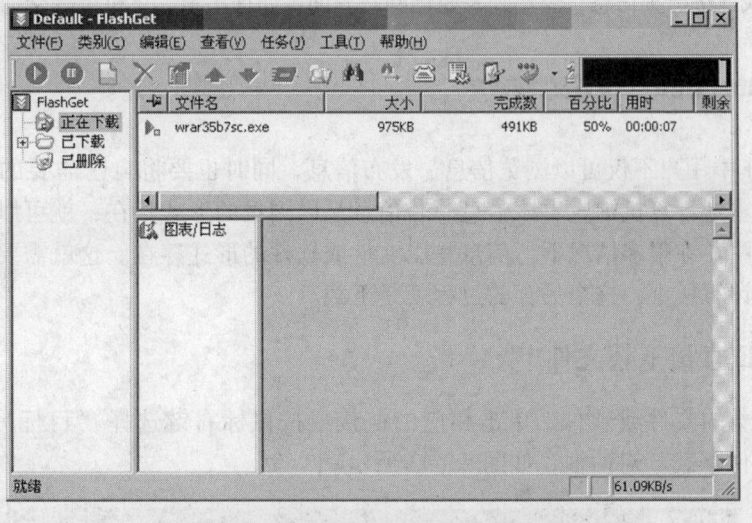

图 6 - 44　网际快车（FlashGet）下载界面

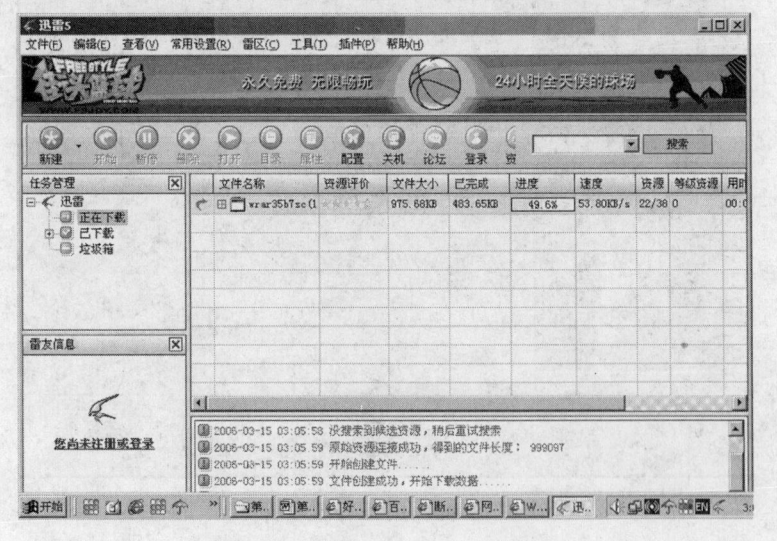

图 6 - 45　迅雷（Thunder）下载界面

6.6.3　点对点下载软件

普通的下载模式中所有的用户都从 Web 服务器中下载文件。用户数增多就会增加 Web 服务器的负担，使平均每个用户的下载速度降低。在点对点（P2P）下载模式中，每个用户在下载文件的同时也在上传文件。其特点是：下载的人越多，速度越快。

常用的点对点下载软件有 BT（BitTorrent）、eMule（电骡）、KuGoo（酷狗）等。

（1）BT（BitTorrent）　是一款下载速度很快的点对点下载软件，但它下载时需要种子，下载资源较多，但良莠不齐。其下载界面如图 6－46 所示。

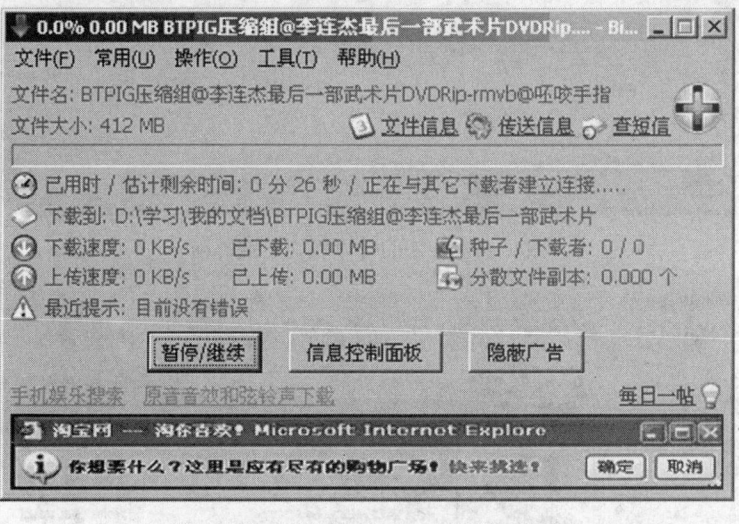

图 6－46　BT（BitTorrent）下载界面

（2）eMule（电骡）　与 BT（BitTorrent）相比速度稍慢，下载资源大都集中在 VeryCD 分享互联网、中国电骡等网站。但它的资源都已经过验证，较为真实可靠。其下载界面如图 6－47 所示。

（3）KuGoo（酷狗）　是国内最大的 P2P 音乐共享软件，拥有超过数亿的共享文件资料，深受全球用户的喜爱，拥有上千万使用用户。使用 KuGoo 需要注册账号，可以在线聊天。有音乐试听、下载、歌词同步等功能。其下载界面如图 6－48 所示。

习　题

（1）Internet 采用什么协议进行数据传输？

（2）目前个人用户接入 Internet 主要有哪几种方式？

（3）什么是 Http？

（4）什么是 html？

（5）什么是 URL？

（6）电子邮件地址中的符号 @ 的含义是什么？

（7）什么是 POP3 和 SMTP？

（8）请举例讲出四个常用的中文搜索引擎。

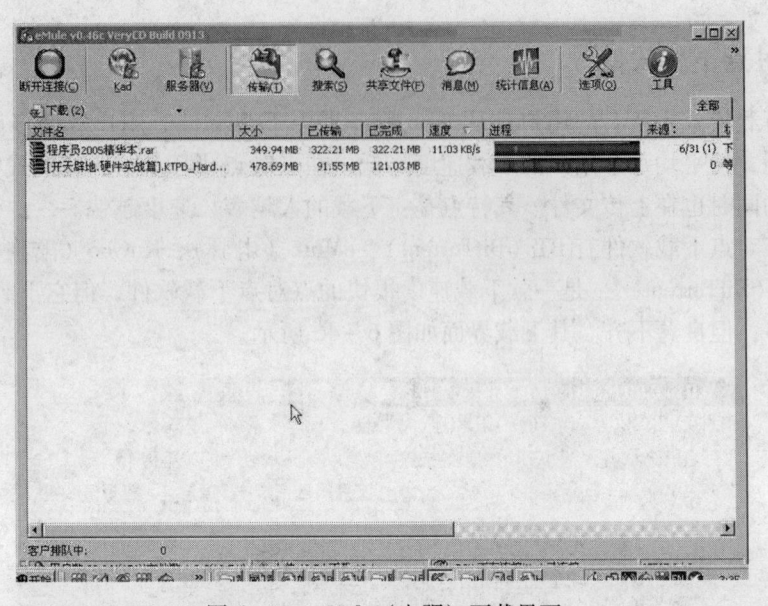

图 6－47　eMule（电骡）下载界面

图 6－48　KuGoo（酷狗）下载界面